四姑娘山
野生药用植物

李　臻　侯　凯　杨　晗　**主　编**

四川省农业特色植物研究院　**组织编写**

四川大學出版社

SICHUAN UNIVERSITY PRESS

图书在版编目（CIP）数据

四姑娘山野生药用植物 / 李臻，侯凯，杨晗主编 ；四川省农业特色植物研究院组织编写．— 成都 ：四川大学出版社，2023.12

ISBN 978-7-5690-6425-4

Ⅰ．①四… Ⅱ．①李… ②侯… ③杨… ④四… Ⅲ．①野生植物－药用植物－介绍－小金县 Ⅳ．①Q949.95

中国国家版本馆 CIP 数据核字（2023）第 207461 号

书　　名：四姑娘山野生药用植物
　　　　　Siguniang Shan Yesheng Yaoyong Zhiwu
主　　编：李　臻　侯　凯　杨　晗
组织编写：四川省农业特色植物研究院

选题策划：蒋　玙
责任编辑：蒋　玙
责任校对：龚娇梅
装帧设计：墨创文化
封面题字：印开蒲
责任印制：王　炜

出版发行：四川大学出版社有限责任公司
　　　　　地址：成都市一环路南一段 24 号（610065）
　　　　　电话：（028）85408311（发行部）、85400276（总编室）
　　　　　电子邮箱：scupress@vip.163.com
　　　　　网址：https://press.scu.edu.cn
印前制作：成都墨之创文化传播有限公司
印刷装订：四川盛图彩色印刷有限公司

成品尺寸：185mm×260mm
印　　张：30
字　　数：328 千字

版　　次：2023 年 12 月 第 1 版
印　　次：2023 年 12 月 第 1 次印刷
定　　价：369.00 元

本社图书如有印装质量问题，请联系发行部调换

扫码获取数字资源

四川大学出版社
微信公众号

四姑娘山
野生药用植物

印开蒲

四川省科技基础条件平台项目（14010138）
川西北药用观赏植物开发利用共享平台建设

四姑娘山国家级自然保护区管理局
（阿坝藏族羌族自治州财政专项）
单一性来源方式采购项目
四姑娘山野生杜鹃花调查研究

四川省中医药科学技术研究专项（2018PC002）
全国第四次中药资源普查 2018 年度第一批外业调查研究
（道孚县、小金县）

四川省科技基础条件平台项目（2019JDPT0028）
四川省植物资源共享平台建设

四川省科普培训项目（2020JDKP0065）
《四姑娘山野生药用植物》编研

四川省农业科学院
省财政自主创新专项（23LKYCX1-3）
四川特色花卉种质资源收集与创新利用研究

本书在以上项目的资助下，完成相关种质资源调查及书籍出版。

作者简介

李臻，农业推广硕士，四川省农业特色植物研究院自然资源方向副研究员，中国植物园联盟（CUBG）2017 年植物分类与鉴定培训班学员。主要从事药用植物特异种质资源评价及利用研究，专注于岷江蓝雪花 (*Ceratostigma willmottiamum*) 相关研究。

侯凯，药用植物学博士，四川农业大学副教授，国家中医药管理局中药材产业扶贫行动技术指导专家组成员、四川省中医药标准化技术委员会委员、四川省中医药学会药食同源专委会常务委员等。主要从事药用植物资源评价保护与开发利用研究，以“中药生活化、农产品健康化”为突破口，在好药材的基础上开发出多种生活化产品，实现中药产业链条价值升级。

杨晗，四姑娘山国家级自然保护区管理局科研处处长。主要从事生物多样性监测与保护工作。长期穿梭在流石滩和高山草甸等生态环境里，探索高原植被和高山生态系统，多次参加四姑娘山植被专项研究工作。

《四姑娘山野生药用植物》

顾　问

印开蒲　黎跃成

主　编

李　臻　侯　凯　杨　晗

副主编

杨马进　唐霄铧　韩菊兰

编　委（按姓氏拼音排名）

白　为　韩菊兰　侯　凯　黎跃成　李　臻　刘玉珊
尚　迪　孙　婷　唐霄铧　王　辉　许震寰　杨　晗
杨马进　叶昌华　张景荣　张　军　卓　明

摄　影（按姓氏拼音排名）

侯　凯　黎跃成　李　臻　任先美　唐霄铧　杨　晗
杨马进

序一

中国科学院成都生物研究所
印开蒲研究员

四姑娘山自然保护区行政区划地处四川省阿坝藏族羌族自治州小金县和汶川县交界处，地理位置位于青藏高原东部横断山脉向四川盆地的过渡地区，属于邛崃山脉的核心地带。四姑娘山由 4 座海拔 5000 米以上的山峰组成，山势陡峭险峻，现代冰川发育，主峰幺妹峰海拔 6247.8 米，是邛崃山脉的最高峰，横断山脉第三高峰，有“蜀山王后”之称。

四姑娘山在四川植被区划上，属于川西高山山原峡谷针叶林地带，川西高山峡谷针叶林亚带，川西高山峡谷植被地区，大渡河中上游植被小区。海拔基点较高，最低处为 2700 米，植被垂直带不完整。由于这里位于中国地貌第一阶梯向第二阶梯过渡地区，植物种类仍旧十分丰富，并呈现出中国—喜马拉雅植物区系向中国—日本植物区系过渡的特色。根据四姑娘山的调查资料，在保护区内分布有高等植物 120 余科、500 余属，1200 余种，属于国家重点保护的植物种类有玉龙蕨、独叶草、四川红杉、麦吊云杉、桃儿七等。最令人震撼的是，在四姑娘山自然保护区的几条沟谷内，目前还保存着面积达 4500 多公顷的天然中国沙棘林，其中树龄在 100~299 年的三级古树多达数百棵，堪称世界之最。

1908 年 6 月，世界著名植物学家威尔逊从成都出发，经汶川县卧龙、小金县、丹巴县，到甘孜藏族自治州的康定县（市）收集植物，他在翻越巴朗山和四姑娘山交界处的垭口时，对沿途的高山花卉作了详尽的描写：“在短暂的夏季，繁花如景的高山地区，像一片宽阔的花的海洋，由银莲花、报春、龙胆、绿绒蒿、翠雀、点地梅、杓兰、千里光、百合、鸢尾、马先蒿等组成了花的地毯，像色彩华丽的彩虹，高山草地以其迷人的风光，凝聚着人们的注意力”。在继续向上攀登后，他又进一步写道：“在海拔 11500 英尺之上，华丽的全缘叶绿绒蒿成英里覆盖着大地，硕大的花瓣鲜黄色，内卷成球形，长在高 2~2.5 英尺的植株上，呈现出一片壮丽的景色”。“各种草本植物多到不可胜数，整个原野成了色彩的盛宴。这些高山地区寂静得使人压抑，只有偶尔冲上天空的云雀，其歌声才能打破这种寂静”。6 月 22 日，他在翻越了巴朗山后，在小金县境内向垭口回望，并拍摄了一张标名为“积雪的巴朗山垭口”的老照片，为四姑娘山自然保护区留下了弥足珍贵的影像。有趣的是，时隔 113 年之后，本书作者在老照片的拍摄原处又重新拍摄了一张新照片，并在拍摄点附近发现了国家一级重点保护植物玉龙蕨，这是历史的巧合，还是冥冥之中的安排？

2014 年，四姑娘山国家级自然保护区获得“国家环保科普基地”称号。本书作者在四姑娘山植物调查的基础上，筛选出 100 种常见的种类编辑成册，希望以此向读者介绍该地区的植物概况。四姑娘山植物资源用途繁多，本书重点介绍了其中具有药用价值的一部分种类，既有传统的中药和藏药，也有现代药物的生产原料，其目的是在向读者普及药用植物知识的同时，为进一步保护和开发利用提供依据。

2016 年，随着巴朗山隧道贯通，交通条件得到极大的改善，周末去四姑娘山度假，已经成为成渝两地游客的重要选择。2021 年，四姑娘山风景名胜区被体育总局、文化和旅游部认定为国家体育旅游示范基地。本书的出版，无论对来此登山的爱好者和旅游度假的游客，还是对中国青藏高原东部横断山地区药用植物感兴趣的研究者，都能提供一定的帮助。

序二

四川省药品检验研究院
黎跃成主任药师

四姑娘山由四座金字塔形的山峰组成，依次是四姑娘（幺妹）、三姑娘、二姑娘和大姑娘，号称东方的阿尔卑斯山，名副其实。幺妹峰海拔6247.8米，人称“蜀山皇后”。特殊的地理位置、独特的气候条件、显著的垂直高度，为动植物提供了理想的生存环境。每当春夏之交，这里绿草如茵、繁花似锦，高山草甸花海一望无际，名贵汉藏药材集散荟萃，如天麻、川贝母、红景天、雪莲花，绿绒蒿、绶草、金腰草、沙棘、牡丹皮、川赤芍、党参、黄芩、大黄、黄芪、秦艽、羌活、牛尾独活等，品种众多，不胜枚举。

我参加“第四次全国中药资源普查”工作，翻过海拔4500米的巴郎山垭口，来到四姑娘山，认识了李臻和侯凯两位教授。这里海拔高，氧气稀少，但队员们缺氧不缺精神，甚至冒着生命危险开展资源普查。为了考察世界罕见的沙棘古树林，我进沟上山，让一位女士（无名英雄）留守沟口。谁知她有严重的高原反应，在信号微弱的大山深处，我的手机居然收到了呼救声：“快下来，我不行了……”我急忙下山，果然女士呼吸困难，脸色苍白，手脚冰凉，情况万分危急。我不顾一切开车送她下山，一直到邓生沟，海拔降到了2700米，她才缓过气来。休整片刻后，我们又启程上高山，就这样坚持并努力适应。像这样一心为科研、为百姓寻药的英雄，何止一二？

普查队伙伴们常年在野外考察，长途跋涉，风餐露宿，忍饥受冻，但他们不畏艰险，不辞辛苦，每天晚上精心制作植物标本，鉴定基原，甚至加班至凌晨。他们用生命、青春和智慧获得了宝贵的科学资料：考察发现大量珍稀野生药用植物，特别是发现了国家一级保护植物玉龙蕨（*Sorolepidium glaciale* Christ）和独叶草（*Kingdonia uniflora* Balf. f. et W. W. Sm.），发现了植物新种中华珊瑚兰（*Corallorhiza sinensis* G. W. Hu et Q. F. Wang）。

李老师和侯老师是认药高手，教我认识了很多药用植物，是我的良师、益友、楷模。让我在普查中药资源的道路上，能够摸清家底，探寻药用植物的奥秘，让今后的资源研究纵向深入发展。十年磨一剑，《四姑娘山野生药用植物》的编撰成功，是四川省“第四次全国中药资源普查”工作的重要成果之一。该书填补了大川名山药用植物的空白，必将带来巨大的经济效益和社会效益，对资源保护与利用、科研、教学、生产发挥重要作用。

该书主编李臻、侯凯、杨晗，以科学、严谨、务实的态度，坚持开展中药资源普查十多年，一切从实际出发，精益求精，值得学习和借鉴。该书兼具科学性、实用性、艺术性。书中每种药用植物的基原鉴定准确，拉丁学名、俗名、异名展现完全，描述了植物的生境和主要形态特征，整理了中医药用功效以及少数民族药用历史。通过植物的拉丁学名、俗名、异名检索，整理了最新的相关研究文献资料。有的植物品种配有相关的诗歌，形式新颖、别具一格。全书图文并茂，所有照片均由实地拍摄，精美清晰，植物特点显著，涵盖药用植物的生境、植株、不同部分或不同时期的局部特征照片，特别是花果的特写，更加全面地反映了药用植物的形态特征，突出鉴别要点，科学可靠，形象直观，一目了然，方便使用。书末后记真人真事，趣味无穷。故乐于作序！

前言

四姑娘山国家级自然保护区，位于四川省阿坝藏族羌族自治州小金县东部，属邛崃山脉，与卧龙国家级自然保护区毗连，主要保护对象为野生动物和高山生态系统。四姑娘山国家级自然保护区地处我国地貌第一阶梯青藏高原东部边缘，第二级阶梯四川盆地向青藏高原的过渡地带，横断山区东缘的高山峡谷区，地形地貌复杂，高差悬殊，气候和土壤垂直变化明显，自然植被从河谷到山顶，随海拔升高依次为：沙棘及稀疏灌丛等半干旱河谷植被以及农耕植被、山地常绿针叶（暗针叶林）、落叶阔叶混交林、亚高山灌丛草甸带、高山灌丛草甸带、高山草甸带、高山流石滩稀疏植被带；是世界上高山植被区系最丰富的地区和生物多样性分布中心之一。

四川省农业特色植物研究院（原四川省植物工程研究院）川西北高山植物项目组自 2008 年起立足川西北开展了诸多种质资源调查，在四川省科技基础条件平台项目（项目编号：14010138）“川西北药用观赏植物开发利用共享平台建设”的支持下，逐步将工作重心由“面”转向“点”。2016 年，结合多年调查经验，四川省植物工程研究院与四姑娘山国家级自然保护区管理局通过“四姑娘山野生植物资源调查研究”框架协议正式建立合作。2017 年，四姑娘山国家级自然保护区管理局（阿坝藏族羌族自治州财政专项）采用单一性来源方式采购项目“四姑娘山野生杜鹃花调查研究”支持项目组开展进行野生杜鹃花专项调查。项目组在特定区域种质资源调查取得了一定成效，吸引了四川农业大学、四川省自然资源科学研究院等科研团队前来联合开展相关资源调查课题诸如：四川省中医药科学技术研究专项（项目编号：2018PC002）“全国第四次中药资源普查2018年度第一批外业调查研究（道孚县、小金县）”、四川省科技基础条件平台项目（项目编号：2019JDPT0028）“四川省植物资源共享平台建设”等科研项目。在上述科研项目的调查基础上，项目组在四川省科普培训项目（项目编号：2020JDKP0065）“《四姑娘山野生药用植物》编研”的资助下完成了相关物种的调查及书籍出版工作。

此外，在书籍校稿及出版过程中，项目组在四川省农业科学院省财政自主创新专项（项目编号：23LKYCX1-3）“四川特色花卉种质资源收集与创新利用研究”的资助下继续进行了相关物种的补充调查，让书籍内容更加丰富。

本书按照地衣植物、蕨类植物、裸子植物、被子植物的顺序编排，采用PPG I系统[1]（蕨类植物）、CHRISTENHUSZ（克里斯滕许斯裸子植物系统）[2]（裸子植物）、APG IV系统[3]（被子植物）等新兴植物分类系统，并采用最新的中文及拉丁学名。植物描述主要参考《中国植物志》、*Flora of China*、《中国高等植物图鉴》等；药用功效参考《中华人民共和国药典》《四川省中药材标准》《四川省藏药材标准》等法定药材标准和部分民族药书籍，对汉、藏、彝、羌、苗五个民族用药情况进行描述；外文研究现状通过Web of Science检索系统在Science Citation Index Expanded（SCI-EXPANDED）类别中进行相关物种的检索，以正名、异名（植物志使用的正名）、其他异名的顺序进行检索，选取最新的10篇文献进行研究现状综述（至2021年12月31日止）。

书中植物照片主要由项目组成员拍摄，部分照片为任先美在“四姑娘山野生杜鹃花调查研究”时拍摄。

感谢中国科学院成都生物研究所印开蒲研究员、四川省药品检验研究院黎跃成主任药师二位专家在百忙之中为我们进行物种鉴定把关，并作序。

由于本书涉及的内容丰富、学科繁多，作者业务水平有限，书中难免有不足之处，敬请广大读者批评指正。

编者

目录 CONTENTS

长松萝

Usnea longissima

科 松萝科

属 松萝属

味甘，性平。归肝、肺经。

祛风活络，清热解毒，止咳化痰。

四川省中药材标准（2010年版）

chánɡ sōnɡ luó

长松萝

Usnea longissima

俗名：女萝、松上寄生、松落、树挂、天棚草、天蓬草、山挂面、龙须草、树胡子、菟丝

生于高山区松树或其他树上。

全体成线状，纤细而长。基部着生于树皮上，向下悬垂。主轴单一，极少大分枝，两侧密生细而短的侧枝，形似蜈蚣。全体灰绿色或黄绿色，柔韧，略具弹性，易拉断，断面绿白色，外皮部质粗松，中心质坚密。皮层、髓层和中轴由菌丝组成，其断面成圆形、长圆形或椭圆形。子囊果极稀，侧生，皿状或盘状，生于枝的先端，孢子椭圆形。[4]

姑孰十咏·灵墟山

唐·李白

丁令辞世人，拂衣向仙路。
伏炼九丹成，方随五云去。
松萝蔽幽洞，桃杏深隐处。
不知曾化鹤，辽海归几度？

药用功效

中医认为，长松萝味甘，性平；归肝、肺经；祛风活络，清热解毒，止咳化痰。《四川省中药材标准（2010年版）》以长松萝干燥地衣体用作长松萝，用于风湿性关节疼痛、腰痛、热痰不利、外伤性出血、风湿关节炎、慢性支气管炎[5]。

少数民族也有长松萝的药用历史。羌族以全草用于清肝化瘀，止血解毒；治头痛等症[6]。

通过检索选取长松萝（*Usnea longissima*）相关外文文献 10 篇（2018—2021 年）进行介绍。

现代研究表明，长松萝含巴尔巴地衣酸、松萝酸、地弗地衣酸、拉马酸、地衣聚糖等成分，具有一定的抗氧化、抑菌和抗癌活性。通过 Box-Behnken 设计（BBD）优化了长松萝的超临界二氧化碳萃取工艺 [7]。

长松萝多糖具有提升机体免疫力和抗氧化作用 [8]。长松萝多糖对 2，2- 二苯基 -1- 吡啶酰肼（DPPH）和羟基自由基具有较好的还原能力和清除能力。对人体 HaCaT 角质形成细胞和真皮成纤维细胞具有一定的增殖作用，保护 HaCaT 角质形成细胞免受 UVB 诱导的增殖抑制，并表现出酪氨酸酶抑制活性，具有一定的护肤能力 [9]。

长松萝内生真菌曲霉代谢产物可以抑制铜绿假单胞菌 PAO1 的群体感应和生物膜形成 [10]。长松萝醇提取物具有较高的抗脲酶和抗弹性蛋白酶活性 [11]，其酚类化合物对细菌神经氨酸酶具有抑制作用 [12]。松萝酸对大肠杆菌（ATCC35218）和金黄色葡萄球菌（ATCC25923）的生长具有一定的抑制作用 [13]。

从长松萝中分离出 18R- 羟基二氢异原地衣酯酶酸、神经原酸、巴巴多斯酸和松萝酸，均显示出一定的细胞毒性，其中巴巴多斯酸对 A549 肺癌细胞系表现出相当于阿霉素的活性，通过加速细胞凋亡诱导细胞死亡 [14]。长松萝乙酸乙酯提取物可预防 N-methyl-N-nitro-N-nitrosoguanidin (MNNG) 诱导的大鼠胃和食管癌的发生。在 500mg/kg、1000mg/kg 和 2000mg/kg 的剂量下，该提取物没有致死作用，50mg/kg 和 100mg/kg 的提取物具有显著抗癌活性，其无毒且对癌组织具有选择性 [15]。长松萝酚类物质对 U87MG 人胶质母细胞瘤细胞生长具有抑制作用 [16]。

问荆

Equisetum arvense

科 木贼科

属 木贼属

味甘、苦，性凉。归肺、胃、肝经。

清热凉血，止咳，利尿。

安徽省中药饮片炮制规范（2019年版）

问荆 (wèn jīng)

Equisetum arvense

异名：*Equisetum campestre*，*Equisetum boreale*，*Equisetum arvense subsp. boreale*，*Equisetum arvense f. ramulosum*，*Equisetum arvense var. ramulosum*，*Equisetum arvense var. campestre*，*Equisetum arvense var. boreale*，*Equisetum arvense subsp. ramulosum*，*Equisetum saxicola*，*Equisetum calderi*，*Allostelites arvensis*，*Equisetum arvense f. campestre*，*Equisetum arvense f. arcticum*，*Equisetum arvense f. boreale*，*Equisetum arvense var. arcticum*

生于海拔 3700 米以下的潮湿草地、沟渠旁、沙土地、耕地、山坡及草甸等处。

中小型蕨类。根茎黑棕色。地上枝当年枯萎。枝二型。能育枝春季先萌发，黄棕色；鞘筒栗棕色或淡黄色，鞘齿栗棕色，狭三角形，孢子散后能育枝枯萎。不育枝后萌发，绿色，轮生分枝多。脊的背部弧形；鞘筒狭长，绿色，鞘齿三角形。侧枝柔软纤细，扁平状；鞘齿披针形，绿色。孢子囊穗圆柱形，顶端钝，成熟时柄伸长。[17]

原夫木贼草去目翳，
崩漏亦医

药用功效

中医认为，问荆味苦、涩，性凉；清热利尿，止血，平肝明目，止咳平喘。地上部分用于鼻衄、肠出血、咯血、痔出血、月经过多、淋证、骨折、咳喘、目赤肿痛[18]。《安徽省中药饮片炮制规范（2019 年版）》以问荆的干燥全草用作问荆，用于吐血、衄血、倒经、咳嗽气喘、淋病、小便不利[19]。

少数民族也有问荆药用的历史。藏族用问荆全草治目赤肿痛、云翳、风肠、崩漏、痔疮出血、月经过多、跌打损伤、尿道炎[20]；用作萝蒂，收录在《中华人民共和国卫生部药品标准·藏药（第一册）》附录中[21，22]。羌族用全草治月经过多、尿路感染、小便涩痛、不利、肠道寄生虫病、鼻衄、动脉粥样硬化[6]。苗族用全草及地上部分治风热目赤、骨折等[23，24]。

通过检索选取问荆（*Equisetum arvense*）相关外文文献10篇（2020—2021年）进行介绍。

问荆全草含问荆皂苷、木贼苷、异槲皮苷、木樨草苷、硅酸（含量达干生药的5.19％~7.77％）、有机酸、脂肪、β-谷甾醇、犬问荆碱、二甲砜、胸嘧啶、3-甲氧基吡啶、多种氨基酸等。问荆孢子含五羟基蒽醌葡萄糖甙、二十八烷二酸、三十烷二酸、三十烷二酸二甲酯、棉花皮次苷和草棉苷等。问荆是植物界硅累积量最高（＞30wt%二氧化硅）的物种之一，分布广泛，繁殖能力强，其丰富的硅可用于锂电池的阳极[25]。问荆在德国作为茶饮使用，高浓度问荆硅摄入会导致血清硅浓度显著升高[26]，具有一定的利尿作用。问荆甲醇提取物可防止糖尿病引起的小鼠睾丸组织损伤，降低糖尿病引起的不良反应[27]。研究表明，问荆提取物对斑马鱼是安全的[28]。问荆作为饲料添加可改善鸡蛋蛋壳厚度、强度和蛋黄颜色[29]。问荆提取物可作为铜盐替代物用于小麦和番茄等作物病害防治[30]。问荆、壳聚糖、荨麻单独或组合使用对葡萄病原菌具有一定抑制作用[31]。问荆乙醇提取物对红蜘蛛有促进生长作用[32]。问荆提取物改性壳聚糖基水凝胶可改善其弹性和吸水性[33]。钛基材料聚乙烯醇丝胶纳米纤维涂层中添加问荆提取物不仅可增强钛的生物活性，还可改善成骨分化[34]。

科 凤尾蕨科
属 铁线蕨属
味微苦，性凉。
清热，消炎，利尿。
中华人民共和国药典（1977年版一部）
铁线蕨
Adiantum capillus-veneris

tiě xiàn jué
铁线蕨
Adiantum capillus-veneris

俗名：银杏蕨、条裂铁线蕨

异名：*Adiantum capillus-veneris f. dissectum*，*Adiantum submarginatum*，*Adiantum michelii*，*Adiantum tenerum var. dissectum*，*Adiantum capillus-veneris var. trifidum*，*Adiantum capillus-veneris var. laciniatum*，*Adiantum capillus-veneris var. fissum*，*Adiantum capillus-veneris f. fissum*，*Adiantum lingii*，*Adiantum subemarginatum*，*Adiantum capillus-veneris f. lanyuanum*

生于海拔 100~2800 米的流水溪旁石灰岩上或石灰岩洞底和滴水岩壁上。

中小型蕨类。根状茎细长横走，密被棕色披针形鳞片。叶柄纤细，栗黑色，叶片卵状三角形，尖头；羽片互生，长圆状卵形，圆钝头。叶干后薄草质，草绿色或褐绿色，两面均无毛。孢子囊群横生于能育的末回小羽片上缘；囊群盖长形、长肾形或圆肾形，淡黄绿色，老时棕色，膜质，全缘，宿存。孢子周壁具粗颗粒状纹饰。[35]

效

中医认为，铁线蕨味淡、苦，性凉；清热解毒，利湿消肿，利尿通淋；用于痢疾、瘰疬、肺热咳嗽、肝炎、淋证、毒蛇咬伤、跌打损伤[18]。《中华人民共和国药典（1977年版一部）》以铁线蕨的干燥全草用作猪鬃草，用于感冒发热、肺热咳嗽、咯血、乳腺炎、急性肾炎、膀胱炎；外治疔疮[36]。

少数民族也有铁线蕨的药用历史。羌族用全草治肝炎、肠炎、急性肾炎、乳腺炎；外用治烧烫伤[6]。彝族用全草治痰阴呛咳、胃肠湿热、肾石淋浊、崩漏带下、乳泌不畅、乳房胀痛、无名肿毒、烧伤烫伤、咯血、吐血、瘰疬、咳喘、胃痛、疟疾、猝死等[37，38]。苗族用全草治肺热咯血、瘰疬、小便不利、跌伤等症[24，39]。

通过检索选取铁线蕨（*Adiantum capillus-veneris*）近年来相关外文文献 10 篇（2018—2021 年）进行介绍。

铁线蕨全草含有糖、蛋白质、脂肪、三萜类和黄酮、β-谷甾醇（β-sitosterol）、胡萝卜甙（daucosterol）、3-雁齿烯（filic-3-ene）、29-去甲-22-何帕醇（29-norhopan-22-ol）、三十一烷（hentriacotane）、三十一烷-16-酮（16-hentriacotanone）、铁线蕨酮（adiantone）、异铁线蕨酮（isoadiantone）等。现代药理研究表明，铁线蕨具有抗氧化、抑菌、抗癌等活性。铁线蕨植物提取物对双酚 A 诱导的大鼠肝毒性具有修复作用[40]，对胆固醇喂养大鼠具有一定的降血脂和抗动脉粥样硬化作用[41]，可保护大鼠雌性生殖系统免受农药多菌灵的毒害作用[42]。铁线蕨乙醇提取物对大鼠具有显著的抗焦虑和抑郁作用[43]，通过减少氧化应激标记物而发挥神经系统保护作用[44]。铁线蕨粗甲醇提取物对人乳腺癌细胞株具有抑制活性，通过调节参与细胞周期和凋亡的蛋白而具有抗癌活性[45]。还有研究表明，铁线蕨提取物可缓解运动、缺氧等导致的大鼠肺泡细胞凋亡[46]。从铁线蕨地上部分分离出三种 hopane 型三萜类化合物，具有显著的抗真菌活性和一定的抗细菌活性[47]。饲料中添加铁线蕨叶粉（添加量为 2%）有助于提高鲤鱼抗病性和生长性能[48]。

从印度西孟加拉邦砷污染区分离得到两株砷（As）超耐受细菌 NM01 副球菌和 NM04 气生单胞菌可促进铁线蕨生长及其对砷的吸收能力[49]。

瓦韦

Lepisorus thunbergianus

科 水龙骨科

属 瓦韦属

味淡，性寒。

利尿，止血。

上海市中药材标准（1994 年版）

wǎ wéi
瓦韦
Lepisorus thunbergianus

异名：*Lepisorus pygmaeus*，*Lepisorus calcifer*，*Pleopeltis thunbergianus*，*Lepisorus simulans*，*Lepisorus myrisorus*，*Lepisorus linearifolius*，*Lepisorus nanchuanensis*，*Drynaria subspathulata*，*Lepisorus myriosorus*，*Pleopeltis linearis var. thunbergianum*，*Polypodium lineare var. abbreviatum*，*Lepisorus thunbergianus var. subspathulatus*，*Polypodium lineare var. subspathulatum*

附生于海拔400~3800米的山坡林下树干或岩石上。

附生蕨类。根状茎横走，密被披针形鳞片；鳞片褐棕色，大部分不透明，仅叶边网眼透明，具锯齿。叶柄禾秆色；叶片线状披针形或狭披针形，中部最宽，渐尖头，干后黄绿色至淡黄绿色或淡绿色至褐色，纸质。主脉上、下均隆起，小脉不见。孢子囊群圆形或椭圆形，彼此相距较近，成熟后扩展几密接，幼时被圆形褐棕色隔丝覆盖。[50]

菩提废寺

宋·周弼

野寺孤僧住，当春亦掩扉。
晓钟三板去，昏钵一盂归。
古屋垂山榧，幽窗养石韦。
未容行客憩，荒树雨鸠飞。

中医认为，瓦韦味淡，性寒；清热解毒，利尿，止血；用于淋浊、痢疾、咳嗽吐血、牙疳、小儿惊风、跌打损伤、蛇咬伤[18]。《上海市中药材标准（1994年版）》以瓦韦的干燥全草为用作七星草，用于小便不利、痢疾、咳嗽咯血、牙疳[51]。

少数民族也有瓦韦的药用历史。羌族用全草治慢性气管炎[6]。彝族用全草主水肿、腹泻、外伤流血[52]。苗族用叶治小便淋痛、崩漏、痢疾、咳嗽、咯血、蛇伤、肝炎[39]。

关于瓦韦的研究较少，仅检索到瓦韦（正名：*Lepisorus thunbergianus*；异名：*Lepisorus simulans*）相关外文文献 8 篇（1979—2020 年）。

瓦韦含脱皮甾酮（ecdysterone）及绿原酸等，对金黄色葡萄球菌、伤寒杆菌、绿脓杆菌及福氏痢疾杆菌均有抑制作用，其中所含成分蜕皮甾酮对动物有降低血糖及胆固醇的作用。瓦韦丁醇馏分中的 5- 咖啡酰奎宁酸可通过螯合铜 - 酪氨酸酶复合物中的铜离子抑制黑色素生成，起到美白的作用 [53]。瓦韦甲醇提取物具有显著的抗氧化活性，在抗氧化活性的指导下，从瓦韦中分离出异荆芥素、东方素、异东方素和绿原酸，具有抗氧化、消炎和抑制癌细胞的作用，显示出预防肝癌细胞系的潜力 [54]。

有研究对瓦韦配子体发育早期细胞核的形态特征和 DNA 含量进行了考察 [55]，并对叶表皮细胞诱导的愈伤组织和再生植株细胞遗传学特征进行了详细研究，发现在愈伤组织再生新植株（即全孢子体和心形配子体）的整个过程中，染色体稳定性保持不变 [56]。对瓦韦多倍体起源的研究表明，四倍体和超四倍体是起源于多种二倍体杂交形成的异源多倍体 [57]，系统发育分析揭示了日本瓦韦四倍体和六倍体的起源 [58]。2015 年的一篇报道对瓦韦的命名和分类进行了探讨 [59]。

有研究表明，可利用瓦韦这一附生蕨类植物对大气汞含量进行生物监测，因为瓦韦叶片会吸附大气中的汞，可通过测定瓦韦叶片中汞浓度推算大气中的汞水平 [60]。

紫果云杉

Picea purpurea

科 松科

属 云杉属

味苦，性温。

祛痰，止咳，平喘。

——中国中药资源志要

zǐ guǒ yún shān
紫果云杉
Picea purpurea

4 月
10 月

俗名：紫果杉

异名：*Picea likiangensis var. purpurea*

生于海拔 2600~3800 米的气候温凉、山地棕壤土地带组成纯林或与岷山冷杉、云杉、红杉等针叶树混生成林。

乔木。树皮深灰色；大枝平展，树冠尖塔形；小枝有密生柔毛，一年生枝黄色或淡褐黄色，二三年生枝黄灰色或灰色。叶辐射伸展或枝条上面之叶向前伸展，下面之叶向两侧伸展，扁四棱状条形。球果圆柱状卵圆形或椭圆形，呈紫黑色或淡红紫色；种鳞排列疏松，边缘波状、有细缺齿；苞鳞矩圆状卵形；种翅褐色，有紫色小斑点。[61]

岳麓寺

宋·赵汝谠

霁景映苍麓，岚光泛层峦。
清和惬幽步，窈缭穷遐观。
偶与文会俱，未觉心赏阑。
一窗奥明具，万象高下宽。
城郭隐沙际，庙宫见林端。
引涧日流厨，取泉时出山。
摩挲云杉去，惆怅烟竹寒。
嘤鸣感伐木，肥遁思考槃。
邹公有荒台，百世名不刊。
悠悠湘波去，使我空长叹。

药用功效

中医认为，紫果云杉味苦，性温。果实能祛痰、止咳、平喘[18]。

少数民族也有紫果云杉的药用历史。藏族以紫果云杉的杉节木用于风寒湿痹、关节积黄水、龙病、培根病、寒性水肿病、虫病；球果用于咽喉疾病、肺部疾病；杉脂用于风寒湿痹、疮疖溃烂、久溃不愈、关节积黄水、筋络扭伤[62]。

关于紫果云杉（*Picea purpurea*）的研究较少，仅检索到相关外文文献 8 篇（2013—2021 年），其研究主要集中在生理生态等方面。

紫果云杉植株密度降低了气候变暖引起的幼苗生长趋势[63]，杂交和渗入在青藏高原紫果云杉物种形成和进化中起着重要作用[64]。云杉寄生（*Arceuthobium sichuanense*）是一种寄生植物（矮生槲寄生），对青藏高原云杉林造成严重破坏，使得紫果云杉等云杉物种遭受氮和水分胁迫[65]。增强细胞脱水耐受性和光系统稳定性有助于同倍体杂种云杉占据寒冷的高山生境[66]。紫果云杉在低 CO_2 浓度下表现出更高的气孔导度和在所有光照条件下的瞬时水分利用效率，具有更高的叶色素含量、更长的保卫细胞长度和更低的线性气孔密度，这些特征可能增强了紫果云杉的生理适应性，并促进了其在高山生境中的定殖[67]。值得注意的发现是，降水不是影响云杉树木生长的主要因素，温度对云杉生长的影响在低海拔和中海拔地区更显著，高海拔地区的云杉生长明显受益于生长季节之前和期间的温暖天气[68]。全球变暖通过对植物竞争相互作用的潜在影响来影响亚高山针叶林的组成、结构和功能。紫果云杉具有总体竞争优势，具体表现为子器官（叶、茎和根）和总干物质积累（DMA）、高度生长率、净光合速率、比叶面积、水分利用效率、叶根 N 和非结构碳水化合物（NSC）浓度更高，对不同土壤 N 形态的吸收具有更大的可塑性[69]。也有研究表明，环境因素对木本植物物种丰度和系统发育多样性影响较草本植物小[70]。

一把伞南星

Arisaema erubescens

科 天南星科

属 天南星属

味苦、辛，性温；有毒。归肺、肝、脾经。散结消肿。

——中华人民共和国药典（2020年版一部）

一把伞南星 (yī bǎ sǎn nán xīng)

Arisaema erubescens

花期 5—7 月
果期 9 月

俗名：洱海南星、溪南山南星、台南星、基隆南星、短柄南星

异名：*Arisaema undulatum*, *Arisaema oblanceolatum*, *Arisaema formosanum*, *Arisaema kelung-insulare*, *Arisaema brevipes*, *Arisaema kerrii*, *Arisaema fraternum*, *Arisaema divaricatum*, *Arum erubescens*, *Arisaema vituperatum*, *Arisaema tatarinowii*, *Arisaema hypoglaucum*, *Arisaema formosanum var. bicolorifolium*, *Arisaema formosanum f. stenophyllum*, *Arisaema alienatum var. formosanum*, *Arisaema consanguineum var. divaricatum*, *Arisaema consanguineum*, *Arisaema biradiatifoliatum*, *Arisaema linearifolium*, *Arisaema kelunginsulare*, *Arisaema consanguineum subsp. kelunginsulare*, *Arisaema erubescens var. consanguineum*

生于海拔 3200 米以下的林下、灌丛、草坡、荒地。

草本。块茎扁球形，表皮黄色或淡红紫色。鳞叶绿白色、粉红色，有紫褐色斑纹。叶柄中部以下具鞘，鞘部粉绿色，上部绿色，有时具褐色斑块；叶片放射状分裂。花序柄直立。佛焰苞绿色，管部圆筒形。肉穗花序单性。雄花具短柄，淡绿色、紫色至暗褐色。附属器基部白色。果序柄下弯或直立，浆果红色，种子球形，淡褐色。[71]

岂不以南星醒脾，去惊风痰吐之忧

药用功效

中医认为，一把伞南星味苦、辛，性温；有毒；归肺、肝、脾经；燥湿化痰，祛风止痉，散结消肿。块茎用于顽痰咳嗽、风疾眩晕、中风痰壅、口眼歪斜、半身不遂、癫痫、惊风、破伤风；外用于痈肿、蛇虫咬伤[18]。《中华人民共和国药典（2020年版一部）》以一把伞南星干燥块茎用作天南星，外用治痈肿、蛇虫咬伤[72]。

少数民族也有一把伞南星的药用历史。藏族用根治胃痛，小儿惊风、慢性气管炎、支气管扩张、破伤风、口噤强直、癫痫、骨刺、骨瘤、疮疖；花序治肺病，下胎[20]。《藏药标准》以一把伞南星的干燥块茎用作天南星，味苦、辛，性温；有毒；燥湿化痰，祛风定惊，消肿散结；用于中风痰壅、口眼歪斜、半身不遂、癫痫、破伤风；外用消痈肿[73]。彝族用块茎治胃痛、跌打损伤、蛇虫咬伤、犬伤、风湿疼痛、中风痰壅、口眼歪斜、半身不遂、癫痫惊风、风痰眩晕、喉痹痈肿、产后血崩、心口痛等症，又可治猪瘟初起以及熬制弩药[37, 52, 74]。苗族用块茎治无名肿毒、毒蛇咬伤、风湿疼痛、膝关节疼痛、中风、口眼歪斜、半身不遂、癫痫、破伤风[23, 24, 39]。

荆州即事药名诗八首

宋·黄庭坚

雨如覆盆来，平地没牛膝。
回望无夷陵，天南星斗湿。

关于一把伞南星的研究较少，仅检索到一把伞南星（正名：*Arisaema erubescens*；异名：*Arisaema consanguineum*，*Arisaema linearifolium*）相关外文文献10篇（1996—2018年）。

一把伞南星含β-谷甾醇-D-葡萄糖苷、氨基酸、植物血凝素(phytohemagglutinin)等，具有杀虫、抗肿瘤等作用。研究人员从一把伞南星中分离出金色酰胺醇酯，并对其结构进行了确认[75]。一把伞南星块茎提取物与链霉菌混合物对钉螺具有较好的杀灭活性[76]，单独或者配施化肥具有较好的杀螺活性[77]，黄酮苷对根结线虫具有较强的杀虫活性[78]。一把伞南星血凝素可诱导大鼠足肿胀，腹腔中性粒细胞前一，增加腹腔液中一氧化氮、前列腺素和肿瘤坏死因子的浓度，表现出较强的促炎作用[79]。一把伞南星内生真菌产生四氢酮、四氮酮衍生物等成分，具有抑菌和抗肿瘤活性[80]。一把伞南星块茎水提取物通过降低血清中TNF-α、IL-1β、IL-6和IL-10的水平对胶原诱导的大鼠关节炎具有治疗作用，可作为治疗人类类风湿性关节炎的有效候选药物[81，82]。

2010年有课题组发现了一个原产于中国云南北部的天南星属新种 *Arisaema linearifolium* G. Gusman & J.T. Yin，并对其形态特征进行了讨论，与形态相似的种进行了比较[83]。在印度，大南星属是天南星科中最大的属，但其分类较模糊，2016年对一把伞南星进行了重新归类[84]。

毛叶藜芦

Veratrum grandiflorum

科 **藜芦科**

属 **藜芦属**

味辛、苦，性寒。有毒。归肺、胃、肝经。

祛风痰，杀虫毒。

四川省中药材标准（2010年版）

máo yè lí lú
毛叶藜芦
Veratrum grandiflorum

花期 7—8 月
果期 7—8 月

异名：*Veratrum puberulum*，*Veratrum album var. grandiflorum*，*Veratrum bracteatum var. tibeticum*

生于海拔 2600~4000 米的山坡林下或湿生草丛中。

草本。植株高大，基部具无网眼的纤维束。叶宽椭圆形至矩圆状披针形，无柄，基部抱茎，背面密生褐色或淡灰色短柔毛。圆锥花序塔状，侧生总状花序直立或斜升；花大，密集，绿白色；花被片宽矩圆形或椭圆形，边缘具啮蚀状牙齿，外花被片背面尤其中下部密生短柔毛；花梗密生短柔毛或几无毛；子房长圆锥状，密生短柔毛。蒴果直立。[85]

药用功效

中医认为，毛叶藜芦味辛、苦，性寒；有毒；归肺、胃、肝经；祛风痰，杀虫毒[5]。在贵州、四川、云南均有使用[22]。《四川省中药材标准（2010年版）》以毛叶藜芦的干燥根及根茎为藜芦，用于中风痰壅、癫痫、喉痹；外用治恶疮、疥癣[5]。

通过检索选取毛叶藜芦（*Veratrum grandiflorum*）近年来相关外文文献 10 篇（1972—2021 年）进行介绍。

毛叶藜芦含藜芦碱、藜芦嗪、藜芦甾二烯胺、藜芦米宁、dormantinol 等 [86, 87, 88, 89]。毛叶藜芦在叶中积累茄尼基糖苷，其在根茎中转化为藜芦碱 [90]。有研究认为，L- 精氨酸是藜芦碱生物合成最可能的氮源 [91]。氯化铜胁迫处理毛叶藜芦，叶片中分离出两种抗真菌二苯乙烯类化合物及其糖苷，被鉴定为白藜芦醇、氧化白藜芦醇、白藜芦素 -3-O- 葡萄糖苷（piceid）和氧化白藜醇 -3-O- 葡萄糖苷 [92]。从毛叶藜芦提取物中分离出多种甾体生物碱具有明显的 Hedgehog（Hh）途径抑制作用 [93]，对髓母细胞瘤 Daoy 细胞具有抗增殖作用 [94]，具有广泛的癌症治疗潜力 [95]。

科 百合科
属 顶冰花属
味甘、微苦，性平。
祛痰止咳，消肿止血。
中国中药资源志要
西藏洼瓣花
Gagea tibetica

xī zàng wā bàn huā
西藏洼瓣花
Gagea tibetica

5—7 月

异　名：*Lloydia tibetica*，*Lloydia montana*，*Giraldiella montana*，*Lloydia tibetica var. lutescens*

生于 2300~4100 米的山坡或草地上。

多年生草本。鳞茎顶端延长、开裂。基生叶 3~10 枚，边缘通常无毛；茎生叶 2~3 枚，向上逐渐过渡为苞片，通常无毛，极少在茎生叶和苞片的基部边缘有少量疏毛；花 1~5 朵；花被片黄色，有淡紫绿色脉；内花被片内面下部或近基部两侧各有 1~4 个鸡冠状褶片，内外花被片内面下部通常有长柔毛，较少无毛。[85]

药用功效

中医认为，西藏洼瓣花味甘、微苦，性平；祛痰止咳，消肿止血。鳞茎用于咳嗽、哮喘；外用于痈肿疮毒、外伤出血[18]。

少数民族也有西藏洼瓣花的药用历史。藏族用西藏洼瓣花干燥地上部分用作萝蒂，收录在《中华人民共和国卫生部药品标准·藏药（第一册）》附录中[21，22]。

尚未检索到关于西藏洼瓣花西藏洼瓣花（正名：*Gagea tibetica*；异名：*Lloydia tibetica*，*Lloydia montana*，*Giraldiella montana*，*Lloydia tibetica var. lutescens*）的相关外文文献（截至 2021 年 12 月 31 日），其还需进一步探索与发现。

川贝母

Fritillaria cirrhosa

科 百合科

属 贝母属

味苦、甘，性微寒。归肺、心经。

清热润肺，化痰止咳，散结消痈。

中华人民共和国药典（2020 年版一部）

chuān bèi mǔ

川贝母

Fritillaria cirrhosa

5—7 月

8—10 月

俗名：卷叶贝母

异名：*Lilium bonatii*，*Fritillaria lhiinzeensis*，*Fritillaria zhufenensis*，*Fritillaria duilongdeqingensis*，*Fritillaria cirrhosa var. dingriensis*，*Fritillaria cirrhosa var. viridiflava*，*Fritillaria cirrhosa var. bonatii*

生于海拔 1800~4200 米的林中、灌丛下、草地或河滩、山谷等湿地或岩缝中。

草本。鳞茎由 2 枚鳞片组成，鳞片肥厚。叶通常对生，常中部以上具叶。最下部 2 叶对生，条形至条状披针形，先端稍卷曲或不卷曲。花通常单朵，紫色至黄绿色，通常有小方格，少数仅具斑点或条纹；每朵花有 3 枚叶状苞片，苞片狭长；花被片背面有明显凸出的蜜腺窝；花药近基着，花丝稍具或不具小乳突。蒴果棱上具狭翅。[85]

载驰

春秋 · 许穆夫人

载驰载驱，归唁卫侯。驱马悠悠，言至于漕。
大夫跋涉，我心则忧。
既不我嘉，不能旋反。视尔不臧，我思不远？
既不我嘉，不能旋济。视尔不臧，我思不閟。
陟彼阿丘，言采其虻。女子善怀，亦各有行。
许人尤之，众稚且狂。
我行其野，芃芃其麦。控于大邦，谁因谁极？
大夫君子，无我有尤。百尔所思，不如我所之。

贝母清痰止咳嗽
而利心肝

药用功效

中医认为，川贝母味苦、甘，性微寒；归肺、心经；清热润肺，化痰止咳，散结消痈。《中华人民共和国药典（2020年版一部）》以川贝母干燥鳞茎用作川贝母，用于肺热燥咳、干咳少痰、阴虚劳嗽、痰中带血、瘰疬、乳痈、肺痈[72]。

少数民族也有川贝母的药用历史。藏族用鳞茎治气管炎、月经过多[96]、中毒症、肺热咳嗽；叶治黄水病；种子治头病、虚热症[62]。羌族以鳞茎用于肺热燥咳、干咳少痰、阴虚劳嗽、痰中带血[6]。苗族用鳞茎治阴虚燥咳、咯痰带血[39]。

通过检索选取川贝母（*Fritillaria cirrhosa*）近年来相关外文文献 10 篇（2020—2021 年）进行介绍。

川贝母是一种常用中药，以镇咳、祛痰、平喘、抗炎等功效而闻名，广泛用于呼吸道疾病的治疗。川贝母中的异甾体生物碱对香烟烟雾诱导氧化应激具有抑制作用[97]，贝母金纳米颗粒对链脲霉素诱导的糖尿病模型具有抗糖尿病作用，可诱导实验大鼠胰岛细胞再生[98]。鳞茎体外培养可作为贝母生物碱合成的潜在来源[99，100]，不同光配方对胚性愈伤组织的形态发生和异甾体生物碱的含量有显著影响[101]。人工栽培川贝母最佳收获期在萎蔫期，洗涤后通过烘箱干燥更有利于保证其产量和质量[102]。

川贝母水提取物因存在使人正常结肠上皮细胞 NCM460 有丝分裂检查点的功能失调风险，进而诱导有丝分裂畸变和染色体不稳定性（CIN）。川贝母处理可能会引起胞质分裂失败，产生双核细胞，导致染色体的不稳定性[103]。进一步研究发现，川贝母提取物通过促进中心体碎裂诱导人正常结肠上皮细胞 NCM460 纺锤体多极性，因此，使用川贝母时应考虑其风险收益比[104]。

对不同贝母种群进行遗传多样性分析，表明分布广泛的种群具有较高遗传多样性，具有更好的开发利用价值[105]。激光诱导击穿光谱（Laser Induced Breakdown Spectroscopy，LIBS) 可用于鉴别川贝母及其粉末的真伪[106]。

科 百合科

属 贝母属

味苦、甘，性微寒。归肺、心经。

清热润肺，化痰止咳，散结消痈。

中华人民共和国药典（2020年版一部）

暗紫贝母

Fritillaria unibracteata

àn zǐ bèi mǔ

暗紫贝母

Fritillaria unibracteata

6月
8月

异名：*Fritillaria lixianensis*，*Fritillaria sulcisquamosa*，*Fritillaria unibracteata var. ganziensis*，*Fritillaria unibracteata var. maculata*

生于海拔3200~4500米的草地上。

草本。鳞茎球形或圆锥形，由2枚鳞片组成。茎绿色或深紫色。叶下面的对生，上面的散生或对生，条形或条状披针形，先端不卷曲。花单朵，深紫色，有黄褐色小方格；叶状苞片，先端不卷曲；蜜腺窝稍凸出或不太明显；雄蕊长约为花被片的一半，花药近基着，花丝具或不具小乳突；柱头裂片很短。蒴果棱上的翅很狭。[85]

贝母

宋·张载

贝母阶前蔓百寻，
双桐盘绕叶森森。
刚强顾我蹉跎甚，
时欲低柔警寸心。

贝母清痰止咳嗽而利心肝

药用功效

中医认为，暗紫贝母味苦、甘，性微寒；归肺、心经；清热润肺，化痰止咳，散结消痈。《中华人民共和国药典（2020 年版一部）》以暗紫贝母干燥鳞茎用作川贝母，用于肺热燥咳、干咳少痰、阴虚劳嗽、痰中带血、瘰疬、乳痈、肺痈[72]。

少数民族也有暗紫贝母的药用历史。藏族用鳞茎治中毒症、肺热咳嗽；叶治黄水病；种子治头病、虚热症[62]。羌族以鳞茎用于肺热燥咳、干咳少痰、阴虚劳嗽、痰中带血[6]。

通过检索选取暗紫贝母（*Fritillaria unibracteata*）近年来相关外文文献 10 篇（1999—2021 年）进行介绍。

暗紫贝母是中药材川贝母的主要基原植物之一。组培暗紫贝母比自然野生条件下生长速度快 30~50 倍，且组培暗紫贝母鳞茎中生物碱含量高于野生暗紫贝母鳞茎 [107]。遮阴和氮肥增施会导致暗紫贝母地上部分生物量比例显著增加，但对鳞茎的影响不大 [108]。海拔高度和个体发育状况影响暗紫贝母形态特征和生物量分配，3 年生和 4 年生植株的有性生殖分配显著增加 [10]。

暗紫贝母鳞茎中的一种甾体生物碱对鱼藤酮诱导的 PC12 细胞系的神经毒性具有中度保护作用 [110]，鳞茎中分离出的氨基丁烯内酯对受损肝细胞有保护活性，对人类癌细胞则具有细胞毒性 [111]。贝母内生真菌镰刀菌 A14 的胞外多糖在体外具有中等抗氧化活性，对人肝癌细胞 HepG2 具有中等抗增殖作用 [112]。超细粉碎有利于降低贝母颗粒，提升贝母粉末有效成分溶出，具有很好的应用潜力 [113]。

改良的 SDS- 酸性苯酚法可用于提取暗紫贝母 RNA[114]，UPLC-PAD 指纹图谱结合层次聚类分析可用于暗紫贝母的质量控制 [115]，LC-MS/MS 结合化学计量学分析可用于鉴别暗紫贝母和平贝母 [116]。

甘肃贝母

Fritillaria przewalskii

科 百合科

属 贝母属

味苦、甘，性微寒。归肺、心经。

清热润肺，化痰止咳，散结消痈。

中华人民共和国药典（2020 年版一部）

gān sù bèi mǔ
甘肃贝母
Fritillaria przewalskii

6—7 月
8 月

异名：*Fritillaria gansuensis*，*Fritillaria przewalskii var. gannanica*，*Fritillaria przewalskii var. discolor*，*Fritillaria przewalskii f. emacula*，*Fritillaria przewalskii var. tessellata*

生于海拔 2800~4400 米的灌丛中或草地上。

草本。鳞茎由 2 枚鳞片组成。茎中部以上具叶。叶卵状矩圆形至矩圆状披针形，基部的短而宽，上部的长而狭，对生和轮生，下部叶顶端短尖，上部叶长渐尖并具硬尖头。花常单朵，少有 2 朵，花被宽钟状，花被片矩圆形至矩网状倒卵形，淡黄色或黄色，无方格斑纹，仅内面略具紫色斑点，具蜜腺。蒴果棱上的翅很狭。[85]

次山房韵古意四首 其一

宋 · 何梦桂

思君吹参差，幽路蹇离绝。
绿蓝不盈襜，芙蓉在木末。
采虻解我忧，忧思谁察识。
世态反覆手，况复问宿昔。
鞲鹰岂思扬，辙鲋固相沫。
得时与失势，离附奚足惑。
耳余难为交，管鲍易全德。
伐木无良朋，白驹有佳客。

贝母清痰止咳嗽
而利心肝

药用功效

中医认为，甘肃贝母味苦、甘，性微寒；归肺、心经；清热润肺，化痰止咳，散结消痈。《中华人民共和国药典（2020年版一部）》以甘肃贝母干燥鳞茎用作川贝母，用于肺热燥咳、干咳少痰、阴虚劳嗽、痰中带血、瘰疬、乳痈、肺痈[72]。

少数民族也有甘肃贝母的药用历史。藏族用鳞茎治气管炎、月经过多[96]、中毒症、肺热咳嗽；叶治黄水病；种子治头病、虚热症[62]。

关于甘肃贝母（*Fritillaria przewalskii*）的研究较少，仅检索到相关外文文献 5 篇（2019—2021 年）。

百合科贝母属因其药用和观赏价值而备受关注。甘肃贝母是《中华人民共和国药典》收载的川贝母药材基原植物之一。有研究基于叶绿体基因组学对贝母属进化关系进行了探讨，认为可以选择潜在的新药用资源来替代目前濒临灭绝的药用物种[117]。对不同海拔甘肃贝母进行分析后发现，分别生长在 3000 米、2700 米和 2400 米三个海拔的甘肃贝母叶片和鳞茎性状有差异：随着海拔升高，叶厚、叶生物量、叶生物总量分配及地上与地下比例显著增加；在较高海拔鳞茎分配减少；海拔越高，叶片越厚、越宽，鳞茎形状从理想的圆形（2700 米）变为细长的椭球形（3000 米）；鳞茎生物量在海拔 2700 米处最大，可认为 2700 米是人工栽培甘肃贝母的理想高度[118]。在甘肃贝母生长发育过程中，生物量分配的差异受到植株大小和生长阶段的影响[119]。外施水杨酸（SA）可改善甘肃贝母抗旱性，外源 SA 显著增加中度缺水和重度缺水时的相对含水量（RWC）、叶可溶性碳水化合物、叶脯氨酸和叶绿素 b 的含量，显著降低丙二醛（MDA）含量。抗氧化酶（SOD、POD、CAT、GR 和 APX）的活性也受到外源 SA 的显著影响。但外源 SA 对叶绿素 a，叶绿素 a+b 和类胡萝卜素的含量没有显著影响[120]。研究表明，镰刀菌是导致甘肃贝母鳞茎腐烂的主要病原真菌[121]。

川百合

Lilium davidii

科 百合科

属 百合属

味甘、微苦，性微寒。归心、肺经。

养阴润肺，清心安神。

贵州省中药材、民族药材质量标准（2003年版）

chuān bǎi hé

川百合

Lilium davidii

食用

7—8 月
9 月

异名：*Lilium cavaleriei*，*Lilium sutchuenense*，*Lilium biondii*，*Lilium thayerae*

生于海拔 850~3200 米的山坡草地、林下潮湿处或林缘。

草本。鳞茎扁球形或宽卵形；鳞片宽卵形至卵状披针形，白色。茎有的带紫色，密被小乳头状突起。叶散生，相对集中生于茎中部，条形，腋处有时具白色绵毛。花单生或 2~8 朵排成总状花序；苞片叶状；花下垂，橙黄色，近基部约 2/3 有紫黑色斑点；花丝无毛，花粉深橘红色；子房圆柱形；柱头膨大，3 浅裂。蒴果长矩圆形。[85]

咏百合诗

南北朝 · 萧察

接叶有多种，
开花无异色。
含露或低垂，
从风时偃抑。
甘菊愧仙方，
藂兰谢芳馥。

药

药用功效

中医认为，川百合味甘、微苦，性微寒；归心、肺经；养阴润肺，清心安神。《贵州省中药材、民族药材质量标准（2003 年版）》以川百合干燥肉质鳞叶用作山百合，用于阴虚久咳、失眠多梦[122]。

少数民族也有川百合的药用历史。羌族用鳞茎主治虚劳咳嗽、吐血、心悸、失眠、浮肿[6]。

通过检索选取川百合（*Lilium davidii*）近年来相关外文文献 10 篇（1999—2021 年）进行介绍。

红外光谱可以表征百合鳞茎的加工过程，硫熏后，822cm^{-1} 和 667cm^{-1} 处的峰面积和峰高比例显著增加，这一现象可用于区分百合加工过程中是否硫熏 [113]。硫熏处理可以降低还原糖含量、总糖含量及丙氨酸等氨基酸，使总氨基酸含量略有增加，并在一定程度上提高胱氨酸等部分氨基酸含量 [123]。百合内生真菌 Acremonium sp. 具有抗真菌和促进植物生长的潜力 [124]。

花粉管伸长是高等植物有性生殖的重要过程，而细胞骨架在花粉管伸长中起主要调节作用。对川百合花粉原肌球蛋白进行免疫化学鉴定和免疫荧光定位，对深入理解花粉发育提供了工具 [125]。免疫金标记和透射电镜显示，58K 高尔基蛋白主要结合在花粉高尔基体附近的囊泡样结构膜上 [126]。花粉中 G- 肌动蛋白和 F- 肌动蛋白的分布呈负相关，在花粉管顶端，大部分 F- 肌动蛋白解聚成 G- 肌动蛋白，导致该区域没有 F- 肌动蛋白 [127]。利用二维电泳和蛋白免疫印迹对川百合花粉管中类血影蛋白进行分离和功能鉴定，发现它们在花粉管伸长过程中起着重要调节作用 [128]。为更好地观察百合花粉管中的肌动蛋白，采取多种固定方法及前处理可以提升观察效果 [129]。利用比较蛋白质组学揭示了川百合花粉粒和花粉管质膜相关蛋白质组的特征 [130]。利用这一技术还对川百合营养细胞、生殖细胞及子代精子细胞蛋白质组进行差异性分析，找出了差异蛋白及其差异表达模式 [131]。

科 兰科
属 杓兰属
味苦、辛，性温。有小毒。
利尿消肿，活血祛瘀，祛风镇痛。
中国中药资源志要
西藏杓兰
Cypripedium tibeticum

xī zàng sháo lán

西藏杓兰

Cypripedium tibeticum

5—8 月

异名：*Cypripedium corrugatum*，*Cypripedium lanuginosum*，*Cypripedium compactum*，*Cypripedium corrugatum var. obesum*，*Cypripedium macranthon var. tibeticum*，*Cypripedium macranthos var. tibeticum*

生于海拔 2300~4200 米透光林下、林缘、灌木坡地、草坡或乱石地上。

草本。具粗壮、较短的根状茎。茎直立。叶片椭圆形、卵状椭圆形或宽椭圆形，边缘具细缘毛。花序顶生；花苞片叶状，椭圆形至卵状披针形；花大，俯垂，紫色、紫红色或暗栗色，通常有淡绿黄色的斑纹，花瓣纹理清晰，唇瓣囊口周围有白色或浅色的圈；花瓣披针形或长圆状披针形；唇瓣深囊状，近球形至椭圆形，外表常皱缩，囊底有长毛。[132]

药用功效

中医认为，西藏杓兰味苦、辛，性温；有小毒；利尿消肿，活血祛瘀，祛风镇痛。根及根状茎用于全身浮肿、小便不利、带下病、风湿腰腿痛、跌打损伤、痢疾；花用于外伤出血[18]。

少数民族也有西藏杓兰的药用历史。藏族用根及全株治下肢水肿、淋症、风湿痛、跌打瘀痛[133]。

研究现状

关于西藏杓兰（*Cypripedium tibeticum*）的研究较少，仅检索到相关外文文献 6 篇（2006—2020）。

俗称“仙女拖鞋”的西藏杓兰没有花蜜，分泌的带有花香和甜甜水果味的乙酸乙酯可诱骗熊蜂，并通过将花器官伪装成熊蜂的巢穴来吸引其协助完成传粉[134]。

基于形态特征和扩增片段长度多态性（AFLP）对西藏杓兰和云南杓兰及其杂种进行考察，发现这两个物种之间可能发生自然杂交和渗入，在充分评估杂种的进化潜力之前，需要对亲本物种进行原位保护[135]。基于高通量测序开发西藏杓兰的微卫星标记，这是研究西藏杓兰及其近源种的实用工具[136]。使用两个叶绿体 DNA 片段（rps16 和 trnL-F），对国内 9 个西藏杓兰群体中的 157 个个体进行分析，表明西藏杓兰具有较高的遗传多样性，具有极大的保护意义[137]。2020 年有研究公布了西藏杓兰的叶绿体基因组序列[138]。

对亚高山森林中不同光照条件下西藏杓兰的光合作用、形态和生殖变化进行研究，表明林隙是西藏杓兰的有利栖息地，全光照和低光照都不利于其种群扩展[139]。

西南手参

Gymnadenia orchidis

科 兰科

属 手参属

味甘，性平。归肺、脾、胃经。

补肾益气，生津润肺。

四川省中药材标准（2010年版）

xī nán shǒu shēn

西南手参

Gymnadenia orchidis

7—9 月

异名：*Platanthera orchidis*, *Orchis cylindrostachya*, *Gymnadenia delavayi*, *Gymnadenia cylindrostachya*, *Gymnadenia souliei*, *Habenaria microgymnadenia*, *Gymnadenia conopsea var. yunnanensis*, *Gymnadenia microgymnadenia*, *Peristylus orchidis*, *Habenaria orchidis*, *Habenaria stoliczkae*, *Gymnadenia himalayica*, *Gymnadenia violacea*

生于海拔 2800~4100 米的山坡林下、灌丛下和高山草地中。

草本。块茎卵状椭圆形，肉质，下部掌状分裂成手指状。茎直立，较粗壮，圆柱形，基部具筒状鞘，其上具 3~5 枚叶。叶片椭圆形或椭圆状长圆形，基部收狭成抱茎的鞘。总状花序具多数密生的花，圆柱形；花紫红色或粉红色；花瓣直立，斜宽卵状三角形，边缘具波状齿，具 3 脉；花粉团卵球形，具细长的柄和粘盘，粘盘披针形。[132]

中医认为，西南手参味甘，性平；归肺、脾、胃经；滋养，生津，止血。用于久病体虚、肺虚咳嗽、失血、久泻、阳痿[18]。《四川省中药材标准（2010 年版）》以西南手参干燥块茎用作西南手参，用于肺病、肺虚咳喘、肉食中毒、阳痿遗精[5]。

少数民族也有西南手参的药用历史。藏族用块茎治气血亏损、肺痨喘咳、肾虚腰痛、阳痿、遗精、月经不调、白带、产后腹痛[133]。

研究现状

关于西南手参（*Gymnadenia orchidis*）的研究较少，仅检索到相关外文文献 1 篇（2018 年）。认为添加南瓜子的西南手参显著地使糖尿病小鼠的不同生化参数正常化，血细胞中的 DNA 损伤得以恢复。西南手参萜类化合物和南瓜子中的抗氧化剂可对糖尿病起到协同防治功效[140]。

绶草

Spiranthes sinensis

科 兰科

属 绶草属

味甘、苦，性平。归肺、心经。

滋阴凉血，润肺止咳，益气生津。

贵州省中药材、民族药材质量标准（2003 年版）

shòu cǎo

绶草

Spiranthes sinensis

7—9 月

俗名：盘龙参、红龙盘柱、一线香、义富绶草

异名：*Neottia amoena*，*Spiranthes australis*，*Spiranthes suishaensis*，*Spiranthes amoena*，*Neottia sinensis*，*Neottia australis*，*Spiranthes australis var. suishaensis*，*Spiranthes sinensis var. amoena*，*Spiranthes nivea*，*Spiranthes stylites*，*Gyrostachys stylites*，*Gyrostachys australis*，*Monustes australis*，*Neottia australis var. chinensis*，*Spiranthes sinensis var. australis*

生于海拔 200~3400 米的山坡林下、灌丛下、草地或河滩沼泽草甸中。

草本。根数条，指状，肉质，簇生于茎基部。茎较短，近基部生 2~5 枚叶。叶片宽线形或宽线状披针形，直立伸展，基部收狭具柄状抱茎的鞘。花茎直立，上部被腺状柔毛至无毛；总状花序具多数密生的花，呈螺旋状扭转；花小，紫红色、粉红色或白色，在花序轴上呈螺旋状排生；唇瓣宽长圆形，凹陷，唇瓣基部凹陷呈浅囊状。[132]

效

中医认为，绶草味甘、淡，性平；归肺、心经；滋阴益气，凉血解毒，涩精。根及全草用于病后气血两虚、少气无力、气虚白带、遗精、失眠、燥咳、咽喉肿痛、缠腰火丹、肾虚、肺痨咯血、消渴、小儿暑热症，外用于毒蛇咬伤、疮肿[18]。《贵州省中药材民族药材质量标准（2003年版）》以绶草干燥全草用作盘龙参，用于咽喉肿痛、肺痨咯血、病后体虚[122]。

少数民族也有绶草的药用历史。藏族用块茎治阳痿[62]。羌族用鳞茎主治病后虚弱、阴虚内热、咳嗽吐血、头晕、腰痛酸软、糖尿病、遗精、淋浊带下、咽喉肿痛、毒蛇咬伤、烫火伤、疮疡痈肿[6]。苗族用全草治虚热、口渴、补虚益气[39]。

通过检索选取绶草（*Spiranthes sinensis*）近年来相关外文文献 10 篇（2015—2021 年）进行介绍。

绶草含二氢菲类化合物：盘龙参酚、盘龙参新酚、盘龙参醌、盘龙参二聚菲酚、红门兰酚、β- 谷甾醇（β-sitosterol）、阿魏酸酯等。从绶草正丁醇可溶性部分中可获得了 1 个新的黄酮醇糖苷和 9 个已知化合物 [141]。绶草作为一种著名的草药，用于治疗胃痛、糖尿病、带状疱疹和某些炎症疾病，其提取物可以作为有效的抗氧化剂，具有保护皮肤成纤维细胞免受 UVB 照射的潜力 [142]。绶草乙酸乙酯部位通过下调 NF-κB 信号通路和上调 HO-1/Nrf2 抗氧化蛋白抑制促炎症介质的产生 [143]。利用生物活性引导分离的方式从绶草中分离出对癌细胞有中等细胞毒性的菲类化合物，含有对癌细胞 B16-F10 的迁移有抑制作用的化合物 [144]。绶草中的槲皮素、山柰酚、阿魏酸乙酯等具有有效的抗乙酰胆碱酯酶活性，其 IC50 值范围为（8.63 ± 0.37）~（19.97 ± 1.05）μ g/mL，这表明绶草具有开发新的抗阿尔茨海默病（抗 AD）药物的潜力 [145]。

对绶草胚胎发育研究表明其成熟种子中没有胚乳发育 [146]。白花系绶草会分泌 2- 苯乙醇，会吸引大型蜂类传粉，粉花系绶草则无香味，主要吸引小型蜂类传粉，这种隔离使得粉花系和白花系群体相对稳定 [147]。尽管不同种群绶草间的形态差异较小，但分子生物学证据表明这些绶草应归于不同的物种 [148]，绶草叶绿体基因组测序和系统发育分析也支持这一结果 [149]。

绶草独特的螺旋结构启发了科研人员的灵感，启迪人们研发出一个灵活而通用的圆偏振光平台，用于制备手性光学材料 [150]。

火烧兰

Epipactis helleborine

科 兰科

属 火烧兰属

味苦，性寒。

清热解毒，化痰止咳。

中国中药资源志要

huǒ shāo lán

火烧兰

Epipactis helleborine

花 7 月
果 9 月

俗名：台湾铃兰、小花火烧兰、台湾火烧兰、青海火烧兰

异名：*Epipactis ohwii*, *Serapias helleborine*, *Epipactis squamellosa*, *Epipactis discolor*, *Epipactis yunnanensis*, *Epipactis tenii*, *Epipactis micrantha*, *Epipactis monticola*, *Epipactis lingulata*, *Epipactis latifolia*, *Epipactis nephrocordia*, *Amesia tenii*, *Amesia tangutica*, *Amesia monticola*, *Amesia discolor*, *Amesia yunnanensis*, *Amesia squamellosa*, *Epipactis helleborine var. viridans*, *Epipactis helleborine var. rubiginosa*, *Epipactis helleborine var. tangutica*, *Epipactis tangutica*, *Epipactis longibracteata*, *Epipactis macrostachys*, *Amesia longibracteata*, *Epipactis helleborine subsp. ohwii*, *Serapias helleborine var. latifolia*, *Epipactis tanggutica*

生于海拔 250~3600 米的山坡林下、草丛或沟边。

地生草本。根状茎粗短。茎上部被短柔毛。叶互生；叶片卵圆形、卵形至椭圆状披针形。总状花序；花苞片叶状，线状披针形；花梗和子房具黄褐色绒毛；花绿色或淡紫色，下垂，较小；中萼片卵状披针形；侧萼片斜卵状披针形；花瓣椭圆形；唇瓣中部明显缢缩；下唇兜状；上唇近三角形或近扁圆形。蒴果倒卵状椭圆形，具极疏的短柔毛。[132]

药用功效

中医认为，火烧兰味苦，性寒；清热解毒，化痰止咳。根及全草用于肺热咳嗽、痰稠、咽喉肿痛、声音嘶哑、牙痛、目赤、病后虚弱、霍乱吐泻、疝气[18]。

通过检索选取火烧兰（*Epipactis helleborine*）近年来相关外文文献10篇（2018—2021年）进行介绍。

对火烧兰的研究主要集中在生理生态上。不同生态型火烧兰在遗传和形态上具有一定差异，当引入新的生态区域后，外来种子形成圆球茎的概率要显著低于本地种子，外来火烧兰与本地火烧兰杂交可以产生大量有活力的种子，但杂交种子圆球茎形成率显著低于本地纯种种子，菌根真菌在这一过程中可能起到一定作用[151]。同一地区原生林和人工林下的火烧兰群体表现出不同的形态特征和基因组大小差异[152]，基因组或环境条件的变化会导致其表型的变异[153]。火烧兰为混合营养植物，人工栽培条件下可将其驯化为自养型[154]。同一地块上不同施肥管理措施等会影响火烧兰与大花头蕊兰的群落演替[155]。对火烧兰属两种不同种植株内真菌多样性进行考察后发现存在种间差异，真菌丰度与火烧兰的发育阶段有一定关系[156]。海滨沙丘火烧兰种群遗传多样性水平较低，可能与群体间广泛的基因流动有关[157]，开阔的生境条件更有利于火烧兰种子繁殖[158]。对火烧兰授粉和未授粉花朵的分泌组织进行解剖学研究后发现，蜜腺独特的细胞组织结构和分泌方式在授粉与未授粉花朵间存在差异[159]。

由于火烧兰形态变异程度极高，且易与其他物种杂交，所以其分类存在较大难度，有研究基于大量数据对其分类进行了更新[160]。

羊齿天门冬

Asparagus filicinus

科 天门冬科

属 天门冬属

味甘、淡、平，性微寒。

清热润肺，养阴润燥，止咳，杀虫，止痛消肿。

中国中药资源志要

yáng chǐ tiān mén dōng

羊齿天门冬

Asparagus filicinus

5—7 月

8—9 月

俗名：千锤打、土百部、月牙一支蒿、滇百部、羊齿天冬

异名：*Asparagus qinghaiensis*，*Asparagus filicinus var. megaphyllus*，*Asparagus filicinus var. giraldii*

生于海拔 1200~3000 米的丛林下或山谷阴湿处。

直立草本，雌雄异株。根成簇，从基部开始成纺锤状膨大。茎直立，近平滑，分枝通常有棱，有时稍具软骨质齿。叶状枝每 5~8 枚成簇，扁平，镰刀状；鳞片状叶，不具刺。花每 1~2 朵腋生，淡绿色，有时稍带紫色；花梗纤细；雄花花被浅绿色或有时带浅紫色，钟形；花丝离生；花药卵形。浆果深绿色，有 2~3 颗种子。[161]

既别羊王二君与同官会饮于城南因成寄

宋・王安石

赤车使者白头翁，当归入见天门冬。
与山久别悲忽忽，泽泻半天河汉空。
羊王不留行薄晚，酒肉从容追路远。
临流黄昏席未卷，玉壶倒尽黄金盏。
罗列当辞更缱绻，预知子不空青眼。
严徐长卿误推挽，老年挥翰天子苑。
送车陆续随子返，坐听城鸡肠宛转。

天门冬止嗽，补血涸而润心肝

药用功效

中医认为，羊齿天门冬味甘、淡、平，性微寒；清热润肺，养阴润燥，止咳，杀虫，止痛消肿。块根用于肺痨久咳，骨蒸潮热、顿咳、小儿疳积、牙痛、跌打损伤；外用于疥癣[18]。云南常以羊齿天门冬去皮干燥块根用作小百部[22，162]。

少数民族也有羊齿天门冬的药用历史。藏族认为其根可用于滋补、敛黄水[62]。羌族用块根治肺结核久咳、肺脓疡、百日咳、咯痰带血、支气管哮喘[6]。彝族以根用于心悸不安、劳累、慢性支气管炎、肺炎、百日咳、咳嗽、胸痛、无名肿毒、肺痨、腹痛、跌打损伤、风湿等[38,163]。

通过检索选取羊齿天门冬（*Asparagus filicinus*）近年来相关外文文献 10 篇（1996—2019 年）进行介绍。

羊齿天门冬含甾体皂苷[164, 165]、β- 谷甾醇、呋喃糖苷[166-170]及瓜氨酸、天冬酰胺等多种氨基酸，从块根抑瘤有效部位中分离出天冬多糖。部分皂苷对人肺癌和乳腺癌肿瘤细胞系具有细胞毒性[171]。有研究利用尖孢镰刀菌发酵羊齿天门冬形成红苋甾酮 (Rubrosterone)[172]，药理研究其具有抗菌、灭蚊虫、抗肿瘤、镇咳祛痰等作用。2019 年有研究公布了羊齿天门冬的叶绿体全基因组[173]。

全缘叶绿绒蒿

Meconopsis integrifolia

科 罂粟科

属 绿绒蒿属

味甘、涩，性凉。

清热解毒，消炎止痛，利尿。

四川省藏药材标准（2020 年版）

quán yuán yè lǜ róng hāo

全缘叶绿绒蒿

Meconopsis integrifolia

5—11 月

5—11 月

异名：*Meconopsis brevistyla*，*Cathcartia integrifolia*，*Meconopsis integrifolia var. souliei*，*Meconopsis pseudointegrifolia var. brevistyla*

生于海拔 2700~5100 米的草坡或林下。

草本。具棕色长柔毛。茎粗壮，具纵条纹。基生叶莲座状，倒卵椭圆形至倒卵圆形，边缘全缘且毛较密。花生于最上部茎生叶腋内。花瓣近圆形至倒卵形，黄色或稀白色，干时具褐色纵条纹；花丝线形，金黄色或褐色，橘红色花药卵形至长圆形。蒴果宽椭圆状长圆形至椭圆形，被金黄色或褐色硬毛。种子近肾形，种皮具纵条纹及蜂窝状孔穴。[174]

药用功效

中医认为，全缘叶绿绒蒿味苦、酸涩，性寒；有毒；清热利湿，镇咳平喘。全草用于湿热黄疸、肺热咳喘、头痛、吐泻、湿热水肿、痛经、带下病、伤口久不愈合；花用于退热、催吐[18]。

少数民族也有全缘叶绿绒蒿的药用历史。藏族用全草治咳嗽、肺炎、肝炎、肝与肺的热症，湿热水肿，皮肤病，头痛；花治喉热闭，肺、肝热病[73, 96, 133]。《四川省藏药材标准（2020 年版）》以全缘叶绿绒蒿干燥全草用作绿绒蒿[175]。羌族用全草治肺炎咳嗽、肝炎、胆绞痛、胃肠炎、湿热水肿、白带、痛经[6]。

通过检索选取全缘叶绿绒蒿（*Meconopsis integrifolia*）近年来相关外文文献 10 篇（2010—2020 年）进行介绍。

全缘叶绿绒蒿是高山特有植物，含有黄酮醇糖苷 [176，177] 等，作为传统的藏药和蒙药用于治疗肝炎、肺炎和水肿等。全缘叶绿绒蒿乙醇提取物（MIE）具有较强的抗氧化能力，在四氯化碳诱导的肝损伤大鼠中，MIE 和水飞蓟素治疗组的大鼠血清中碱性磷酸酶（ALP）、谷氨酸 - 丙酮酸转氨酶（ALT）、天冬氨酸氨基转移酶（AST）和总胆红素（TB）水平显著降低，MIE 在大鼠体内的肝脏和肾脏中显示出良好的抗氧化活性，表明 MIE 在体外和体内均具有良好的肝保护作用和抗氧化活性，支持绿绒蒿治疗肝炎的传统应用 [178]。全缘叶绿绒蒿可诱导人白血病 K562 细胞线粒体依赖性凋亡，对正常细胞的损伤很小，提示其可以作为一种潜在的高效抗癌药物 [179]。

全缘叶绿绒蒿的光合作用对高温相当敏感，在较高温度下，光合速率显著降低，限制了这种高山花卉在低海拔地区的光合性能和正常生长 [180]。基于叶绿体分子标记对绿绒蒿属植物进行研究，发现地理隔离和杂交是导致绿绒蒿种群分化和新物种形成的重要机制，导致该属物种丰富，倍型复杂 [181]。全缘叶绿绒蒿种群间的遗传分化水平显著较高，但群体内的遗传分化水平较低，该物种还受到过度开发和栖息地破碎化的威胁 [182]。传粉生物学研究表明，传粉者数量和传粉者的访问率是导致不同海拔全缘叶绿绒蒿花粉短缺的主要因素 [183，184]。2020 年公布了全缘叶绿绒蒿叶绿体全基因组 [185]。

红花绿绒蒿

Meconopsis punicea

科 罂粟科

属 绿绒蒿属

味甘、涩，性寒。清热。

四川省藏药材标准（2014年版）

hóng huā lǜ róng hāo
红花绿绒蒿
Meconopsis punicea

6—9 月
6—9 月

异名：*Meconopsis punicea var. glabra*，*Meconopsis punicea var. elliptica*

生于海拔 2800~4300 米的山坡草地。

多年生草本。密被淡黄色或棕褐色、具多短分枝的刚毛。须根纤维状。叶全部基生，莲座状，叶片倒披针形或狭倒卵形。花葶 1~6，从莲座叶丛中生出。花单生于基生花葶上，下垂；萼片卵形；花瓣椭圆形，先端急尖或圆，深红色。蒴果椭圆状长圆形，无毛或密被淡黄色、具分枝的刚毛，4~6 瓣自顶端微裂。种子密具乳突。[174]

药用功效

中医认为，红花绿绒蒿味苦，性平；清热凉血，利咽，镇咳，止痛，止泻。全草用于外感发热、头痛、目赤、衄血[18]。

少数民族也有红花绿绒蒿的药用历史。藏族用花或全草治赤巴病、发烧、肝热、肺热、高血压引起的头痛、血分病[20，96]。《四川省藏药材标准（2014年版）》以红花绿绒蒿的干燥全草用作红花绿绒蒿，味甘、涩，性寒；清热；用于治血热、肺热、肝热等热证[186]。

研究现状

关于红花绿绒蒿（*Meconopsis punicea*）的研究较少，仅检索到相关外文文献 4 篇（2015—2021 年）。

作为一种重要的传统藏药，当地人民一直将红花绿绒蒿用于治疗人和动物的疼痛、发热、咳嗽、炎症、肝热和肺热等。红花绿绒蒿乙醇提取物（EEM）中以生物碱和黄酮类化合物为主要成分，125mg/kg、250mg/kg 和 500mg/kg 的提取物在小鼠中具有良好的抗伤害和抗扭伤活性，且呈剂量依赖性[187]。

基于完整叶绿体基因组的系统发育分析表明，川西绿绒蒿 *M. henrici* 与总状绿绒蒿 *M. racemosa* 的关系比红花绿绒蒿 *M. punicea* 更密切；同时在罂粟科中，绿绒蒿与罂粟关系密切[188]。后续研究更详尽地描述了红花绿绒蒿的叶绿体基因组结构特征[189]。在气候和植被覆盖变化的共同压力下，珍稀物种适宜栖息地如何应对环境变化对制定保护策略具有重要意义，通过模型预测可以较好地为红花绿绒蒿等珍稀物种保护策略的制定提供依据[190]。

桃儿七

Sinopodophyllum hexandrum

科 小檗科

属 桃儿七属

味甘，性平；有小毒。

调经活血。

中华人民共和国药典（2020年版一部）

táo ér qī

桃儿七

Sinopodophyllum hexandrum

5—6 月
7—9 月

俗名：鬼臼

异名：*Sinopodophyllum emodi*，*Podophyllum emodi*，*Podophyllum hexandrum*，*Podophyllum sikkimensis*，*Podophyllum emodi var. chinense*

生于海拔 2200~4300 米的林下、林缘湿地、灌丛中或草丛中。

多年生草本。根状茎粗短，节状，多须根；茎直立，单生，具纵棱，无毛，基部被褐色大鳞片。叶 2 枚，薄纸质，非盾状，基部心形，3~5 深裂；叶柄具纵棱，无毛。花大，单生，先叶开放，两性，整齐，粉红色；花瓣 6，倒卵形或倒卵状长圆形，先端略呈波状。浆果卵圆形，熟时橘红色；种子卵状三角形，红褐色，无肉质假种皮。[191]

予奉诏总裁元史故人操公琬实与纂修寻以病归

明・宋濂

……

僵卧木榻间，胪逆夜加呕。

医言湿热胜，良剂急攻掊。

恨无延年术，玄霜和兔臼。

日念芝山青，亲之若甥舅。

翩然赋《式微》，使我心如炙。

倾欹车阙辕，颠倒衫失纽。

……

药用功效

中医认为桃儿七味苦、甘，性寒、平；有小毒；利气活血，止痛，止咳，祛风除湿，活血通经，止咳平喘，健脾理气。根、根状茎用于风湿痹痛、咳喘、跌打损伤、月经不调；果实用于劳伤咳喘、腰痛、月经不调、胎盘不下、带下病、宫颈癌[18]。《中华人民共和国药典（2020年版一部）》以桃儿七干燥成熟果实用作小叶莲，用于血瘀经闭、难产、死胎、胎盘不下[72]。《中华人民共和国药典（1977年版一部）》以桃儿七干燥根及根茎用作桃儿七，用于风湿痹痛、麻木、跌扑损伤、风寒咳嗽、月经不调、解铁棒锤中毒[36]。

少数民族也有桃儿七的药用历史。藏族用果实治疗月经不调、血瘀经闭、难产、胎衣不下、子宫病、肾病；根外用治皮肤病、跌打损伤、黄水疮；根、叶熬膏外用治宫颈糜烂，宫颈癌[20, 62, 96]。其中，《藏药标准》以桃儿七的干燥成熟果实用作小叶莲，味甘，性平；调经活血；用于妇女血瘀症、死胎、胎盘不下、经闭[73]。羌族用根状茎治月经不调、血瘀经闭、产后瘀滞腹痛、咳嗽气喘、泄泻痢疾、白带等[6]。彝族以根及根状茎治风湿痹痛、跌打损伤、风寒咳嗽、月经不调；果治血瘀经闭、死胎、胎盘不下、月经不调、白带等妇科疾病[133]。

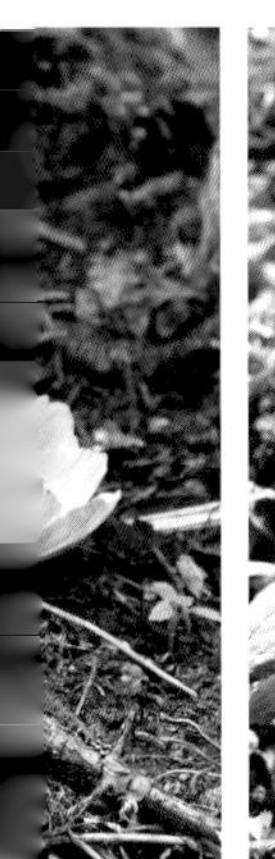

通过检索选取桃儿七（*Sinopodophyllum hexandrum*）近年来相关外文文献 10 篇（2018—2021 年）进行介绍。

桃儿七是一种重要的藏药植物，根、根茎含鬼臼毒素 (podophyllotoxin)、鬼臼毒酮 (podophyllotoxone)、鬼臼苦素 (picropodophyllin)、山荷叶素 (diphyllin)、山柰酚 (kaempferol) 及槲皮素 (quercetin) 等 [192]，具有抗癌、抗病毒等活性。由于其主要生物活性物质鬼臼毒素被广泛用于癌症的联合治疗，在医药工业中具有很大的发展潜力。低温有利于鬼臼毒素生物合成基因表达和物质形成与积累 [193]，UVB 辐射促进可溶性糖和类黄酮的积累，但抑制桃儿七鬼臼毒素的生物合成 [194]，亚临界水萃取（SWE）与大孔树脂富集相结合可提升鬼臼毒素的提取效率 [195]。桃儿七浆果中含有的类黄酮苷类也具有一定的抑癌活性 [196]，桃儿七其他部位也具有一定的资源开发潜力 [197]。采用 RP-HPLC 指纹图谱与化学计量学方法相结合的方式对桃儿七不同部位成分及生物活性进行考察后显示，其根茎是最佳药用部位，根可用于替代资源 [197]。

不同光照条件会影响桃儿七叶面积、气孔密度、表观量子产量、暗呼吸和气孔导度等，适度遮阴有利于桃儿七叶片发育，提升其光合能力 [198]。由于野生资源减少和缺乏人工栽培，桃儿七在《中国植物红皮书》中被列为濒危物种。桃儿七种群的遗传多样性均较低，可能是地理隔离和缺乏授粉造成的 [199]。转录组和代谢组学结合分析了桃儿七种子萌发过程的机制，水解酶基因的共表达促进了种子萌发 [200]。

有学者开发出一种方便且具有成本效益的复杂混合物分离策略，其通过甲醇线性梯度逆流色谱法分离天然产物，并以此从桃儿七的根部一次很好地分离得到了 12 种具有多种极性的化合物 [201]。

偏翅唐松草

Thalictrum delavayi

科 毛茛科

属 唐松草属

味苦，性寒。归大肠、心、肝、胆经。

清热，燥湿，解毒。

贵州省中药材、民族药材质量标准（2003 年版）

piān chì táng sōng cǎo

偏翅唐松草

Thalictrum delavayi

6—9 月

俗名：马尾黄连、马尾连

异名：*Thalictrum dipterocarpum*，*Thalictrum duclouxii*，*Thalictrum delavayi var. parviflorum*

生于海拔 1900~3400 米的山地林边、沟边、灌丛或疏林中。

草本。无毛。茎分枝。基生叶在开花时枯萎。三至四回羽状复叶；小叶草质，顶生小叶圆卵形、倒卵形或椭圆形，基部圆形或楔形；叶柄基部有鞘；托叶半圆形，边缘分裂或不裂。花序圆锥状；花梗细；萼片淡紫色，卵形或狭卵形；花药长圆形，顶端短尖，花丝近丝形。瘦果扁，斜倒卵形，有时稍镰刀形弯曲，沿腹棱和背棱有狭翅。[202]

中医认为，偏翅唐松草味苦，性寒；归大肠、心、肝、胆经；清热，燥湿，解毒。《贵州省中药材、民族药材质量标准（2003 年版）》以偏翅唐松草的干燥根及根茎用作马尾连，用于痢疾、肠炎、急性结膜炎、急性咽喉炎、痈肿疮疖[122]。

少数民族也有偏翅唐松草的药用历史。藏族用根茎治疗疔疮、毒痈[20]。

关于偏翅唐松草的研究较少，仅检索到偏翅唐松草（正名：*Thalictrum delavayi*；异名：*Thalictrum dipterocarpum*）相关外文文献 8 篇（1988—2019 年）。

偏翅唐松草的须根中含有小檗碱 (berberin)、β - 谷甾醇 (β -sitosterol)，N- 去甲唐松草替林 (N-desmethylthalistyline) 及 5- 氧 - 去甲唐松草替林 (5-O-demethylthalistyline) 等[203-206]。小檗碱具有抗菌作用，用于治疗细菌性痢疾。偏翅唐松草总生物碱有抗肿瘤作用。偏翅唐松草细胞悬浮培养可产生小檗碱类生物碱[207]。用硫代硫酸银（STS）脉冲处理可延缓偏翅唐松草开花，延长货架期和切花寿命[208]，低温春化处理可以优化偏翅唐松草开花[209]。2017 年的一篇文章对偏翅唐松草的命名提出了建议，认为应将其变种进行合并[210]。

科 毛茛科

属 耧斗菜属

味甘，性平。

生肌拔毒，清热解毒。

中国中药资源志要

无距耧斗菜

Aquilegia ecalcarata

无距耧斗菜
wú jù lóu dǒu cài

Aquilegia ecalcarata

5—6 月
6—8 月

俗名：细距耧斗菜

异名：*Aquilegia ecalcarata f. semicalcarata*, *Semiaquilegia ecalcarata*, *Semiaquilegia simulatrix*, *Semiaquilegia ecalcarata f. semicalcarata*

生于海拔 1800~3500 米的山地林下或路旁。

多年生草本。根粗，圆柱形，外皮深暗褐色。茎上部常分枝，被稀疏伸展的白色柔毛。叶具长柄，二回三出复叶；小叶楔状倒卵形至扇形，表面绿色，背面粉绿色。花直立或有时下垂；苞片线形；花梗纤细，被白色柔毛；萼片紫色，近平展，椭圆形；花瓣直立，瓣片长方状椭圆形；花药近黑色。蓇葖疏被长柔毛；种子黑色，倒卵形。[202]

药用功效

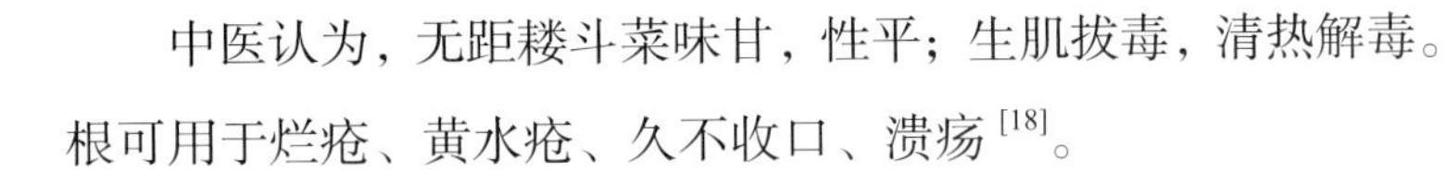

中医认为，无距耧斗菜味甘，性平；生肌拔毒，清热解毒。根可用于烂疮、黄水疮、久不收口、溃疡[18]。

无距耧斗菜

科 毛茛科
属 耧斗菜属

关于无距耧斗菜（*Aquilegia ecalcarata*）的研究较少，仅检索到相关外文文献 5 篇（2001—2021 年）。

从无距耧斗菜中可提取两种黄酮生物碱（aquixedine 和 isoaquiledine），芹菜素、芹菜素 -7,4'- 二甲醚和木樨草素，以及黄连碱与小檗碱等[211]。无距耧斗菜中的生物碱对癌细胞系具有细胞毒性[212]。第四纪气候和地理环境对无距耧斗菜种群进化具有较大影响，逐渐形成了如今的东亚植物区系分化[213]。无距耧斗菜花部性状对物种差异辨识起着重要作用[214]，关键性状的丧失在无距耧斗菜物种形成和物种多样性中起着非常重要的作用[215]。

高乌头

Aconitum sinomontanum

科 毛茛科

属 乌头属

味苦、辛，性温；有毒。归肝、肾、胃经。

祛风除湿，理气止痛，活血散瘀。

贵州省中药材、民族药材质量标准（2003 年版）

gāo wū tóu
高乌头
Aconitum sinomontanum

6—9 月

俗名：七连环、龙蹄叶、九连环、簑衣七、花花七、龙骨七、辫子七、背网子、网子七、统天袋、碎骨还阳、麻布口袋、口袋七、麻布七、曲芍、破骨七、麻布袋、穿心莲

异名：*Lycoctonum sinomontanum*，*Lycoctonum shansiense*，*Aconitum jinchengense*，*Aconitum moldavicum var. sinomontanum*

生于 2300~3550 米的山坡草地或林中。

草本。根圆柱形。茎上部近花序处被反曲的短柔毛，生 4~6 枚叶。基生叶 1 枚，与茎下部叶具长柄；叶片肾形或圆肾形，基部宽心形，3 深裂；叶柄具浅纵沟。总状花序具密集的花；轴及花梗被短柔毛；萼片蓝紫色或淡紫色，外面密被短曲柔毛，上萼片圆筒形；花瓣无毛，唇舌形，向后拳卷。种子倒卵形，具 3 条棱，褐色，密生横狭翅。[202]

药名诗

明・李诩

菟丝曾附女萝枝，分手车前又几时。
羞折红花簪凤髻，懒将青黛扫蛾眉。
丁香漫比愁肠结，豆蔻长含别泪垂。
愿学云中双石燕，庭乌头白竟何迟。

高乌头

科 毛茛科

属 乌头属

药用功效

中医认为，高乌头味苦、辛，性温；有毒；祛风除湿，理气止痛，活血散瘀[18]。《贵州省中药材、民族药材质量标准（2003年版）》以高乌头的干燥根用作麻布袋，用于风湿腰腿痛、胃痛、心悸、跌打损伤、瘰疬、疮疖[122]。

通过检索选取高乌头（*Aconitum sinomontanum*）近年来相关外文文献 10 篇（2006—2021 年）进行介绍。

高乌头根含牛扁酸单甲酯（lycaconitic acid monomethyl ester）、刺乌头碱（lappaconitine）、毛茛叶乌头碱（ranaconitine）、高乌甲素、lepenine、ranaconidine、sinomontanidine、delcosine、napelline 和 kirinine B 等[216-218]。具有抗炎、镇痛、解热、局麻、杀虫和抑菌等活性[219]。高乌头生物碱对 ConA 诱导或 LPS 诱导的脾细胞增殖在体外具有一定的免疫抑制作用，可以作为治疗以关节炎为特征的自身免疫性疾病（如类风湿性关节炎）的潜在免疫抑制剂[220]。高乌头氯仿提取物具有止痛和抗炎活性，还有明显的毒性作用，植物化学分析表明，某些生物碱可能是导致高乌头毒性和药效的主要生物活性成分[221]。高乌头生物碱对辣椒素受体 TRPV1 通道具有强烈的抑制作用，进而发挥止痛作用[222]。高乌头根中分离出 3 种二萜生物碱，分别为去甲基德可林、18-O- 甲基甲内酯和乐平宁，去甲基德可林和 18-O- 甲基甲内酯对三代黏虫表现出更好的杀虫活性，而乐平宁对三代黏虫具有诱导取食活性；3 种二萜生物碱对某些受试细菌和真菌具有杀菌活性[223]。

纳米脂质载体制剂可以作为良好的透皮系统，提高乌头生物碱的生物相容性，并降低其细胞毒性，显示出比其他制剂更高的透皮渗透性[224]。使用微针预处理和纳米脂质载体的组合方法，可以更好地改善乌头生物碱的透皮递送，使得治疗更加安全有效[225]。

甘青乌头

Aconitum tanguticum

科 毛茛科

属 乌头属

味苦，性凉。有小毒。

清热解毒。

中华人民共和国药典（1977年版一部）

gān qīng wū tóu

甘青乌头

Aconitum tanguticum

7—8 月

俗名：山附子、翁阿鲁、雪乌、辣辣草、毛果甘青乌头、卧龙乌头

异名：*Aconitum tanguticum var. trichocarpum*, *Aconitum wolongense*, *Aconitum rotundifolium var. tanguticum*, *Aconitum iochanicum var. robustum*, *Aconitum tanguticum f. viridulum*, *Aconitum tanguticum f. robustum*, *Aconitum tanguticum var. trichocarpum f. robustum*

生于海拔 3200~4800 米的山地草坡或沼泽草地。

草本。块根小，纺锤形或倒圆锥形。茎疏被反曲而紧贴的短柔毛或几无毛。基生叶具长柄；叶片圆形或圆肾形，两面无毛。茎生叶稀疏排列，较小，具短柄。顶生总状花序；轴和花梗多少密被反曲的短柔毛；苞片线形；小苞片卵形至宽线形；萼片蓝紫色，外面被短柔毛；花瓣无毛，稍弯，瓣片极小。种子倒卵形，具三纵棱，只沿棱生狭翅。[202]

和微之药名劝酒

宋·王安石

赤车使者锦帐郎，
从客珂马留闲坊。
紫芝眉宇倾一坐，
笑语但闻鸡舌香。
药名劝酒诗实好，
陟厘为我书数行。
真珠的皪鸣槽床，
金罂琥珀正可尝。
史君子细看流光，
莫惜觅醉衣淋浪，
独醒至死诚可伤。
欢华易尽悲酸早，
人间没药能医老。
寄言歌管众少年，
趁取乌头未白前。

药用功效

中医认为，甘青乌头味苦，性凉；有小毒；清热解毒。《中华人民共和国药典（1977 年版一部）》以甘青乌头的干燥全草用作榜嘎，用于传染病发热、肝胆热病、肺热、肠热、流行性感冒、食物中毒[36]。

少数民族也有甘青乌头的药用历史。藏族用全草治流行性感冒、传染病引起的发烧、瘟病、肝胆热病、肺热、肠热、肝炎、胃肠炎、食物中毒；外用洗涤蛇、蝎咬伤[73, 96, 133]。《中华人民共和国卫生部药品标准·藏药（第一册）》以甘青乌头的干燥全草用作榜嘎，味苦，性凉；清热解毒，生肌收口，燥湿；用于传染病引起的发热、肝胆热病、血症、胃热、疡疮、蛇蝎咬伤以及黄水病[21]。

通过检索选取甘青乌头（正名：*Aconitum tanguticum*；异名：*Aconitum tanguticum var. trichocarpum*）近年来相关外文文献 10 篇（2011—2020 年）进行介绍。

甘青乌头含生物碱 tanaconitine[226]、trichocarpidine[227]，毛乌头碱 A-C[228]，酚苷类[229，230]、黄酮醇苷等苷类[231，232]，在藏药中被广泛用作治疗传染病。甘青乌头总生物碱是其主要活性成分，已被证明能有效抑制炎症，通过抑制炎性因子等对脂多糖（LPS）诱导的大鼠急性肺损伤（ALI）等起到保护作用[233]。酚苷类通过抑制 LPS 处理的 RAW264.7 巨噬细胞产生 TNF-α 而发挥抗炎作用[230]。甘青乌头植株中的 tanguticulines A 和 E 对甲型流感病毒 H1N1 诱发的细胞病变具有明显的抑制作用[234]。2020 年有课题组公布了甘青乌头的叶绿体基因组[235]。

驴蹄草

Caltha palustris

科 毛茛科

属 驴蹄草属

味辛，性微温。散风除寒。

——中国中药资源志要

lú tí cǎo

驴蹄草

Caltha palustris

5—9 月

6 月开始

俗名：马蹄草、马蹄叶

异名：*Caltha palustris var. orientalisinensis*

生于海拔 1900~4000 米的山地、山谷溪边或湿草甸，有时也生在草坡或林下较阴湿处。

多年生草本。茎实心，具细纵沟。基生叶具长柄；叶片圆形、圆肾形或心形，边缘全部密生正三角形小牙齿。茎生叶向上逐渐变小，圆肾形或三角状心形，具较短的叶柄或最上部叶完全不具柄。单歧聚伞花序具心形苞片；萼片 5，黄色，倒卵形或狭倒卵形，顶端圆形；花药长圆形，花丝狭线形。蓇葖具横脉；种子狭卵球形，黑色，有光泽。[202]

药用功效

中医认为，驴蹄草味辛，性微温；散风除寒。全草用于头目昏眩、周身痛；外用于烫伤、皮肤病[18]。

少数民族也有驴蹄草的药用历史。藏族以全草用于筋骨疼痛、头晕目眩；花治化脓性创伤及外伤感染化脓[20]。羌族用全草（鲜叶）适量捣烂敷患处治烧伤、毒蛇咬伤[6]。

通过检索选取驴蹄草（*Caltha palustris*）近年来相关外文文献10篇（2007—2021年）进行介绍。

驴蹄草是一种广泛分布于欧洲、亚洲和北美的植物，其提取物已被用于治疗关节炎、风湿、淋病和各种皮肤病。驴蹄草多糖组分能够改变淋巴器官中T淋巴细胞和B淋巴细胞的百分比和绝对数量[236，237]，显著抑制胶原诱导的小鼠关节炎（CIA）的进展，这些结果与氨甲蝶呤治疗的结果相似[238，239]。驴蹄草的毒性也应注意，有报道显示，误食驴蹄草导致腹痛和胃肠道症状，甚至导致多器官衰竭[240]。

富铁污水排放可能通过硫化物环境中的毒性改变而影响湿生植物驴蹄草等植被生长[241]。驴蹄草表现出相当数量的种内形态和染色体多样性，包括多倍体、非整倍体等，群体中部分个体减数分裂过程中有染色质迁移及不规则分裂等现象，出现非整倍体[242]，塞尔维亚的驴蹄草群体中还发现了B染色体[243]。从驴蹄草上还发现了具有危害叶片的尖眼蕈蚊[244]。

叶绿体基因组测序表明，驴蹄草与白毛茛（又名北美黄连，*Hydrastis canadensis*）亲缘关系较为密切[245]。

黄三七

Actaea vaginata

科 毛茛科

属 类叶升麻属

味苦，性凉。

泻火燥湿，抗菌消炎，健胃。

中国中药资源志要

huáng sān qī

黄三七

Actaea vaginata

5—6 月
7—9 月

俗名：长果升麻、土黄连、太白黄连

异名：*Souliea vaginata*，*Isopyrum vaginatum*，*Coptis ospriocarpa*

生于海拔 2800~4000 米的山地林中、林缘或草坡中。

多年生草本。根状茎粗壮，横走，分枝，下面疏生纤维状的根。茎无毛或近无毛。叶二至三回三出全裂，无毛；叶片三角形。总状花序有 4~6 花；苞片卵形，膜质；花先叶开放；萼片具 3 脉，顶端圆，呈不规则浅波状；花瓣具多条脉，顶部稍平或略圆；柱头面中央微洼陷。蓇葖 1~3；种子 12~16 粒，成熟时黑色，表面密生网状洼陷。[202]

药用功效

中医认为，黄三七味苦，性凉；泻火燥湿，抗菌消炎，健胃。根状茎用于目赤、口腔破溃、痢疾、泄泻、金疮[18]。

少数民族也有黄三七的药用历史。藏族用根治虫病、溃疡、疮疖痈肿、鼻窦炎、头痛、风湿痛；叶和种子研细外用止血[20]。

通过检索选取黄三七 [正名：*Actaea vaginata*；异名：*Souliea vaginata*（《中国植物志》记载学名）] 近年来相关外文文献 10 篇（2006—2021 年）进行介绍。

近年来对黄三七的研究主要集中在其萜类物质的分离和活性研究上。从黄三七中分离出多种三萜糖苷，如 soulieoside T，soulieoside R，soulieoside P，soulieoside Q，soulieoside S 等[246-248]，并对其结构进行了解析[249-251]，部分糖苷对人类癌细胞系表现出一定抑制活性[251, 252]，环烷三萜类化合物通过抑制 NF-κB 活化，剂量依赖性地抑制 LPS 诱导的 NO 生成和促炎性细胞因子分泌，并降低 iNOS 的表达，对 LPS 刺激的 RAW264.7 巨噬细胞表现抗炎作用[253]。黄三七提取物含有一种吡喃糖苷，可通过细胞凋亡和细胞周期阻滞发挥抗肝癌活性[254]。Soulieoside P 显示出对三种人类癌细胞系具有显著抑制作用[255]。

升麻

Actaea cimicifuga

科 毛茛科

属 类叶升麻属

味辛、微甘，性微寒。归肺、脾、胃、大肠经。

发表透疹，清热解毒，升举阳气。

中华人民共和国药典（2020 年版一部）

shēng má
升麻
Actaea cimicifuga

7—9 月
8—10 月

俗名：绿升麻

异名：*Cimicifuga foetida*，*Cimicifuga frigida*，*Cimicifuga mairei*，*Actinospora frigida*，*Actaea mairei*，*Cimicifuga foetida var. mairei*

生于海拔 1700~2300 米的山地林缘、林中或路旁草丛中。

草本。根状茎粗壮，表面黑色。茎微具槽，被短柔毛。叶为二至三回三出状羽状复叶；茎下部叶三角形；顶生小叶具长柄，菱形，边缘有锯齿，侧生小叶具短柄，斜卵形，背面沿脉疏被白色柔毛。总状花序具分枝；萼片倒卵状圆形，白色或绿白色；花药黄色或黄白色。蓇葖长圆形，有伏毛，顶端有短喙；种子椭圆形，褐色，周围具鳞质翅。[202]

升麻消风热肿毒，发散疮痍

药用功效

中医认为，升麻味辛、微甘，性微寒；归肺、脾、胃、大肠经；发表透疹，清热解毒，升举阳气。《中华人民共和国药典（2020 年版一部）》以升麻的干燥根茎用作升麻，用于风热头痛、齿痛、口疮、咽喉肿痛、麻疹不透、阳毒发斑、脱肛、子宫脱垂[72]。

少数民族也有升麻的药用历史。藏族用全草治流行性感冒、皮肤瘙痒、皮肤病、热病发斑、创伤伤口久溃不愈、肉瘤[20]；根茎用于解毒、退烧、强心[256]。羌族用根治风热头痛、齿痛、口疮、咽喉肿痛、麻疹不透、子宫脱垂、久泻脱肛[6]。彝族以根用于高热、伤风感冒、头痛[163]。

通过检索升麻（正名：*Actaea cimicifuga*）仅有相关外文文献 2 篇 (2008 年、2013 年)，时间相对久远，故选取升麻 [异名：*Cimicifuga foetida*（《中国植物志》记载学名）] 近年来相关外文文献 10 篇（2016—2021 年）进行介绍。

升麻根茎含阿魏酸（ferulic acid）、异阿魏酸（isoferulic acid）、咖啡酸（caffeic acid）、升麻精（cimifugin）、升麻苷（cimicifugoside）等，具有抑菌、抗炎、降压、镇静、解热等作用。近年来研究发现，来自升麻的新型环孢素三萜通过抑制 Raf/MEK/ERK 途径和 Akt 磷酸化诱导线粒体凋亡抑制人乳腺癌细胞 MCF-7[257]。升麻根茎中的四环三萜类化合物 actein 和 26-deoxyactein 均具有低毒性，在体外和体内都具有显著的抗肿瘤活性，该活性与细胞周期阻滞和血管生成抑制有关 [258]。9,19-cycloartane 三萜类物质对多种人类肿瘤细胞系（HL-60、SMMC-7721、A-549、MCF-7 和 SW480）具有细胞毒性，IC50 值为 2.61~3.32μmol/L[259]。升麻素 A 和 B 对 7 种肿瘤细胞系显示出良好的抗增殖活性，IC50 值为 1.36~21.09μmol/L，其机制是通过死亡受体介导的外源性和线粒体介导的内源性途径诱导细胞凋亡 [260]。升麻提取物用于治疗绝经期综合征是安全有效的 [261]，治疗绝经早期 6 个月的过程中，乳腺疼痛的发生率和持续时间低于常规激素治疗 [262]。Cimimanols 类环孢素三萜糖苷可显著减少 3T3-L1 脂肪细胞中的脂肪积累，抑制率为 8.35%~12.07%[263]。升麻根中的 Yunnanterpene G 及升麻酚型三萜类化合物显著抑制动脉粥样硬化相关黏附分子 CD147（细胞外基质金属蛋白酶诱导剂，EMMPRIN）和蛋白水解酶基质金属蛋白酶 2（MMP-2）、MMP-9 和 MMP-14 的 mRNA 表达 [264，265]。从升麻根茎中分离出的大分子三萜色酮 Cimitriteromone A-G 显示出对紫杉醇耐药的人肺癌细胞 A-549 的抗增殖活性 [266]。

甘青铁线莲

Clematis tangutica

科 毛茛科

属 铁线莲属

味辛、甘，性温。

祛寒，增生胃火，活血通瘀，破痞瘤积聚。

中华人民共和国卫生部药品标准·藏药（第一册）

gān qīng tiě xiàn lián

甘青铁线莲

Clematis tangutica

6—9 月
9—10 月

俗名：陇塞铁线莲、唐古特铁线莲

异名：*Clematis chrysantha*，*Clematis orientalis var. tangutica*

生于海拔 1920~3800 米的高原草地或灌丛中。

落叶藤本。主根粗壮，木质。茎有明显的棱。一回羽状复叶；小叶片基部常裂，侧生裂片小，中裂片较大，卵状长圆形、狭长圆形或披针形，有短尖头，基部楔形，边缘有不整齐缺刻状的锯齿，下面有疏长毛。花单生，有时为单聚伞花序，腋生；花序梗粗壮，有柔毛；萼片黄色外面带紫色，狭卵形、椭圆状长圆形。瘦果倒卵形，有长柔毛。[267]

甘青铁线莲

科 毛茛科
属 铁线莲属

中医认为，甘青铁线莲具消炎、清热、通经等功效，藤茎用于消化不良、痞块食积、腹泻[18]。

少数民族也有甘青铁线莲的药用历史。藏族用全草治消化不良、胃肠炎、胃痛、恶心、疮疖肿毒，用于排脓、除疮、消痞块[133，256]。《中华人民共和国卫生部药品标准·藏药（第一册）》以甘青铁线莲的干燥茎枝用作唐古特铁线莲，用于胃寒、消化不良、痞瘤病、黄水病及寒性肿瘤、浮肿[21]。

通过检索选取甘青铁线莲（*Clematis tangutica*）近年来相关外文文献 10 篇（1999—2021 年）进行介绍。

甘青铁线莲茎叶含毛茛苷、三萜皂苷等[268-270]，对酿酒酵母显示出明显的抗真菌活性，活性类似于阳性对照两性霉素 B[271]，对阿维兰青霉菌 UC-4376、无毛念珠菌、贝吉尔毛孢子菌和稻瘟病病原具有一定的抑菌活性[272]。铁线莲皂苷为齐墩果酸型三萜皂苷，可通过降低肌酸激酶 -MB（CK-MB）和乳酸脱氢酶（LDH）的水平而显示出心脏保护作用[273，274]，对 4 种人类癌细胞系 SGC-7901、HepG2、HL-60 和 U251 MG 表现出毒性活性，IC50 值为 1.88~27.20μmol/L[275]。从甘青铁线莲中分离的一种新黄酮苷可通过激活 PKC 信号通路以减轻心肌缺血 / 再灌注损伤[276]。

不同生态型甘青铁线莲的个体形态和解剖特征生动地展示了铁线莲属植物的低温适应性，其形态与生态适应性息息相关[277]。

科 毛茛科
属 银莲花属
味苦，性寒。
清热解毒，凉血止痢。
甘肃省中药材标准（2009 年版）
大火草
Anemone tomentosa

dà huǒ cǎo

大火草

Anemone tomentosa

7—10 月

俗名：大头翁、野棉花

异名：*Eriocapitella vitifolia var. tomentosa*，*Anemone vitifolia var. tomentosa*，*Anemone japonica var. tomentosa*，*Anemone elegans var. tomentosa*

生于海拔 700~3400 米山地草坡或路边阳处。

多年生草本。根状茎斜，木质。基生叶有长柄，三出复叶；小叶卵形或三角状卵形，基部浅心形，3 裂，具不规则小裂片及小齿，下面密被绒毛；叶柄有柔毛。花葶粗壮，有柔毛；聚伞花序 2~4 回分枝；苞片形似基生叶，较小，有柄；花梗密被短绒毛；萼片白色或带粉红色，倒卵形，被白色绒毛。聚合果球形；瘦果有细柄，密被绵毛。[267]

荆州即事药名诗八首 其一

北宋 · 黄庭坚

千里及归鸿，
半天河影东。
家人森户外，
笑拥白头翁。

药用功效

中医认为，大火草味苦，性寒；清热解毒，凉血止痢。《甘肃省中药材标准（2009 年版）》以大火草的干燥根用作甘肃白头翁，用于热毒血痢、湿热带下、鼻衄、血痔等 [278]。

关于大火草（*Anemone tomentosa*）的研究较少，仅检索到相关外文文献 6 篇（1999—2020 年）。

大火草是毛茛科银莲花属植物，本属约有 150 种，其中 52 种分布于中国北方。三萜皂苷是银莲花属植物的主要有效成分，具有广泛的生物活性，如抗肿瘤、抗菌和昆虫拒食性等。大火草又叫野棉花，是一种多年生草本植物，通常被称为“大火烧”。其根作为治疗痢疾、疟疾、婴儿营养不良、痈肿等的中药。基于生物活性指导，从大火草的乙酸乙酯提取物中获得了两种新的三萜皂苷（绒毛苷 T-1 和绒毛苷 T-2[279]），并从根中分离得到新的三萜皂苷绒毛苷 A、B 和 C[280]，糖苷配体的不同，使得其结构复杂多变[281-283]。对大火草的植物化学研究已经分离出香豆素、三萜类和甾醇等物质，已有团队从大火草根部分离出了黄酮类物质[284]。

草玉梅

Anemone rivularis

科 毛茛科

属 银莲花属

味辛、苦，性寒；有小毒。

清解热毒，止咳，祛痰。

中华人民共和国药典（1977 年版一部）

cǎo yù méi

草玉梅

Anemone rivularis

5—8 月

俗名：五倍叶、见风青、汉虎掌、白花舌头草、虎掌草

异名：*Anemone leveillei*，*Anemone longipes*，*Anemonidium rivulare*，*Anemone saniculifolia*

生于 1200~3000 米的山地草坡、小溪边或湖边。

草本。根状茎木质，垂直或稍斜。叶片肾状五角形，三全裂，具糙伏毛；叶柄有白色柔毛，基部有短鞘。复聚伞花序，具 2 或 3 分枝，多花，花葶直立；总苞片有柄，似基生叶，宽菱形；萼片白色，倒卵形或椭圆状倒卵形，外面有疏柔毛，顶端密被短柔毛；花药椭圆形，花丝丝形；子房狭长圆形，有拳卷的花柱。瘦果狭卵球形，稍扁。[267]

药用功效

中医认为，草玉梅味辛、苦，性寒；有小毒；清热解毒，活血舒筋。根及全草用于咽喉痛、瘰疬、痄腮、风湿痛、胃痛、跌打损伤、疟疾、慢性肝炎、肝硬化[18]。《中华人民共和国药典（1977年版一部）》以草玉梅的干燥根用作虎掌草，用于咽喉肿痛、咳嗽痰多、淋巴结炎、痢疾[36]。

少数民族也有草玉梅的药用历史。藏族用种子治疗胃寒、痞块、蛇咬伤[133]；地上部分、根、果实用于病后体温不足、淋病、关节积黄水、黄水疮(外敷可治黄水疮或提出关节中黄水)、慢性气管炎、末梢神经麻痹、催吐胃酸、胃寒、痞块、蛇咬伤[73, 256]。《中华人民共和国卫生部药品标准•藏药（第一册）》以草玉梅的干燥果实用作苏嘎，味辛、苦，性温；去腐，提升胃温，引流黄水；用于胃虫、刺痛、蛇咬伤、寒性肿瘤、淋病、关节积黄水等疾病[21]。彝族用根、叶或全草治牙痛、头痛、鼻炎、风湿痛、断指、骨疮、无名肿痛、喉蛾痄腮、痈疽疮疡、疟疾、寒热不调、四季感冒、胃中湿热留滞、伤食、肠胃不和、腹胀气撑、胃痛[37, 38, 74, 285]。苗族用根治咽喉肿痛、咳嗽痰多、瘰疬、痢疾[163]。

通过检索选取草玉梅（*Anemone rivularis*）近年来相关外文文献10篇（1978—2017年）进行介绍。

草玉梅含有齐墩果苷类、三萜类、脑苷等[286-288]，被认为具有解毒止痢、舒筋活血的功效，常被用于治疗痢疾、疮疖痈毒、跌打损伤等。现代研究发现草玉梅提取物对革兰氏阳性细菌枯草杆菌和金黄色葡萄球菌具有中等抑菌活性[289]。草玉梅用于治疗炎症和癌症，在体外和体内实验中，草玉梅乙醇提取物会抑制丙酮酸脱氢酶（PDH）激酶活性和肿瘤生长，以及几种癌细胞的活性，包括MDA-MB321、K562、HT29、Hep3B、DLD-1和LLC[290]。基于离子交换柱的高效液相色谱可用于草玉梅中皂苷、糖苷等的分离[291]。从草玉梅乙醇提取物中可分离得到一种新的皂苷——银莲花素[292]。

细胞学研究表明，草玉梅细胞减数分裂过程中发生了细胞融合现象[293]，导致异常小孢子发生，进而影响花粉可育性[294]。草玉梅的花被片驱动花序梗向日性，去除雌蕊和雄蕊后，草玉梅保留了向日性，但若去除花被片，草玉梅则失去了向日运动[295]。

钝裂银莲花

Anemone obtusiloba

科 毛茛科

属 银莲花属

味辛，性热。

温胃化痞。

藏药标准

dùn liè yín lián huā

钝裂银莲花

Anemone obtusiloba

5—7 月

异名：*Anemone discolor*，*Anemone micrantha*，*Anemone obtusiloba var. chrysantha*，*Anemone obtusiloba subsp. micrantha*

生于海拔 2900~4000 米的高山草地或铁杉林下。

多年生草本。基生叶有长柄，多少密被短柔毛；叶片肾状五角形或宽卵形，中全裂片菱状倒卵形，二回浅裂，侧全裂片与中全裂片近等大或稍小，各回裂片互相多少邻接或稍覆压，脉近平。花葶有开展的柔毛；苞片无柄，宽菱形或楔形，常三深裂，多少密被柔毛；萼片白色、蓝色或黄色，倒卵形或狭倒卵形，外面有疏毛；花药椭圆形。[267]

药用功效

中医认为，钝裂银莲花具补血、散寒、消积等功效[18]。

少数民族也有钝裂银莲花的药用历史。藏族以地上部分、根、果实用于病后体温不足、淋病、关节积黄水、黄水疮（外敷可治黄水疮或提出关节中黄水）、慢性气管炎、末梢神经麻痹、催吐胃酸[256]。《藏药标准》以钝裂银莲花的成熟瘦果为虎掌草子，味辛，性热；温胃化痞；用于胃寒、痞块、蛇咬伤[73]。

关于钝裂银莲花（*Anemone obtusiloba*）的研究较少，仅检索到相关外文文献 2 篇（1979—1980 年）。其介绍了从钝裂银莲花乙醇提取物中分离出两种新的皂苷——obtusilobinin 和 obtusilobin[296，297]，对其生物活性的研究尚少。

展毛银莲花

Anemone demissa

科 毛茛科
属 银莲花属

祛风除湿。

——中国中药资源志要

zhǎn máo yín lián huā

展毛银莲花

Anemone demissa

6—7 月

俗名：垂枝莲

异名：*Anemonastrum demissum*，*Anemonastrum polyanthes*，*Anemone polyanthes*，*Anemone bicolor*，*Anemone demissa var. monantha*，*Anemone demissa var. connectens*，*Anemone demissa var. umbellata*，*Anemone demissa var. grandiflora*，*Anemone narcissiflora var. demissa*

生于海拔 3200~4600 米的山地草坡或疏林中。

多年生草本。基生叶有长柄；叶片卵形，三全裂，中全裂片菱状宽卵形，三深裂，深裂片浅裂，末回裂片卵形，侧全裂片较小，近无柄，卵形；叶柄与花葶都有开展的长柔毛，基部有狭鞘。花葶 1~3；苞片无柄，三深裂，裂片线形，有长柔毛；萼片蓝色或紫色，偶尔白色，倒卵形或椭圆状倒卵形，外面有疏柔毛。瘦果扁平，椭圆形或倒卵形。[267]

药用功效

中医认为，展毛银莲花的根状茎可用于治疗疟疾、恶疮；叶及果实具有祛风除湿的功效[18]。

少数民族也有展毛银莲花的药用历史。藏族用全草治消化不良、痢疾、淋病、风寒湿痹、关节积黄水；果实用于各种寒症、痞块结疖；外用治虫蛇咬伤[20]；叶治淋病、关节积黄水、病后体温不足，亦可催吐胃酸[96]；种子用于胃虫、刺痛、蛇毒、寒性肿瘤、淋病、关节积黄水等疾病[62]。

研究现状

尚未检索到关于展毛银莲花（正名：*Anemone demissa*；异名：*Anemonastrum demissum*，*Anemonastrum polyanthes*，*Anemone polyanthes*，*Anemone bicolor*，*Anemone demissa var. monantha*、*Anemone demissa var. connectens*，*Anemone demissa var. umbellata*，*Anemone demissa var. grandiflora*，*Anemone narcissiflora var. demissa*）的相关外文文献（截至2021年12月31日），其还需进一步探索与发现。

科 毛茛科
属 鸦跖花属
味辛，性温。
祛风散寒，开窍通络。
中国中药资源志要
鸦跖花
Oxygraphis kamchatica

yā zhí huā
鸦跖花
Oxygraphis kamchatica

6—8 月
6—8 月

异名：*Oxygraphis glacialis*，*Caltha kamchatica*，*Ranunculus kamchaticus*，*Ficaria glacialis*，*Caltha glacialis*

生于海拔 3600~5100 米的高山草甸或高山灌丛中。

多年生小草本。短根状茎；须根细长，簇生。叶卵形、倒卵形至椭圆状长圆形，全缘，3 出脉，无毛；叶柄较宽扁，基部鞘状。花葶 1~5，无毛；花单生；萼片宽倒卵形，近革质，无毛；花瓣橙黄色或表面白色，披针形或长圆形，基部渐狭成爪，蜜槽呈杯状凹穴；花托较宽扁。聚合果近球形；瘦果楔状菱形，喙顶生，短而硬，基部两侧有翼。[267]

药用功效

中医认为，鸦跖花味辛，性温；祛风散寒，开窍通络[18]。

少数民族也有鸦跖花的药用历史。藏族以花或全草治头痛、头伤，亦可熬膏外擦[96]。

尚未检索到关于鸦跖花（正名：*Oxygraphis kamchatica*；异　名：*Oxygraphis glacialis*，*Caltha kamchatica*，*Ranunculus kamchaticus*，*Ficaria glacialis*，*Caltha glacialis*）的相关外文文献（截至2021年12月31日），其还需进一步探索与发现。

科 毛茛科
属 毛茛属
味辛，性温。有小毒。
提升胃温，愈疮，引黄水。
中华人民共和国卫生部药品标准·藏药（第一册）
高原毛茛
Ranunculus tanguticus

gāo yuán máo gèn
高原毛茛
Ranunculus tanguticus

6—8 月
6—8 月

异名：*Ranunculus brotherusii var. tanguticus*，*Ranunculus affinis var. ternatus*，*Ranunculus affinis var. tanguticus*，*Ranunculus affinis var. tanguticus lusus leiocarpus*

生于海拔 3000~4500 米的山坡或沟边沼泽湿地。

多年生草本。须根基部呈纺锤形。茎直立或斜升，多分枝，生白柔毛。叶片圆肾形或倒卵形，有具柔毛的长叶柄，三出复叶，小叶片二至三回三全裂或深、中裂，两面或下面贴生白柔毛。花较多，单生于茎顶和分枝顶端；花梗被白柔毛；萼片椭圆形，生柔毛；花瓣 5，倒卵圆形；花托圆柱形。聚合果长圆形；瘦果小而多，卵球形。[267]

药用功效

中医认为，高原毛茛味淡，性温；消炎退肿，平喘，截疟；全草用于感冒、瘰疬；外用于牛皮癣[18]。

少数民族也有高原毛茛的药用历史。藏族用全草治疗淋巴结结核、腹水浮肿、喉炎、扁桃体炎、咽痛、积聚[133,163]。《中华人民共和国卫生部药品标准·藏药（第一册）》以高原毛茛的干燥花用作高原毛茛，味辛，性温；有小毒；提升胃温，愈疮，引黄水；用于收敛溃烂喉症、腹水、黄水病、头昏胀及寒性肿瘤[21]。

尚未检索到关于高原毛茛（正名：*Ranunculus tanguticus*；异名：*Ranunculus brotherusii var. tanguticus*，*Ranunculus affinis var. ternatus*，*Ranunculus affinis var. tanguticus*，*Ranunculus affinis var. tanguticus lusus leiocarpus*）的相关外文文献（截至 2021 年 12 月 31 日），其还需进一步探索与发现。

川赤芍

Paeonia veitchii

科 芍药科

属 芍药属

味苦，性微寒。归肝经。

清热凉血，散瘀止痛。

中华人民共和国药典（2020年版一部）

chuān chì sháo
川赤芍
Paeonia veitchii

5—6 月

7 月

俗名：单花赤芍、光果赤芍、毛赤芍

异名：*Paeonia anomala subsp. veitchii*，*Paeonia veitchii var. uniflora*，*Paeonia veitchii var. leiocarpa*，*Paeonia veitchii var. woodwardii*，*Paeonia woodwardii*，*Paeonia beresowskii*，*Paeonia veitchii var. purpurea*，*Paeonia veitchii var. beresoowskii*，*Paeonia veitchii var. beresowskii*

生于海拔 2550~3700 米的山坡林下草丛中及路旁。

多年生草本。根圆柱形。茎无毛。叶为二回三出复叶，叶片轮廓宽卵形；小叶成羽状分裂，裂片窄披针形至披针形，顶端渐尖，全缘，表面深绿色，沿叶脉疏生短柔毛，背面淡绿色，无毛。花 2~4 朵，生茎顶端及叶腋，叶腋有发育不好的花芽；花瓣 6~9，倒卵形，紫红色或粉红色；花盘肉质；心皮密生黄色绒毛。蓇葖密生黄色绒毛。[202]

江南乐八首代内作

明 · 徐祯卿

与郎计水程，
三月定到家。
庭中赤芍药，
烂漫齐作花。

赤芍药破血而疗腹痛，烦热亦解

药用功效

中医认为，川赤芍味苦，性微寒；归肝经；清热凉血，散瘀止痛。《中华人民共和国药典（2020 年版一部）》以川赤芍的干燥根用作赤芍，用于热入营血、温毒发斑、吐血衄血、目赤肿痛、肝郁胁痛、经闭痛经、癥瘕腹痛、跌扑损伤、痈肿疮疡[72]。

少数民族也有川赤芍的药用历史。藏族用根治疗炭疽、发烧、乌头中毒；花治皮肤病、炎症[20]。

通过检索选取川赤芍（正名：*Paeonia veitchii*；异名：*Paeonia anomala subsp. veitchii*）近年来相关外文文献 10 篇（2013—2020 年）进行介绍。

川赤芍作为中药材赤芍的两大基原植物之一，能清血分实热，散瘀血留滞。川赤芍根含芍药苷（paeoniflorin）、白芍苷（albiflorin）、芍药新苷（lacioflorin）、芍药内酯（paeonilactone）、丹皮酚 A-E 等[298，299]。又从川赤芍中分离出新的去甲二萜对映体 (+ / −)-Paeoveitol[300] 及芍药苷类物质[301]，其挥发油主要含苯甲酸（benzoic acid）、丹皮酚（paeonol）及其他醇类和酚类成分。芍药具有抗血栓形成、抗血小板聚集、降血脂、抗动脉硬化、抗肿瘤及保肝作用等，赤芍和白芍因含有成分的差异而表现出不同的功效[302]。川赤芍种子具有较好的开发潜力，种仁含较高的不饱和脂肪酸，种子壳中的低聚二苯乙烯类化合物具有抗肿瘤和抗菌活性等生物活性，总单萜苷类化合物对 NO 的产生具有较强的抑制活性[303]。

基于 MaxEnt 模型对川赤芍的适宜分布区进行预测后表明，在温室气体浓度高的情况下，其适宜栖息地的范围随着全球变暖的加剧而增大[304]。研究表明，生态因子（包括年平均温度、海拔、总钾和有机质）与赤芍根中的药效物质形成和积累有很强的相关性，与柚苷、没食子酸、苯甲酰芍药苷和芍药苷的含量高度相关。在年平均温度较低、海拔较高、土壤中全钾和有机质含量丰富的条件下生长的根系具有较高的生物活性[305]。有课题组调查了中国特有的川赤芍 3 个自然种群（14 个个体）花粉母细胞染色体的减数分裂行为，发现所有个体均出现减数分裂异常，包括桥、断片和单价体，结构杂合子在川赤芍中广泛存在[306]。2016 年有研究公布了川赤芍的叶绿体全基因组[307]。

黑蕊亭阁草

Micranthes melanocentra

科 虎耳草科

属 亭阁草属

补血，散瘀，清热，利胆，退烧。

中国中药资源志要

黑蕊亭阁草

hēi ruǐ tíng gé cǎo

Micranthes melanocentra

7—9 月
7—9 月

俗名：针色达奥、黑心虎耳草、黑蕊虎耳草

异名：*Saxifraga melanocentra*，*Micranthes pseudopallida*，*Saxifraga paludosa*，*Saxifraga pseudopallida*，*Saxifraga sulphurascens*，*Saxifraga melanocentra f. pluriflora*，*Saxifraga melanocentra f. franchetiana*，*Saxifraga melanocentra f. angustispathulata*，*Saxifraga atrata var. subcorymbosa*，*Saxifraga pseudopallida f. foliosa*，*Saxifraga pseudopallida f. bracteata*

生于海拔 3000~5300 米的高山灌丛、高山草甸和高山碎山隙。

多年生草本。根状茎短。叶片卵形、菱状卵形、阔卵形、狭卵形至长圆形，边缘具圆齿状锯齿和腺睫毛；叶柄疏生柔毛。花葶被卷曲腺柔毛；苞叶卵形、椭圆形至长圆形。聚伞花序伞房状；萼片在花期开展或反曲，三角状卵形至狭卵形。花瓣白色、稀红色至紫红色，阔卵形、卵形至椭圆形；花药黑色，花丝钻形；花盘环形；心皮黑紫色。[308]

中医认为，黑蕊亭阁草具补血、散瘀、清热、利胆、退烧的功效。全草可用于眼病、肺热咳喘[18]。

少数民族也有黑蕊亭阁草的药用历史。藏族用地上部分治眼病[96]。

尚未检索到关于黑蕊亭阁草（正名：*Micranthes melanocentra*；异名：*Saxifraga melanocentra*，*Micranthes pseudopallida*，*Saxifraga paludosa*，*Saxifraga pseudopallida*，*Saxifraga sulphurascens*，*Saxifraga melanocentra f. pluriflora*，*Saxifraga melanocentra f. franchetiana*，*Saxifraga melanocentra f. angustispathulata*，*Saxifraga atrata var. subcorymbosa*、*Saxifraga pseudopallida f. foliosa*，*Saxifraga pseudopallida f. bracteata*）的相关外文文献（截至 2021 年 12 月 31 日），其还需进一步探索与发现。

唐古特虎耳草

Saxifraga tangutica

科 虎耳草科

属 虎耳草属

味苦，性寒。

清热解毒，解表发汗，补脾。

中国中药资源志要

táng gǔ tè hǔ ěr cǎo

唐古特虎耳草

Saxifraga tangutica

6—10 月

6—10 月

俗名：桑斗、甘青虎耳草

异名：*Saxifraga subdioica*，*Hirculus tanguticus*，*Hirculus flagrans*，*Saxifraga flagrans*，*Saxifraga tangutica var. minutiflora*，*Saxifraga montana var. subdioica*，*Saxifraga hirculus var. subdioica*

生于海拔 2900~5600 米的林下、灌丛、高山草甸和高山碎石隙。

多年生草本。丛生。茎被褐色卷曲长柔毛。叶片卵形、披针形至长圆形，边缘具褐色卷曲长柔毛。多歧聚伞花序；花梗密被褐色卷曲长柔毛；萼片在花期由直立变开展至反曲，卵形、椭圆形至狭卵形，边缘具褐色卷曲柔毛；花瓣黄色，或腹面黄色而背面紫红色，卵形、椭圆形至狭卵形；花丝钻形；子房近下位，周围具环状花盘。[308]

效

中医认为，唐古特虎耳草味苦，性寒；清热解毒，解表发汗，补脾。全草用于肝炎、胆囊炎、感冒 [18]。

少数民族也有唐古特虎耳草的药用历史。藏族用全草治肝炎、胆囊炎、流行性感冒、发烧、培根病、赤巴病的并发症、瘟病时疫、疮疡热毒 [62，256]。

关于唐古特虎耳草（*Saxifraga tangutica*）的研究较少，仅检索到相关外文文献 5 篇（2015—2021 年）。

唐古特虎耳草是一种生长在青藏高原的草药，被广泛用于治疗肝脏疾病。其含有原儿茶醛、没食子酸乙酯、杜鹃花苷、对羟基苯乙酮、杜鹃醇、原儿茶酸乙酯、呋喃酮和对羟基苯甲酸乙酯等，对 DPPH 和 FRAP 表现出较强的抗氧化活性[309]。从唐古特虎耳草中分离出的二芳基庚烷类化合物具有很好的化学分类学意义[310, 311]。利用优化的高效液相色谱法从唐古特虎耳草中分离出了几种黄酮类化合物[312]，采用中压液相色谱法与反相高效液相色谱法相结合分离出了没食子酸衍生物[313]。

肾叶金腰

Chrysosplenium griffithii

科 虎耳草科

属 金腰属

味苦，性寒。

清热利胆，缓泻下。

藏药标准

shèn yè jīn yāo

肾叶金腰

Chrysosplenium griffithii

5—9 月
5—9 月

俗名：高山金腰子

生于海拔 2500~4800 米的林下、林缘、高山草甸和高山碎石隙。

多年生草本。丛生。茎单生，无毛。茎生叶肾形，两面无毛，叶腋具褐色乳头突起和柔毛。聚伞花序上部多花；苞片肾形、扇形、阔卵形至近圆形，苞腋及花梗被褐色乳头突起和柔毛；萼片在花期开展，近圆形至菱状阔卵形，先端钝圆，通常全缘；花黄色。蒴果先端近平截而微凹；种子黑褐色，卵球形，无毛，有光泽。[308]

药

中医认为，肾叶金腰味苦，性寒；清热，泻下，利胆[18]。

少数民族也有肾叶金腰的药用历史。藏族用全株治疗黄疸病发烧、头痛、急性黄疸型肝炎、肝硬化、胆囊炎、胆结石[133]。《藏药标准》以肾叶金腰的干燥全草用作金腰草，清热，缓下，用于各种胆热症及所致的疼痛，并治肝热与发烧[73]。

尚未检索到关于肾叶金腰（*Chrysosplenium griffithii*）的相关外文文献（截至 2021 年 12 月 31 日），其还需进一步探索与发现。

七叶鬼灯檠
Rodgersia aesculifolia
科 虎耳草科
属 鬼灯檠属
味苦、涩，性平。
消炎解毒，收敛止血。
中华人民共和国药典（1977年版一部）

qī yè guǐ dēng qíng
七叶鬼灯檠
Rodgersia aesculifolia

5—10 月
5—10 月

俗名：水五龙、慕荷、宝剑叶、山藕、红骡子、金毛狗、称杆七、猪屎七、黄药子、索骨丹、搿合山

异名：*Rodgersia platyphylla*

生于海拔 1100~3400 米的林下、灌丛、草甸和石隙。

多年生草本。根状茎圆柱形，横生，内部微紫红色。茎具棱，近无毛。掌状复叶具长柄，具长柔毛；小叶片草质，倒卵形至倒披针形，边缘具重锯齿。多歧聚伞花序圆锥状，花序轴和花梗均被白色膜片状毛；萼片开展，近三角形，背面和边缘具柔毛和短腺毛，具羽状脉和弧曲脉。蒴果卵形，具喙；种子多数，褐色，纺锤形，微扁。[308]

药用功效

中医认为，七叶鬼灯檠味涩、微甘，性平；清热解毒，止血生肌，止痛消瘿。根状茎用于吐血、衄血、崩漏、肠风下血、痢疾、月经不调、外伤出血、外痔、咽喉痛、疮痈、毒蛇咬伤[18]。《中华人民共和国药典（1977年版一部）》以七叶鬼灯檠的干燥根茎用作索骨丹根，用于腹泻、菌痢、便血；外治子宫脱垂、外伤出血[36]。

少数民族也有七叶鬼灯檠的药用历史。羌族以根茎用于感冒头痛、风湿骨痛、肠炎、菌痢及外伤出血等[6]。苗族用根茎治疗痢疾、肠炎、感冒头痛、风湿骨痛、外伤出血、风湿[163]。

关于七叶鬼灯檠（*Rodgersia aesculifolia*）的研究较少，仅检索到相关外文文献 3 篇（2007—2020 年）。

七叶鬼灯檠是一种有效的抗菌抗病毒中药植物，利用微波辅助溶剂萃取和 GC-MS 联用技术，对其提取物进行分析，从中发现脂肪酸（67.22%）、脂肪烃（9.02%）和甾体（7.02%），其中油酸、亚油酸和棕榈酸是含量最丰富的化合物[314]。有研究从七叶鬼灯檠中发现岩白菜素苷（bergenin glycosides）[315]。在高海拔地区生长的七叶鬼灯檠新鲜茎叶中发现奎宁酸和丁基苯甲醇，具有很高的生物医学价值，还可作为生物能源材料[316]。

长鞭红景天

Rhodiola fastigiata

科 景天科

属 红景天属

味涩、苦、甘，性凉。

清热，利肺。

四川省藏药材标准（2020 年版）

cháng biān hóng jǐng tiān
长鞭红景天
Rhodiola fastigiata

6—9 月
9 月

异名：*Triplostegia pinifolia*，*Sedum fastigiatum*，*Chamaerhodiola fastigiata*，*Sedum quadrifidum var. fastigiatum*

生于海拔 2500~5400 米的山坡石上。

多年生草本。花茎着生主轴顶端，叶密生。叶互生，线状长圆形、线状披针形、椭圆形至倒披针形，先端钝，基部无柄，全缘，或有微乳头状突起。花序伞房状；雌雄异株；花密生；萼片线形或长三角形，钝；花瓣 5，红色，长圆状披针形，钝；鳞片横长方形，先端有微缺；心皮披针形，直立，花柱长。蓇葖直立，先端稍向外弯。[317]

中医认为，长鞭红景天能祛瘀、消肿，用于跌打损伤[18]。

少数民族也有长鞭红景天药用的历史。藏族以根及根茎入药。《四川省藏药材标准（2020年版）》以长鞭红景天的干燥根及根茎用作长鞭红景天，味涩、苦、甘，性凉；清热，利肺；用于感冒引起的肺炎、支气管炎、口臭[175]。

研究现状

关于长鞭红景天（*Rhodiola fastigiata*）的研究较少，仅检索到相关外文文献 4 篇（2002—2018 年）。

长鞭红景天含有咖啡酸（caffeic acid）、没食子酸（gallic acid）、胡萝卜苷（daucosterol）及红景天苷（rhodioloside）等[318]。为了更好地保护长鞭红景天，对其叶片外植体的再生体系进行研究，建立了一种用于快速繁殖中药红景天的高效植株再生方案。将叶片外植体接种在含有适当植物生长调节剂的培养基上，可以形成再生植株[319]。采用高效液相色谱技术（HPLC）和傅立叶变换近红外（FT-NIR）光谱技术，鉴别出大花红景天和长鞭红景天是四川和西藏的两个不同物种[320]。通过对长鞭红景天及其近亲的系统地理学比较研究，发现气候等外部环境因子并非驱动物种群体变化的唯一因素[321]。

大花红景天

Rhodiola crenulata

科 景天科

属 红景天属

味甘、苦，性平；归肺、心经。

益气活血，通脉平喘。

中华人民共和国药典（2020年版一部）

dà huā hóng jǐng tiān

大花红景天

Rhodiola crenulata

6—7 月

7—8 月

俗名：大叶红景天

异名：*Rhodiola megalophylla*，*Sedum megalanthum*，*Sedum megalophyllum*，*Sedum crenulatum*，*Sedum rotundatum*，*Sedum euryphyllum*，*Rhodiola rotundata*，*Rhodiola euryphylla*，*Sedum bupleuroides var. rotundatum*，*Sedum rotundatum var. oblongatum*

生于海拔 2800~5600 米的山坡草地、灌丛、石缝中。

多年生草本。地上的根颈短，黑色。花茎多，直立或扇状排列，稻秆色至红色。叶椭圆状长圆形至几为圆形。花序伞房状；花大形，有长梗，雌雄异株；雄花萼片狭三角形至披针形，钝；花瓣 5，红色，倒披针形，有长爪；鳞片近正方形至长方形，先端有微缺；心皮披针形；雌花蓇葖直立，花枝短，干后红色；种子倒卵形，两端有翅。[317]

中医认为，大花红景天味甘、涩，性寒；清热退烧，利肺[72]。《中华人民共和国药典（2020年版一部）》以大花红景天的干燥根和根茎用作红景天，味甘、苦，性平；归肺、心经；益气活血，通脉平喘；用于气虚血瘀、胸痹心痛、中风偏瘫、倦怠气喘[72]。

少数民族也有大花红景天药用的历史。藏族用根茎能治疗肺病、气管炎、口臭、神经麻痹症[20]。《中华人民共和国卫生部药品标准·藏药（第一册）》以大花红景天的干燥根及根茎用作红景天，味甘、苦、涩，性寒；活血，清肺，止咳解热，止痛；用于高山反应、恶心、呕吐、嘴唇和手心等发紫，全身无力、胸闷、难于透气、身体虚弱等症[21]。

通过检索选取大花红景天（*Rhodiola crenulata*）近年来相关外文文献10篇（2020—2021年）进行介绍。

大花红景天是《中华人民共和国药典》唯一收载的红景天物种，对该物种的研究也更为丰富和系统化。大花红景天主要成分为黄烷醇和没食子酸衍生物、有机酸、醇及其糖苷、黄酮及其糖苷[322，323]。红景天苷作为大花红景天的主要提取物，通过影响细胞代谢，在增强机体免疫力和抗辐射方面具有重要的药用活性。酪氨酸转氨酶是参与红景天苷生物合成的关键基因，抑制其表达是提高植物红景天苷产量的一种有前景的方法[324]。海拔变化对大花红景天成分的影响较大[325]。大花红景天通过抑制骨骼肌有丝分裂吞噬作用改善小鼠力竭性运动诱导的疲劳，其抗疲劳作用的潜在机制可能与增加抗氧化活性、增强能量生产和通过抑制PINK1/Parkin信号通路来抑制有丝分裂吞噬有关[326]。红景天提取物（RCE）可缓解大鼠阿尔茨海默病（AD）症状，RCE对AD的保护作用可能与调节甘油磷脂代谢有关[327]，经RCE治疗后，AD大鼠的19种脂质呈现恢复正常水平的趋势，通路分析结果表明，RCE对AD的保护作用可能与亚油酸代谢、α-亚油酸代谢，鞘脂代谢和醚酯代谢的调节密切相关[328]。RCE通过抑制脂肪酸氧化和自噬来改善肺动脉高压[329]。网络药理学和分子对接联合分析表明，大花红景天可能在新型冠状病毒感染细胞因子风暴中发挥抗炎和免疫调节作用[330]。膳食补充红景天提取物通过抗炎、调节肠道屏障完整性和重塑肠道微生物以减轻右旋糖酐硫酸钠诱导的小鼠结肠炎[331]。

狭叶红景天

Rhodiola kirilowii

科 景天科

属 红景天属

味微苦、涩，性温。归心、肺、大肠经。

活血调经，清肺养胃，止血止痢。

甘肃省中药材标准.2009 年版

xiá yè hóng jǐng tiān
狭叶红景天
Rhodiola kirilowii

6—7 月
7—8 月

俗名：壮健红景天、条叶红景天、大鳞红景天、宽狭叶红景天

异名：*Rhodiola robusta*，*Rhodiola linearifolia*，*Rhodiola macrolepis*，*Rhodiola kirilowii var. latifolia*，*Sedum kirilowii*，*Sedum robustum*，*Sedum longicaule*，*Sedum macrolepis*，*Rhodiola longicaulis*，*Sedum kirilowii var. altum*，*Sedum kirilowii var. linifolium*，*Sedum kirilowii var. rubrum*

生于海拔 2000~5600 米的山地多石草地上或石坡上。

多年生草本。根粗，直立。根茎先端被三角形鳞片。花茎少数，叶密生。叶互生，线形至线状披针形，先端急尖，边缘有疏锯齿，或有时全缘，无柄。花序伞房状，有多花；雌雄异株；萼片三角形，先端急尖；花瓣绿黄色，倒披针形；花丝花药黄色；鳞片近正方形或长方形，先端钝或有微缺。蓇葖披针形，有短而外弯的喙；种子长圆状披针形。[317]

狭叶红景天

科 景天科
属 红景天属

效

中医认为，狭叶红景天味甘、涩、微苦，性温；补肾，明目，养心安神，调经活血[18]。《甘肃省中药材标准（2009年版）》以狭叶红景天的干燥根及根茎用作狭叶红景天，用于跌打损伤、身体虚弱、头晕目眩、月经不调、崩漏带下、吐血、衄血、泻痢[278]。

少数民族也有狭叶红景天的药用历史。藏族用根和根茎或全草治疗肺炎、发烧、腹泻。《中华人民共和国药典（1977年版一部）》以狭叶红景天的干燥根及根茎用作红景天，用于肺热、脉热、瘟病、四肢肿胀[36]。

通过检索选取狭叶红景天（*Rhodiola kirilowii*）近年来相关外文文献 10 篇（2018—2021 年）进行介绍。

由于红景天属植物的化学成分多样，其治疗效果存在差异，准确识别不同红景天物种至关重要。有团队利用超高效液相色谱指纹图谱结合化学模式识别分析，建立了一种针对狭叶红景天、大花红景天及其易混淆种的简单有效的鉴别方法[332]。基于 HMR 和基因表达式编程（GEP）对不同红景天物种进行鉴别，取得了较好的效果[333]。对圣地红景天、狭叶红景天等红景天叶绿体基因组进行测序及系统发育分析[334]，发现狭叶红景天与大花红景天、云南红景天等属于一个分支[335]，圣地红景天与大花红景天之间的关系更密切[336]。

对大花红景天精油（EO）及其粗提物的化学成分、抗菌和抗氧化活性进行研究，共鉴定出 27 种化合物。其抗菌活性结果表明，EO 对典型的临床细菌表现出中等抑制活性，而乙酸乙酯提取物（EE）在 5 种提取物中表现出最强的抗菌活性，其中，没食子酸乙酯对试验细菌表现出最强的抑制活性[337]。红景天注射液由红景天制成，用于治疗与冠心病相关的心绞痛。有课题组采用液相色谱 - 四极杆飞行时间质谱法对红景天注射液的化学成分进行研究，共鉴定了 49 种化合物[338]。

过量食用含有高浓度多酚的植物可能会对胎儿的发育和健康产生负面影响。因此，在将免疫调节剂引入母体饮食之前，有必要对其进行安全性测试。有研究对红景天进行了动物试验，并对其安全性进行了评价[339]。小鼠试验表明，妊娠期和哺乳期长期补充红景天提取物不会影响怀孕小鼠的健康状况[340]。

在探讨青藏高原东缘沙化高寒草甸不同植物对土壤修复影响的研究中，优化适宜当地植物物种的恢复过程，狭叶红景天能进一步增强微生物生物量磷，有效地促进了土壤真菌的发育[341]。

云南红景天

Rhodiola yunnanensis

科 景天科

属 红景天属

味涩，性平。

止血，镇痛，强筋，长骨。

福建省中药材标准（2006 年版）

yún nán hóng jǐng tiān
云南红景天
Rhodiola yunnanensis

5—7 月
7—8 月

俗名：肿果红景天、圆叶红景天、菱叶红景天

异名：*Rhodiola papillocarpa*，*Rhodiola rotundifolia*，*Rhodiola henryi*，*Sedum yunnanense*，*Sedum valerianoides*，*Sedum henryi*，*Sedum sinicum*，*Rhodiola sinica*，*Sedum yunnanense var. henryi*，*Sedum yunnanense var. oxyphyllum*，*Sedum yunnanense var. rotundifolium*，*Sedum yunnanense var. papillocarpum*，*Sedum yunnanense var. valerianoides*

生于海拔 2000~4000 米的山坡林下。

多年生草本。根茎粗，长，先端被卵状三角形鳞片。花茎无毛，直立，圆。3 叶轮生，卵状披针形、椭圆形、卵状长圆形至宽卵形，边缘多少有疏锯齿，下面苍白绿色，无柄。聚伞圆锥花序；雌雄异株；萼片、花瓣各 4；雄花小，萼片披针形，花瓣黄绿色，匙形；雌花萼片、花瓣绿色或紫色，线形；心皮卵形。蓇葖星芒状排列。[317]

药用功效

中医认为，云南红景天味苦、涩，性凉；清热解毒，散瘀止血，消肿。带根全草用于疮痈、跌打损伤、泄泻[18]。《福建省中药材标准（2006年版）》以云南红景天的干燥根茎用作姜皮矮陀陀，用于跌打损伤、骨折[342]。

少数民族也有云南红景天的药用历史。羌族以根用于活血止血、清肺止咳、解毒、消肿[6]。彝族用根茎或全草主跌打伤、刀伤流血、骨折、风湿、喉炎、痢疾[38]。

研究现状

关于云南红景天（*Rhodiola yunnanensis*）的研究较少，仅检索到相关外文文献1篇（2021年）。该文献对云南红景天起源进行了讨论，认为虽然云南红景天在盆地周围的分布格局和其之间的生殖屏障符合环状物种的一些标准，但其分化并不是由地理隔离驱动的，也不是源于环物种模型[343]。

峨眉蔷薇

Rosa omeiensis

科 蔷薇科

属 蔷薇属

味甘、酸，性平。

降气清胆，活血调经。

中华人民共和国卫生部药品标准·藏药（第一册）

é méi qiáng wēi

峨眉蔷薇

Rosa omeiensis

5—6 月

7—8 月

俗名：山石榴、刺石榴

异名：*Rosa sorbus*，*Rosa sericea f. aculeatoeglandulosa*，*Rosa sericea f. inermieglandulosa*

生于海拔 750~4000 米的山坡、山脚下或灌丛中。

直立灌木。小枝细弱，无刺或有扁而基部膨大皮刺，幼嫩时常密被针刺。托叶大部贴生叶柄；小叶背面被柔毛或近无毛，无腺毛；边缘具锐锯齿。花单生于叶腋，无苞片；花梗无毛；萼片披针形，全缘，外面近无毛，内面有稀疏柔毛；花瓣白色，倒三角状卵形；花柱被长柔毛。果倒卵球形或梨形，亮红色，果成熟时果梗肥大，萼片直立宿存。[344]

同熊伯通自定林过悟真二首

宋·王安石

与客东来欲试茶，
倦投松石坐欹斜。
暗香一阵连风起，
知有蔷薇涧底花。

中医认为，峨眉蔷薇味苦、涩，性平；止血，止痢。根及果实用于吐血、衄血、崩漏、带下病、赤白痢疾[18]。

少数民族也有峨眉蔷薇的药用历史。藏族用花瓣治疗龙病、赤巴病、肺热咳嗽、吐血、月经不调、脉管瘀痛、赤白带下、乳痈等[73]；果实治龙病、赤巴病、脉管瘀痛、风湿痹痛、关节痛[20]。《中华人民共和国卫生部药品标准·藏药（第一册）》以峨眉蔷薇的干燥花瓣用作蔷薇花，味甘、酸，性平；降气清胆，活血调经；用于龙病、赤巴病、肺热咳嗽、吐血、月经不调、脉管瘀痛、赤白带下、乳痈等[21]。羌族用根、花、果、叶治肺痈，消渴，痢疾，关节炎，瘫痪，吐、衄、便血，尿频，遗尿，月经不调，跌打损伤，疮疖疥癣[6]。

研究现状

尚未检索到关于峨眉蔷薇（正名：*Rosa omeiensis*；异名：*Rosa sorbus*，*Rosa sericea f. aculeatoeglandulosa*，*Rosa sericea f. inermieglandulosa*）的相关外文文献（截至 2021 年 12 月 31 日），其还需进一步探索与发现。

蕨麻

Argentina anserina

科 蔷薇科

属 蕨麻属

味甘，性平。入肝、脾经。

健脾益胃，生津止渴，益气补血。

四川省中药材标准（2010年版）

jué má 蕨麻

Argentina anserina

6—8 月

6—8 月

俗名：鹅绒委陵菜、莲花菜、蕨麻委陵菜、延寿草、人参果、无毛蕨麻、灰叶蕨麻

异名：*Potentilla anserina*，*Potentilla anserina var. nuda*，*Potentilla anserina var. sericea*，*Potentilla anserina f. incisa*，*Potentilla anserina var. viridis*

生于海拔 500~4100 米的河岸、路边、山坡草地及草甸。

多年生草本。根有时具纺锤状或椭圆状块根。茎斜升，匍匐。基生叶为间断羽状复叶，叶柄被伏生或半开展疏柔毛。小叶片椭圆形、倒卵椭圆形或长椭圆形，边缘有多数尖锐锯齿或呈裂片状，上面绿色，被疏柔毛或脱落几无毛，下面密被紧贴银白色绢毛。单花腋生；花梗被疏柔毛；萼片三角卵形；花瓣黄色，倒卵形；花柱侧生，小枝状。[344]

药用功效

中医认为，蕨麻味甘，性平；健脾益胃，生津止渴，益气补血[18]。《四川省中药材标准（2010年版）》以蕨麻的块根用作蕨麻，用于脾虚腹泻、病后气血亏虚、营养不良[5]。

少数民族也有蕨麻的药用历史。藏族用全草治诸血及下痢，亦有滋补之效[256]。《四川省中药材标准（2010年版）》记载，藏医认为其收敛止血，止咳利痰，治诸血及下痢，亦有滋补之效[5]。

通过检索仅有蕨麻（正名：*Argentina anserina*）相关外文文献 1 篇（2013 年），时间相对久远，故选取蕨麻 [异名：*Potentilla anserina*（《中国植物志》记载学名）] 近年来相关外文文献 10 篇（2019—2021 年）进行介绍。

蕨麻又叫人参果、延寿果等，以块根入药，现人工栽培用于培养虫草蝙蝠蛾幼虫。根含胆碱、甜菜碱 (betaine)、组氨酸等，叶含杨梅树皮素（myricetin）、无色飞燕草素（leueodelphinidin）、(-)- 表儿茶素（(-)-epicatechin）、d- 儿茶精（d-catechin）等。蕨麻多糖（PAP）可降低大鼠脑含水量，减轻脑组织损伤，降低 MDA 和 NO 水平，提高 SOD 活性和 GSH 水平。此外，PAP 阻断 NF-κB 和 HIF-1α 信号通路激活，抑制下游促炎细胞因子（IL-1β、IL-6、TNFα 和 VEGF）的产生。因此，PAP 有可能通过抑制氧化应激和炎症反应来治疗和预防高原脑水肿（HACE）。HACE 是由急性低压缺氧（AHH）引起的高原疾病，其发病机制与氧化应激和炎症细胞因子有关 [345]。PAP 还可以通过抑制氧化应激和炎症来治疗高原肺水肿，显著降低肺含水量，减轻肺组织损伤 [346]。蕨麻木脂素具有中度抗炎和细胞毒性活性 [347]。蕨麻中存在抑制 α - 葡萄糖苷酶的物质，故具有一定的降糖、稳糖作用 [348]，这些物质包括黄酮类及其衍生物 [349]。蕨麻具有较大的安全范围，最大口服剂量下小鼠的活动、体重和饮食正常，器官指数、肾功能、肝功能、解剖观察和组织病理学检查均未发现异常 [350]。蕨麻在生长发育过程中，其根际的原核生物群落结构会发生显著变化 [351]，土壤真菌群落随季节变化；土壤中的氮、磷和钾含量与特定真菌类群和分布高度相关 [352]。基因组学和转录组学数据表明，参与淀粉生物合成的关键基因在蕨麻块根中高度表达，这些基因可能参与蕨麻块根形成 [353]。将蕨麻引入新的栖息地将有助于有机凋落物的降解，促进养分循环，进而有助于整个生态系统平衡 [354]。

金露梅

Dasiphora fruticosa

科 蔷薇科

属 金露梅属

味甘，性平。

清暑热，益脑，清心，调经，健胃。

中国中药资源志要

jīn lù méi
金露梅
Dasiphora fruticosa

花期 6—9 月
果期 6—9 月

俗名：棍儿茶、药王茶、金蜡梅、金老梅、格桑花

异名：*Potentilla fruticosa*，*Potentilla rigida*，*Pentaphylloides fruticosa*，*Dasiphora riparia*，*Potentilla fruticosa var. rigida*

生于海拔 1000~4000 米的山坡草地、砾石坡、灌丛及林缘。

灌木。多分枝，树皮纵向剥落。小枝红褐色，幼时被长柔毛。羽状复叶，小叶片长圆形、倒卵长圆形或卵状披针形，全缘，边缘平坦，顶端急尖或圆钝，基部楔形，两面绿色，疏被绢毛或柔毛，或脱落近于几毛。花序顶生，疏松总状或伞房状，具 1 至数朵花；花瓣黄色，宽倒卵形，顶端圆钝。瘦果近卵形，褐棕色，外被长柔毛。[344]

中医认为，金露梅味甘，性平；清暑热，益脑，清心，调经，健胃。叶用于暑热眩晕、两目不清、胃气不和、食滞、月经不调[18]。

少数民族也有金露梅的药用历史。藏族用花治妇女病、赤白带下；叶烧成炭可外敷乳腺炎（化脓后勿用）[256]。彝族用叶治暑热眩晕、两目不清、胃气不和、食滞、月经不调[74]。

通过检索选取金露梅 [正名：*Dasiphora fruticosa*；异名：*Potentilla fruticosa*（《中国植物志》记载学名）] 近年相关外文文献 10 篇（2016—2020 年）进行介绍。

金露梅在传统藏药中作为民间草药用于治疗炎症、伤口、某些癌症、腹泻、糖尿病等。利用微生物测试系统研究金露梅叶与银杏叶提取物的协同作用及其相关生物活性机制发现，其中的异鼠李素和咖啡酸组合表现出协同效应[355]。金露梅叶提取物与绿茶多酚的组合显示出明显的协同效应，促进了 CAT 和 SOD 酶活性及其基因表达，为生产由金露梅属植物的混合叶制成的复合茶提供理论依据[356]。从金露梅枝叶中分离出一类亚甲基双黄烷 -3- 醇物质，对大肠杆菌、金黄色葡萄球菌、肠道沙门氏菌亚种、肠球菌和铜绿假单胞菌有一定的抑制活性，部分物质还显示出一定的葡萄糖摄取激活活性[357]。

金露梅适应性较强，常被用来考察环境对植物的影响。国外研究者利用相似性原理对金露梅分布作图，取得了较好的效果[358]。利用同位素标记相对和绝对定量（iTRAQ）技术对金露梅叶片进行蛋白质组学分析，揭示了金露梅对高温环境的反应[359]。交通和城市污染对植物的影响很大，街道种植金露梅的地上器官中，重金属（铁、镍、钒和钛）含量比对照增加了 1.3~9.5 倍[360]。有研究利用化学计量学方法考察环境因子对金露梅活性成分的影响，发现环境因素对活性成分含量和抗氧化活性有显著影响，速效磷与活性成分和抗氧化活性之间存在显著的正相关关系，综合评价认为，西藏班戈和青海格尔木为金露梅最佳适生区[361]。有研究利用金露梅对放射性环境进行评估[362]。金露梅叶绿体基因组全序列测序已完成[363]，为更好地利用这一植物提供了更多工具。金露梅有雄性、雌性和雌雄同体植物三种性表型共存，流式细胞术研究证实，雄性和雌性的 DNA 含量几乎是雌雄同体的两倍，雌、雄花比雌雄同体花产生更多的花粉粒和胚珠，多倍化可能与雌雄分化有关[364]。

银露梅

Dasiphora glabra

科 蔷薇科

属 金露梅属

味甘，性温。

理气散寒，镇痛固牙，利尿消水。

中国中药资源志要

yín lù méi
银露梅
Dasiphora glabra

6—11 月
6—11 月

俗名：白花棍儿茶、银老梅、长瓣银露梅

异名：*Potentilla glabra*，*Potentilla glabra var. longipetala*，*Potentilla glabrata*，*Potentilla fruticosa var. dahurica*，*Potentilla fruticosa var. mongolica*，*Potentilla glabra var. rhodocalyx*，*Potentilla fruticosa var. tangutica*

生于海拔 1400~4200 米的山坡草地、河谷岩石缝、灌丛及林中。

灌木。树皮纵向剥落。小枝灰褐色或紫褐色，被稀疏柔毛。叶为羽状复叶，叶柄被疏柔毛；小叶片椭圆形、倒卵椭圆形或卵状椭圆形，全缘，两面绿色，被疏柔毛或几无毛；托叶薄膜质。顶生单花或数朵，花梗细长，被疏柔毛；萼片卵形，副萼片披针形、倒卵披针形或卵形，外面被疏柔毛；花瓣白色，倒卵形；花柱棒状。瘦果表面被毛。[344]

银露梅

科 蔷薇科
属 金露梅属

药用功效

中医认为，银露梅味甘，性温；理气散寒，镇痛固牙，利尿消水。全草用于牙痛、固齿[18]。

少数民族也有银露梅的药用历史。藏族用花、叶治牙病、黄水病、肺病、胸肋胀痛[20，62]。

银露梅的研究较少，仅检索到银露梅 [正名：*Dasiphora glabra*；异名：*Potentilla glabra*（《中国植物志》记载学名）] 相关外文文献 5 篇（2009—2021 年）。

药王茶是由银露梅的叶子和花制作而成的，长期以来一直用于预防和缓解高脂血症、高血压、糖尿病等。从银露梅中分离出 12 种黄酮类化合物，与维生素 C 相比，6 种被测试的类黄酮在 DPPH 测定中显示显著的自由基清除能力，在 FRAP 测定中显示总抗氧化活性，为进一步利用银露梅黄酮类化合物奠定了基础[365]。有研究评价了青藏高原的高山物种对气候波动做出的反应，认为青藏高原为耐寒物种提供了多个避难所[366]。微卫星标记可用于表征银露梅种内和种间的遗传多样性，并有助于研究它们的种群遗传学和物种形成历史[367]。有研究对银露梅传粉生物学进行记录，考察了银露梅无毛亚种群的传粉特性[368]。银露梅完整叶绿体基因组有助于研究银露梅家族基因组的一般特征和进化[369]。

中国沙棘
Hippophae rhamnoides subsp. sinensis
科 胡颓子科
属 沙棘属
味酸、涩，性温。归脾、胃、肺、心经。
健脾消食，止咳祛痰，活血散瘀。
中华人民共和国药典（2020年版一部）

zhōng guó shā jí

中国沙棘

Hippophae rhamnoides subsp. sinensis

花 4—5 月
果 9—10 月

俗名：酸刺、黑刺、酸刺柳、黄酸刺、醋柳

异名：*Hippophae salicifolia subsp. sinensis*，*Hippophae rhamnoides var. procera*

生于海拔 800~3600 米的温带地区向阳的山嵴、谷地、干涸河床地或山坡、多砾石或沙质土壤或黄土上。

落叶灌木或乔木。棘刺较多；嫩枝褐绿色，密被银白色而带褐色鳞片，老枝灰黑色；芽大，金黄色或锈色。单叶通常近对生，纸质，狭披针形或矩圆状披针形，两端钝形或基部近圆形，上面绿色，初被白色柔毛，下面银白色或淡白色，被鳞片；叶柄极短。果实圆球形，橙黄色或橘红色；种子小，阔椭圆形至卵形，黑色或紫黑色，具光泽。[370]

药用功效

中医认为，中国沙棘味酸、涩，性温；归脾、胃、肺、心经；健脾消食，止咳祛痰，活血散瘀。《中华人民共和国药典（2020 年版一部）》以沙棘 * 的干燥成熟果实用作沙棘，用于脾虚食少、食积腹痛、咳嗽痰多、胸痹心痛、瘀血经闭、跌扑瘀肿 [72]。

少数民族也有中国沙棘的药用历史。藏族用果实治咽喉病、咳嗽痰多、胸闷不畅、肺病、培根病、肺和肠肿瘤、消化不良、胃痛、闭经等 [62, 133]。《四川省藏药材标准（2014 年版）》以中国沙棘的干燥叶用作沙棘叶，用于治脾虚食少、食积腹痛、咳嗽痰多、胸痹心痛、瘀血经闭及跌扑瘀肿 [186]。

* 因《中国植物志》记载沙棘原亚种 *Hippophae rhamnoides Subsp. rhamnoides* 在我国未发现有分布，国内对中国沙棘的研究大多使用了沙棘（*Hippophae rhamnoides*）这个名称，故认为此沙棘为中国沙棘。

关于中国沙棘（*Hippophae rhamnoides subsp. sinensis*）的研究较少，仅检索到相关外文文献 8 篇（2012—2020 年）。

中国沙棘是中国西北及青藏高原地区最重要的植物之一，在冰川期，缺乏大型陆地冰盖和青藏高原的异质景观可能为中国沙棘提供了广泛的微避难所[371]。尽管中国沙棘耐旱性较强，半干旱区人工灌溉有助于增强沙棘扦插成活和生长势，生长和繁殖的最佳灌溉强度为当地标称年平均降水量的 3.48~5.29 倍[372]。

从中国沙棘种子及其残渣中分离出多种新的黄酮、黄酮醇苷、三萜皂苷类化合物，包括 hippophins C~F，并用光谱和化学方法对其结构进行鉴定[373-376]。部分化合物显示较强的 α- 葡萄糖苷酶抑制活性，IC50 值为 8.30~112.11μmol/L，优于阳性对照阿卡波糖[377]。

中国沙棘叶绿体基因组全序列由中国林业科学研究院张建国课题组于 2020 年公布[378]。

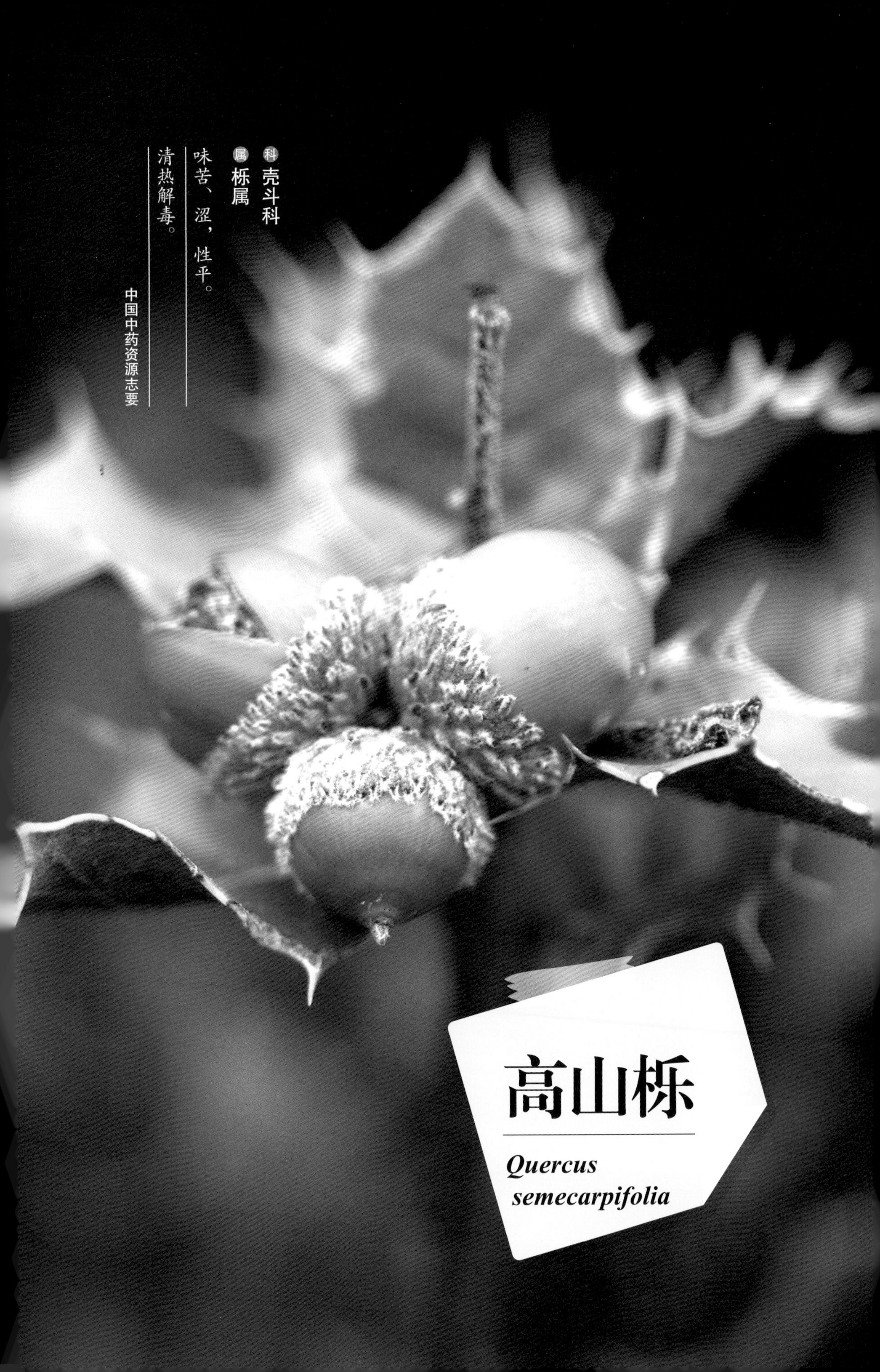

高山栎

Quercus semecarpifolia

科 壳斗科

属 栎属

味苦、涩，性平。

清热解毒。

gāo shān lì
高山栎

Quercus semecarpifolia

5—6 月

翌年 8—10 月

异名：*Quercus obtusifolia*

生于 2300~3200 米的山地混交林中。

常绿乔木。生于开明山顶，时常呈灌木状。幼枝有锈色柔毛。叶椭圆形至长椭圆形，全缘或有刺状锯齿，幼时有锈色柔毛，老后仅下面除中脉外有蜡质锈色细绒毛，有时脱净；叶柄短，近无。果生于总梗上；壳斗盘形，包围坚果基部，内面密生绒毛；苞片卵状长椭圆形至披针形，顶端与壳斗分离，开展；坚果当年成熟，球形，具短尖，无毛。[379]

朝暮

北宋 · 梅尧臣

气候辄未定，寒暄朝暮间。
挟纩水风生，衣绤川阳还。
绿草藏邃岸，枯栎植高山。
且非天时异，顺理心自闲。

中医认为，高山栎味苦、涩，性平；清热解毒。叶的煎膏用于寒热夹杂的泻痢、哮喘；种子亦入药，功效同叶[18]。

少数民族也有高山栎的药用历史。藏族用果实治寒热夹杂的泻痢、肠炎、流行性感冒、哮喘[20, 96]。

通过检索选取高山栎（*Quercus semecarpifolia*）近年来相关外文文献 10 篇（2008—2021 年）进行介绍。

高山栎是喜马拉雅地区亚高山生态系统中的一种多用途树种，主要分布在喜马拉雅中部海拔 2400~2750m 的区域，具有很强的碳储存能力，对维持当地生态具有重要意义[380]。不同季节和海拔条件下，高山栎叶片营养成分的变化较大，在适当的成熟期收获的高山栎叶片具有较高的蛋白含量，可作为牲畜的优质饲料，以弥补蛋白质的不足[381]。饲喂高山栎叶片可显著降低（$P<0.01$）山羊的胃肠道线虫数量，与饲喂绿草的动物相比，饲喂高山栎叶片有利于提高养分利用率、生长性能和饲料效率[382]。使用高山栎叶片水提取物生产银纳米粒子（AgNPs）具有较好的成本优势，是一种生态友好的绿色合成方式[383]。

高山栎是胎生的，种子活力短，利用根际土壤培育高山栎幼苗，根际土壤与非森林土壤以 1 ∶ 9 的比例均匀混合的处理最有效。这项研究对培育健康、有活力的幼苗供种植园使用特别是人工造林具有实际意义[384]。也有研究对高山栎幼苗外植体的离体繁殖培养基配方进行了优化，提升了扩繁效率[385]。气候变化对高山栎的影响深远，对喜马拉雅山中海拔（海拔 2400~3500m）高山栎栖息地进行地理空间模拟，结果显示，当温度升高 +1℃和 +2℃时，其分布的现有栖息地可能分别减少 40% 和 76%[386]。2010 年是喜马拉雅山西部高山栎的“最佳种子年”[387]。对高山栎种群生态学和生境适宜性进行建模有助于更好地保护亚高山生态系统[388]。在喜马拉雅亚高山森林，以一种栎为主的生境中，另一种栎的幼苗比例却较高，这反映了亚高山森林中栎树的更新策略和空间分布特征[389]。

白花酢浆草

Oxalis acetosella

科 酢浆草科

属 酢浆草属

味酸、微辛，性平。

活血化瘀，清热解毒。

中国中药资源志要

bái huā cù jiāng cǎo

白花酢浆草

Oxalis acetosella

7—8 月

8—9 月

俗名：山酢浆草

生于海拔 800~3400 米的针阔混交林和灌丛中。

多年生草本。根纤细，根茎横生。茎短缩不明显，基部围以残存覆瓦状排列的鳞片状叶柄基。叶基生；托叶阔卵形；叶柄近基部具关节；小叶倒心形。总花梗基生，单花；花梗被柔毛；苞片对生，卵形，被柔毛；萼片卵状披针形；花瓣白色或稀粉红色，倒心形，具白色或带紫红色脉纹；花丝纤细。蒴果卵球形。种子卵形，褐色或红棕色。[390]

中医认为，白花酢浆草味酸、微辛，性平；活血化瘀，清热解毒。全草用于小便淋涩、带下、痔痛、脱肛、烫伤、蛇蝎咬伤、跌打损伤、无名肿毒、疥癣[18]。

少数民族也有白花酢浆草的药用历史。羌族用全草治肾炎血尿、疖肿、鹅口疮、跌打损伤[6]。

通过检索选取白花酢浆草（*Oxalis acetosella*）近年来相关外文文献 10 篇（1998—2018 年）进行介绍。

白花酢浆草的属名来源于草酸沉积症（oxalosis），其词根 oxys 在古希腊语中的意思是酸，表明其叶片有酸味[391]。有研究对白花酢浆草的繁殖生物学进行考察，表明分株大小对其开花结实具有影响，闭花受精是后备种子生产的一种安全保障机制，使其免受资源供应和环境条件变化的影响[392]。闭育型（CL）比裂育型（CH）种子抛得更远，存在扩散差异[393]，CL 种子的发芽率明显低于 CH 种子，可能是开花较晚导致平均种子重量较低[394]。闭花受精是一种自适应策略，可以最大化总种子产量[395]。

研究表明，白花酢浆草和糖槭对美国北方阔叶林的养分保持很重要[396]，白花酢浆草可防止土壤硝酸盐的淋溶作用[397]。白花酢浆草叶际微生物种群密度和物种组成随着季节的变化而发生变化[398]，其新叶不断发育，老叶全年衰老，导致叶不断替换，叶数出现夏季峰值，秋季和冬季发育的叶子比夏季发育的叶子具有更长的寿命[399]。白花酢浆草富含胡萝卜素、抗坏血酸、生育酚和叶黄素，是类黄酮的最佳来源之一，特别是芦丁，因此白花酢浆草可作为一种潜在的抗氧化剂膳食来源[400]。

泽漆

Euphorbia helioscopia

科 **大戟科**

属 **大戟属**

味辛、苦，性凉；有毒。归肺、脾、大肠、小肠经。

逐水消肿，散结解毒。

贵州省中药材、民族药材质量标准（2003年版）

泽漆 (zé qī)

Euphorbia helioscopia

4—10 月

4—10 月

俗名：五风草、五灯草、五朵云、猫儿眼草、眼疼花、漆茎、鹅脚板

生于山沟、路旁、荒野和山坡。

一年生草本。根纤维状。茎直立，分枝斜展向上，光滑无毛。叶互生，倒卵形或匙形，边缘具锯齿；杯状聚伞花序，近无柄，常极紧密；初生总苞叶 5，淡黄绿色；苞叶 2，倒卵形，边缘具锯齿；总苞钟形。蒴果三棱状阔圆形，光滑，无毛；具明显的三纵沟；成熟时分裂为 3 个分果爿。种子卵状，暗褐色，具明显的脊网；种阜扁平状，无柄。[401]

药用功效

中医认为，泽漆味辛、苦，性凉；有毒；逐水消肿，祛痰，散瘀，解毒，杀虫[18]。《贵州省中药材、民族药材质量标准（2003版）》以泽漆的干燥全草用作泽漆，用于腹水胀满、疟疾、瘰疬、癣疮[122]。

少数民族也有泽漆的药用历史。羌族用全草主治大腹水肿、四肢、面目浮肿、痰饮喘咳、瘰疬、癣疮[6]。

通过检索选取泽漆（*Euphorbia helioscopia*）近年来相关外文文献 10 篇（2018—2021 年）进行介绍。

泽漆富含乳汁，乳胶蛋白和酶参与萜类生物合成，溶酶体途径和蛋白酶体途径可能参与了乳管细胞器和一些细胞质基质的降解[402]。

迄今已从泽漆中分离和鉴定出 173 种萜类化合物及多酚、类固醇、脂质和挥发油。现代药理学研究已经证明，泽漆具有突出的生物活性，特别是在抗增殖和多药耐药性调节方面[403]，泽漆提取物具有抗氧化和抗糖尿病活性[404]。从泽漆中分离出 11 个大环二萜类物质，可通过抑制 p65 亚单位的易位和 IL-6、TNF-α 分泌的减少而调节 NF-κB 信号通路，进而起到抗炎作用[405]。其中的麻疯树烷型二萜可显著抑制 NLRP3 炎症小体激活，并阻断 NLRP3 炎性小体诱导的上睑下垂，或者通过改善线粒体损伤，中断 NLRP3 炎症体激活，进而发挥抗炎作用[406]。另外发现的一种二萜类化合物还可以抑制 Kv1.3 电压门控通道，显示出强大的免疫抑制作用[407]。泽漆乙醇提取物含有单宁、脂质、类黄酮、生物碱和多酚等，对大肠杆菌、枯草芽孢杆菌、金黄色葡萄球菌、肺炎克雷伯菌、伤寒沙门菌、铜绿假单胞菌和三种真菌菌株（木霉菌、黑根霉、黑曲霉）等微生物显现不同的抑菌效应[408]。从泽漆地上部分 80% 乙醇提取物中分离出三种新的麻疯树二萜类化合物，对 6 种肾癌细胞系存在细胞毒性潜力[409]。地上部分挥发油含 1,6-Dihydrocarveol、香芹酮、薄荷醇等，对金黄色葡萄球菌、粪肠球菌、大肠杆菌、志贺氏痢疾杆菌和白色念珠菌表现出强烈的抗菌活性[410]。

泽漆的抗性很强，其形态、解剖学和生理学因除草剂的使用而发生变化，使其可在施用了除草剂的农田中存活，为控制这种农田杂草，应采用替代策略或更高剂量的除草剂[411]。

科 牻牛儿苗科

属 老鹳草属

反瓣老鹳草

Geranium refractum

fǎn bàn lǎo guàn cǎo

反瓣老鹳草

Geranium refractum

7—8 月

8—9 月

俗名：反瓣老、黑蕊老鹳草、黑药老鹳草、紫萼老鹳草

异名：*Geranium melanandrum*，*Geranium refractoides*，*Geranium angustilobum*，*Geranium batangense*

生于海拔 3800~4500 米的山地灌丛和草甸。

多年生草本。根茎粗壮，斜生。茎多数，直立，被倒向开展的糙毛和腺毛。叶对生，具长柄；叶片五角形，掌状 5 深裂，裂片菱形或倒卵状菱形，下部全缘，表面被短伏毛，背面被疏柔毛。聚伞花序单生，具 2 花；花梗具钩状无腺毛及淡紫色腺毛；花瓣白色或浅粉红色，反折。紫黑色的花药、花丝和花柱分枝。果梗下垂；蒴果被短柔毛。[390]

反瓣老鹳草

科 牻牛儿苗科

属 老鹳草属

药用功效

仅见少数民族有反瓣老鹳草的药用历史。藏族以根用于热劳损发烧、食物中毒[133]。

研究现状

关于反瓣老鹳草（*Geranium refractum*）的研究较少，仅检索到相关外文文献 1 篇（2014 年）。

反瓣老鹳草因独特的花部构造而成为研究传粉生物学的独特材料。研究表明，开花方向会影响传粉者的访问次数，其柱头上的花粉量也有差异。自然向下的花向可能增加有效传粉者的花粉转移，并减少劣质传粉者的干扰[412]。

柳兰

Chamerion angustifolium

科 柳叶菜科

属 柳兰属

味辛、苦，性平。有小毒。下乳，润肠，调经活血，消肿止痛。

中国中药资源志要

柳兰 (liǔ lán)

Chamerion angustifolium

食用 蜜源 栲胶 饲料

6—8 月

6—8 月

俗名：糯芋、火烧兰、铁筷子

异名：*Epilobium angustifolium*，*Chamaenerion angustifolium*，*Epilobium nerlifolium*，*Epilobium spicatum*，*Chamaenerion angustifolium var. albium*，*Epilobium neriifolium*，*Chamaenerion angustifolium var. album*

生于 2900~4700 米的山区半开旷或开旷较湿润草坡灌丛、火烧迹地、高山草甸、河滩、砾石坡。

多年粗壮草本。直立，丛生。茎圆柱状。叶螺旋状互生，披针状长圆形至倒卵形，褐色。花序总状，直立；花在芽时下垂，开放时直立展开；花蕾倒卵状；萼片紫红色，长圆状披针形，被灰白柔毛；花瓣粉红色至紫红色，倒卵形或狭倒卵形；花药长圆形，红色至紫红色，产生带蓝色的花粉。蒴果密被白灰色柔毛。种子狭倒卵状，具短喙，褐色。[413]

药用功效

中医认为，柳兰味辛、苦，性平；有小毒；下乳，润肠，调经活血，消肿止痛。全草用于乳汁不下、肠燥便秘、月经不调、骨折、关节扭伤[18]。

少数民族也有柳兰药用的历史。藏族用全草治风寒湿热、疮疹毒、皮肤瘙痒[20]。《青海省藏药材标准》以柳兰的干燥全草用作柳兰，味酸、微苦，性凉；利尿消肿，清热利胆；主治赤巴热、胆囊炎、热性腹泻、尿闭及肠道寄生虫疾病[414]。

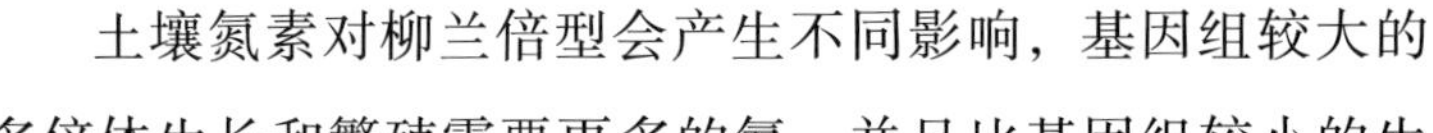

通过检索选取柳兰（*Chamerion angustifolium*）近年来相关外文文献10篇（2019—2021年）进行介绍。

土壤氮素对柳兰倍型会产生不同影响，基因组较大的多倍体生长和繁殖需要更多的氮，并且比基因组较小的生物体更容易受到氮稀缺性的负面影响[415]，但多倍体在营养丰富的条件下可能比二倍体更具有竞争和定殖优势[416]。二倍体和四倍体柳兰花的挥发性物质差异在传粉者歧视作用（pollinator discrimination）中起着重要贡献，但也要注意视觉系统（花瓣大小与反射）的贡献[417]。

柳兰被认为是一种具有高抗氧化潜力和酚含量的植物，它的叶子可以用来发酵，固态发酵可以使叶片中槲皮素和苯甲酸等含量上升，但木樨草素、绿原酸等含量反而下降[418]，可用于改变叶中的多酚和类胡萝卜素含量[419]；在48小时的有氧固态发酵（SSF）后，干物质中总多酚含量最高[420]，厌氧固态发酵处理72小时后，总叶绿素和糖含量最高，但未发酵柳兰叶片中总维生素C含量较高[421]。

有研究建立了柳兰节段外植体的高效再生方案，并对新生材料中的酚类物质等进行了测定[422]。离体培养过程中，不同基因型材料在增殖效率上存在差异，其中的主要活性物质在不同材料间也存在显著的基因型差异[423]。SSR多态性标记可用于柳兰及其近缘种的遗传研究[424]。

狼毒
Stellera chamaejasme
科 瑞香科
属 狼毒属
味苦、辛，性平；有大毒。
峻下逐水，破积杀虫，止痛。
四川省中药材标准（1987 年版）

láng dú

狼毒

Stellera chamaejasme

4—6 月

7—9 月

俗名：馒头花、燕子花、拔萝卜、断肠草、火柴头花、狗蹄子花、瑞香狼毒

异名：*Wikstroemia chamaejasme*，*Stellera bodinieri*，*Chamaejasme stelleriana*，*Chamaejasme formosana*，*Euphorbia pallasii var. pilosa*，*Stellera chamaejasme var. angustifolia*，*Stellera chamaejasme f. chrysantha*，*Stellera chamaejasme f. angustifolia*

生于海拔 2600~4200 米的干燥而向阳的高山草坡、草坪或河滩台地。

多年生草本。根茎木质，粗壮，圆柱形；茎直立，丛生，纤细，绿色，无毛，草质。叶散生，薄纸质，披针形或长圆状披针形，先端渐尖或急尖，上面绿色，下面淡绿色至灰绿色，边缘全缘。花序顶生，头状，球形，具多花，具绿色的叶状苞片形成的总苞；花萼白色、黄色或红紫色；花药黄色，线状椭圆形。果实圆锥形；种皮膜质，淡紫色。[425]

即心即佛颂

宋·唯一禅师

即心即佛，砒霜狼毒

起死回生，不消一服

中医认为，狼毒味苦、辛，性平；有毒；逐水祛痰，破积杀虫；根用于水气胀肿，瘰疬，疥癣，外伤出血，疮疡，跌打损伤[18]。《四川省中药材标准（1987 年版）》以狼毒的干燥根用作狼毒，用于胸腹积水、水肿喘满、心腹卒痛作胀、跌打损伤作痛；外用治疥癣、恶疮、杀蝇蛆[426]。

少数民族也有狼毒药用的历史。藏族用根治瘟疫病、愈溃疡、内脏肿瘤；外用治各种炎症、疖疮、各种顽癣、消肿[62，96]。《中华人民共和国卫生部药品标准·藏药（第一册）》以狼毒的干燥根用作瑞香狼毒，味辛，性温；有毒；清热解毒，消肿，泻炎症，止溃疡，祛腐生肌；熬膏内服用于疠病、疖痈、瘰疬；外用治顽癣、溃疡[21]。羌族用根治水肿腹胀、痰食虫积、心腹疼痛、症瘕积聚、结核、疥癣[6]。

通过检索选取狼毒（*Stellera chamaejasme*）近年来相关外文文献 10 篇（2020—2021 年）进行介绍。

多项研究从狼毒中分离出多种新的愈创木酚型倍半萜，其中，chamaejasmin A 显示出对 HeLa 细胞的细胞毒性 [427]；在体外试验中，chamaejasmone F 对人三阴性乳腺癌细胞系 MB-MDA-231 显示中度细胞毒性活性 [428]。有研究表明，新的倍半萜对 H_2O_2 诱导的人神经母细胞瘤 SH-SY5Y 细胞损伤具有神经保护作用 [429]。从狼毒根中分离出的某化合物（化合物 14）可促进细胞凋亡，并导致细胞周期阻滞在 G0/G1 期，从而抑制细胞增殖，这种抑制作用伴随着促凋亡蛋白裂解 PARP、裂解 Caspase-9 和肿瘤抑制蛋白 p53 的上调，同时下调抗凋亡蛋白 Bcl-2 [430]。狼毒花精油对三种储藏害虫表现出驱避效果，可作为较好的植物源农药 [431]。

在中国退化的草原上，不好吃的狼毒植物的增加已经司空见惯，这会阻碍可口植物的存在和生长，并对畜牧业生产的可持续发展产生影响。近几十年来，高山草甸退化导致适口牧草显著减少，有毒植物增加。狼毒是最严重的有毒杂草之一，对青藏高原高寒草甸的威胁越来越大 [432]。因此，控制狼毒是防止草场走向退化的重要举措。狼毒将主要生物量分配到地下部分，这有利于其在退化草地上的生存，使割草也无法根除狼毒 [433]。狼毒分泌到土壤环境中的化感物质可能是影响其在自然界中竞争行为的一个重要因素，使其具有了广泛的生态适应性 [434]。中国东北盐碱化草甸草地中，本地植物狼毒的扩展改变了土壤固氮菌的群落结构，狼毒与土壤固氮菌之间的相互作用以及土壤电导率的持续增加可能促进狼毒种群的入侵 [435]。狼毒和其传粉昆虫蓟马存在互惠关系，狼毒为蓟马提供育雏场所和食物 [436]。

凹叶瑞香

Daphne retusa

科　瑞香科

属　瑞香属

味辛、苦，性温；有小毒。

祛风湿，活血止痛。

中华人民共和国药典（1977年版一部）

凹叶瑞香

āo yè ruì xiāng

Daphne retusa

观赏 造纸

4—5 月
6—7 月

生于海拔3000~3900米的高山草坡或灌木林下。

常绿灌木。分枝密而短，当年生枝灰褐色，密被黄褐色糙伏毛。叶互生，革质或纸质，长圆形至长圆状披针形或倒卵状椭圆形，中脉在上面凹下。花外面紫红色，内面粉红色，芳香，数花组成头状花序，顶生；花萼筒圆筒形，裂片宽卵形至近圆形或卵状椭圆形；花药长圆形，黄色。果实浆果状，卵形或近圆球形，幼时绿色，成熟后红色。[425]

幼圃

宋 · 杨万里

寓舍中庭劣半弓，燕泥为圃石为墉
瑞香萱草一两本，葱叶蹿苗三四丛
稚子落成小金谷，蜗牛卜筑别珠宫
也思日涉随儿戏，一径惟看蚁得通

药用功效

中医认为，凹叶瑞香味辛、苦，性温；有小毒；祛风湿，活血止痛。《中华人民共和国药典（1977年版一部）》以凹叶瑞香的干燥茎皮及根皮用作祖司麻，用于风湿痹痛、关节炎、类风湿性关节痛[36]。

少数民族也有凹叶瑞香的药用历史。藏族以果实用于消化不良、虫病；叶、枝用于熬膏治虫病；根皮用于治湿痹、关节积黄水[62]。

关于凹叶瑞香（*Daphne retusa*）的研究较少，仅检索到相关外文文献 5 篇（2008—2021 年）。

凹叶瑞香的树皮和茎具有消肿和止痛作用，在中国西部用作民间药物“祖司麻”。凹叶瑞香乙醇提取物具有抗炎和镇痛特性，急性毒性试验结果表明，该提取物在小鼠中相对安全[437]。凹叶瑞香中的二聚和三聚香豆素糖苷显示出强大的自由基清除活性[438]，5,7- 二羟基黄酮可作为脲酶抑制剂[439]。凹叶瑞香全草提取物对不同的细菌和真菌菌株有很好的抑制作用，所有提取物对研究中使用的几乎所有微生物都具有活性[440]。

系统发育分析表明，凹叶瑞香与唐古特瑞香有着密切的亲缘关系[441]。

柳叶寄生

Phyllodesmis delavayi

科 桑寄生科

属 柳叶寄生属

味苦、甘，性平。归肝、肾经。

补肝肾，强筋骨，祛风湿，安胎。

贵州省中药材、民族药材质量标准（2003 年版）

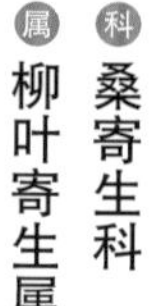

柳叶寄生

liǔ yè jì shēng

Phyllodesmis delavayi

2—7 月

5—9 月

俗名：柳叶钝果寄生

异名：*Taxillus delavayi*，*Loranthus balfourianus*，*Taxillus balfourianus*，*Phyllodesmis coriacea*，*Phyllodesmis paucifolia*，*Loranthus delauayi*

寄生于海拔 1500~3500 米的高原或山地阔叶林，或针叶、阔叶混交林中的花楸、山楂、樱桃、梨树、桃树、马桑或柳属、桦属、栎属、槭属、杜鹃属等植物，以及稀云南油杉上。

寄生性灌木。全株无毛。二年生枝条黑色，具光泽。叶互生，革质，卵形、长卵形、长椭圆形或披针形。伞形花序单生或 2 个合生，具 2~4 朵花；苞片卵圆形；花红色，花托椭圆形；副萼环状，全缘或具 4 浅齿；花冠花蕾时管状，稍弯，顶部椭圆形，裂片 4 枚，披针形，反折；花柱线状，柱头头状。果椭圆形，黄色或橙色。[442]

晚晴出行近村闲咏景物

宋·陆游

雪云吹尽木阴移，正是先生曳杖时。
老犊行将新长犊，空桑卧出寄生枝。
医翁暮过囊探药，筮叟晨占手布蓍。
谁谓人间足忧患，未妨古俗自熙熙。

药用功效

中医认为，柳叶寄生味苦、甘，性平；归肝、肾经；补肝肾，强筋骨，祛风湿，安胎。《贵州省中药材、民族药材质量标准（2003 年版）》以柳叶寄生的干燥带叶茎枝用作贵州桑寄生，用于肾虚腰痛、腰膝酸软、筋骨无力、风湿痹痛、妊娠漏血、胎动不安、高血压[122]。

少数民族也有柳叶寄生的药用历史。彝族用全株治风湿关节痛、胎动不安、先兆流产[133]。

研究现状

尚未检索到关于柳叶寄生（正名：*Phyllodesmis delavayi*；异 名：*Taxillus delavayi*，*Loranthus balfourianus*，*Taxillus balfourianus*，*Phyllodesmis coriacea*，*Phyllodesmis paucifolia*，*Loranthus delauayi*）的相关外文文献（截至2021年12月31日），其还需进一步探索与发现。

小蓝雪花

Ceratostigma minus

科 白花丹科

属 蓝雪花属

味甘、涩，性平。

止血，调经，清肺脓。

四川省藏药材标准（2020 年版）

xiǎo lán xuě huā
小蓝雪花
Ceratostigma minus

7—10 月
7—11 月

俗名：小角柱花、蓝花岩陀、九结莲、紫金标、拉萨小蓝雪花

异名：*Ceratostigma minus f. lasaense*

生于海拔 1000~4800 米的干热河谷岩壁和砾石或砂质基地上，多见于山麓、路边、河边向阳处。

落叶灌木。老枝红褐色至暗褐色，新枝密被白色或黄白色长硬毛而呈灰毛、灰褐色；芽鳞小，鳞片状。叶倒卵形、匙形或近菱形，被钙质颗粒。花序顶生和侧生，小；苞片长圆状卵形，小苞卵形至长圆状卵形；花冠筒部紫色，花冠裂片蓝色，近心状倒三角形；花药蓝色至紫色；子房卵形，绿色。蒴果卵形，带绿黄色；种子暗红褐色，粗糙。[443]

中医认为，小蓝雪花味辛、苦，性温；有毒；通经活络，祛风湿。根用于风湿麻木、脱疽、跌打劳伤[18]。

少数民族也有小蓝雪花的药用历史。藏族用根及全株治风湿麻木、跌打损伤、脉管炎、腮腺炎、接骨等[133, 163]。《四川省藏药材标准（2020年版）》以小蓝雪花的干燥地上部分用作小角柱花，味甘、涩，性平；止血，调经，清肺脓；用于月经过多、肺病引起的咯血、鼻衄等[175]。

研究现状

关于小蓝雪花（*Ceratostigma minus*）的研究较少，仅检索到相关外文文献3篇（1994—1998年）。

从小蓝雪花中分离出3种新的丁醇可溶成分（即plumbasides A~C）和白花丹素plumbagin，通过化学证据和光谱数据确定新结构为萘醌衍生物[444]。从整株中分离出14种酚类物质，包括两个新的化合物（plumbocatechins A、B），并经过2D-NMR进行结构鉴定[445，446]。

蓼科

山蓼属

味甘、酸涩，性平。入肝经。

舒筋活络，活血止痛，补五脏，通经络。

尔玛思柏：中国羌药谱

中华山蓼

Oxyria sinensis

zhōng huá shān liǎo

中华山蓼

Oxyria sinensis

4—5 月

5—6 月

异名：*Oxyria mairei*

生海拔 1600~3800 米山坡、山谷路旁。

多年生草本。根状茎粗壮，木质。茎直立，具深纵沟，密生短硬毛。叶片圆心形或肾形，近肉质；叶柄粗壮，密生短硬毛。花序圆锥状，分枝密集；苞片膜质，褐色；花被片狭倒卵形，紧贴果实，反折；花药长圆形；子房卵形，双凸镜状。瘦果宽卵形，双凸镜状，两侧边缘具翅，连翅外形呈圆形；翅薄膜质，淡红色，边缘具不规则的小齿。[447]

良耜

先秦 · 佚名

畟畟良耜，俶载南亩。播厥百谷，实函斯活。
或来瞻女，载筐及筥。
其饟伊黍，其笠伊纠，其镈斯赵，以薅荼蓼。
荼蓼朽止，黍稷茂止。获之挃挃，积之栗栗。
其崇如墉，其比如栉。
以开百室，百室盈止，妇子宁止。
杀时犉牡，有捄其角。以似以续，续古之人。

药用功效

仅见少数民族有中华山蓼的药用历史。羌族认为其味甘、酸涩，性平；入肝经；舒筋活络，活血止痛，补五脏，通经络；根、茎、叶用于跌打损伤及腰酸腿痛[6]。

研究现状

关于中华山蓼（*Oxyria sinensis*）的研究较少，仅检索到相关外文文献 6 篇（2008—2021 年）。

作为先锋植物，中华山蓼可以很好地适应干旱胁迫，但在极度干旱胁迫条件下，雌雄异株个体的氮利用效率显著高于雌雄同体植株。这表明干旱胁迫条件下，氮的利用效率可能在一定程度上有助于雌雄同株向雌雄异株的进化[448]。更新世气候变化和山地冰川在形成中华山蓼的空间遗传结构和多倍型方面起主要作用[449，450]，根据贝叶斯定年分析，中华山蓼在 2700 万年前从其亲缘物种掌叶大黄中分离出来[451]。

有研究考察了中国云南铅锌矿区两种生态型中华山蓼的重金属耐受性和生长特性，认为中华山蓼对重金属是采取的是忍耐策略，并不富集重金属[452]。但它能够有效地积累和适应本地内生真菌，以实现其群落的扩展，从而达到植被恢复的目的[453]。

尼泊尔酸模

Rumex nepalensis

科 蓼科

属 酸模属

味苦、微涩，性寒。归心、肝、大肠经。

清热解毒，凉血止血，杀虫，通便。

贵州省中药材、民族药材质量标准（2003年版）

ní bó ěr suān mó

尼泊尔酸模

Rumex nepalensis

4—5 月

6—7 月

俗名：土大黄

异名：*Rumex ramulosus*，*Rumex esquirolii*

生于海拔 1000~4300 米的山坡路旁、山谷草地。

多年生草本。根粗壮。茎直立，具沟槽，无毛，上部分枝。基生叶长圆状卵形，边缘全缘，两面无毛或下面沿叶脉具小突起；茎生叶卵状披针形；托叶鞘膜质。花序圆锥状；花梗中下部具关节；花被片成 2 轮，外轮花被片椭圆形，内花被片宽卵形，边缘具刺状齿，顶端成钩状，一部或全部具小瘤。瘦果卵形，具 3 锐棱，褐色，有光泽。[447]

药用功效

中医认为，尼泊尔酸模味苦、微涩，性寒；归心、肝、大肠经；清热解毒，凉血止血，杀虫，通便。《贵州省中药材、民族药材质量标准（2003年版）》以尼泊尔酸模的新鲜或干燥根及根茎用作土大黄，用于肝炎及各种炎症、目赤、便秘、顽癣[122]。

少数民族也有尼泊尔酸模的药用历史。藏族以根及根茎用于杀虫、乳蛾、白喉、腹水、子宫功能性出血、肺结核、咳嗽、肝炎；外用治外伤出血、疮疖肿毒、湿疹、腮腺炎、神经性皮炎、疥疮[20, 96]。《中华人民共和国卫生部药品标准·藏药（第一册）》以尼泊尔酸模的干燥根用作酸模，味甘、苦，性寒；清热，祛湿，消肿，愈疮；用于疮疖，湿疹[21]。羌族以根茎外用治外伤，肿毒；内服开胃、健脾、补虚[6]。彝族用根、全草治疗湿热燥结、大便不通、肠风下血、暴发火眼、肝胆湿热、肺痨咯血、黄疸、淋浊、乳头溃疡、小儿湿疹、痈疡肿毒、功能性子宫出血、急性肝炎、痢疾腹泻、跌打损伤；外治腮腺炎、神经性皮炎、烧伤烫伤、外伤出血[37, 52, 74, 285]。苗族用根治烧伤[24]。

通过检索选取尼泊尔酸模（*Rumex nepalensis*）近年来相关外文文献 10 篇（2011—2020 年）进行介绍。

2018 年的一篇综述对尼泊尔酸模的药理活性等进行了介绍。尼泊尔酸模提取物具有广泛的药理活性，包括抗炎、抗氧化、抗菌、杀虫、通便、镇痛等。叶子可食用，富含天然抗氧化剂 [454]，用来治疗腹绞痛、扁桃体炎、关节炎、腹泻和不孕症等，但其提取物具有一定的肝毒性，大剂量服用可能有风险 [455]。有课题组利用 UPLC-MS/MS 法研究尼泊尔酸模提取物主要活性成分蒽醌类在大鼠血浆中的药代动力学 [456]，蒽醌类物质具有胰脂肪酶抑制活性 [457]。不同倍型尼泊尔酸模蒽醌含量和配基组分有差异，总体来看，随着倍性状态的增加，蒽醌的配基组分显著增加 [458]。可通过 HPLC 对尼泊尔酸模中的萘和蒽醌衍生物同时进行测定 [459]。

其他研究主要关于繁殖种植和生态修复等方面。不同海拔尼泊尔酸模居群种子发芽特性有差异，而且这些差异是由遗传上的差异导致的 [460]。微繁技术可用于尼泊尔酸模的快繁，并保持较好的遗传稳定性和次生代谢产物的产生 [461]。多物种间作可以提升尼泊尔酸模对土壤重金属铅锌的修复作用 [462]。2019 年的一篇文章对尼泊尔酸模的病毒进行了研究，该病毒表现出在多宿主植物上的感染 [463]。

头花蓼

Persicaria capitata

科 蓼科

属 蓼属

味苦、辛，性凉。归肾、膀胱经。

清热利湿，解毒止痛，活血散瘀，利尿通淋。

贵州省中药材、民族药材质量标准（2003 年版）

tóu huā liǎo

头花蓼

Persicaria capitata

花期 6—9 月

果期 8—10 月

俗名：草石椒

异名：*Polygonum capitatum*，*Cephalophilon capitatum*

生于海拔 600~3500 米的山坡、山谷湿地，常成片生长。

多年生草本。茎匍匐，丛生，基部木质化，具纵棱，疏生腺毛。叶卵形或椭圆形，全缘，边缘具腺毛，两面疏生腺毛，有时上面具黑斑；托叶鞘筒状，膜质，松散，具腺毛，顶端截形，有缘毛。花序头状，单生或成对，顶生；花序梗具腺毛；花被 5 深裂，淡红色，花被片椭圆形。瘦果长卵形，具 3 棱，黑褐色，密生小点，微有光泽。[447]

越燕二首

唐 · 李商隐

上国社方见，此乡秋不归。
为矜皇后舞，犹著羽人衣。
拂水斜纹乱，衔花片影微。
卢家文杏好，试近莫愁飞。
将泥红蓼岸，得草绿杨村。
命侣添新意，安巢复旧痕。
去应逢阿母，来莫害王孙。
记取丹山凤，今为百鸟尊。

中医认为，头花蓼味苦、辛，性凉；归肾、膀胱经；清热利湿，解毒止痛，活血散瘀，利尿通淋。《贵州省中药材、民族药材质量标准（2003 年版）》以头花蓼的干燥全草或地上部分用作四季红，用于痢疾、肾盂肾炎、膀胱炎、尿路结石、盆腔炎、前列腺炎、风湿痛、跌打损伤、疮疡湿疹[122]。

少数民族也有头花蓼的药用历史。彝族用全草主治小儿干疮[38]。苗族用全株治尿路感染、尿路结石、膀胱炎、肾盂肾炎、疮疡湿疹、跌打损伤[133，163]。

通过检索选取头花蓼 [正名：*Persicaria capitata*；异名：*Polygonum capitatum*（《中国植物志》记载学名）] 近年来相关外文文献 10 篇（2017—2021 年）进行介绍。

头花蓼被苗族用于治疗尿路感染和肾盂肾炎。富含黄酮的头花蓼提取物可减轻高脂血症大鼠动脉粥样硬化发展 [464]，代谢组学证据表明，头花蓼可以通过调节免疫系统发挥抑菌作用，进而治疗泌尿系感染 [465]；药代动力学研究表明，头花蓼中的没食子酸（GA）、原儿茶酸（PCA）和槲皮素（QR）口服吸收率较高，消除率较慢 [466]。左氧氟沙星（LVFX）与从头花蓼中提取的中草药制剂联合用于泌尿系统疾病的临床治疗，可以提高疗效，减少 LVFX 的副作用 [467]，二者作用的靶点可能位于肠内吸收过程中 [468]。头花蓼抗高尿酸血症机制包括抑制黄嘌呤氧化酶（XOD）的活性和表达，下调葡萄糖转运蛋白 9（GLUT9）和尿酸转运蛋白 1（URAT1）的 mRNA 和蛋白表达。头花蓼提取物对急性痛风性关节炎小鼠也表现出显著的抗炎活性，其机制可能涉及抑制促炎因子的表达。头花蓼用于治疗尿路结石可能在某种程度上与其作为抗高尿酸血症和抗风湿性关节炎药物的潜力有关 [469]。头花蓼通过多种靶点和途径作用于幽门螺杆菌相关性胃炎（HAG）[470]。头花蓼中的槲皮素通过影响 p38MAPK、BCL-2 和 BAX 的水平来预防与幽门螺杆菌感染相关的胃炎症和细胞凋亡 [471]。2017 年，从头花蓼中分离出一种新的羟基茉莉酸衍生物 [472]，利用生物导向分离法从头花蓼中找到两种新型降血糖三萜皂苷，能通过阻断 α - 淀粉酶发挥降血糖作用 [473]。

圆穗蓼

Bistorta macrophylla

科 蓼科

属 拳参属

味苦、涩，性微寒。归肺、胃、大肠经。

清热解毒，消肿，止血。

甘肃省中药材标准（2009 年版）

yuán suì liǎo

圆穗蓼

Bistorta macrophylla

花 7—8 月
果 9—10 月

异名：*Polygonum macrophyllum*，*Polygonum sphaerostachyum*，*Bistorta yunnanensis*，*Bistorta sphaerostachya*，*Bistorta macrophyllum*，*Polygonum macrophyllum f. tomentosum*

生于海拔 2300~5000 米的山坡草地、高山草甸。

多年生草本。根状茎粗壮，弯曲。茎直立，不分枝。基生叶长圆形或披针形，顶端急尖，基部近心形，上面绿色，下面灰绿色；托叶鞘筒状，膜质，下部绿色，上部褐色，顶端偏斜。总状花序呈短穗状，顶生；苞片膜质，卵形；花梗细；花被 5 深裂，淡红色或白色，花被片椭圆形；花药黑紫色。瘦果卵形，具 3 棱，黄褐色，有光泽。[447]

湓浦早冬

唐 · 白居易

浔阳孟冬月，草木未全衰。
只抵长安陌，凉风八月时。
日西湓水曲，独行吟旧诗。
蓼花始零落，蒲叶稍离披。
但作城中想，何异曲江池？

药用功效

中医认为，圆穗蓼味苦、涩，性微寒；归肺、胃、大肠经；清热解毒，消肿，止血。《甘肃省中药材标准（2009 年版）》以圆穗蓼的干燥根茎用作草河车，用于咽喉肿痛、湿热泄泻、赤白带下、肠风下血、吐血、衄血、外伤出血、跌打损伤、痈疖肿痛、毒蛇咬伤[278]。

少数民族也有圆穗蓼的药用历史。藏族用根茎治胃病、消化不良、痢疾和发烧、腹泻、吐血、衄血、血崩、白带、跌打损伤等[133，256]。《四川省藏药材标准（2020 年版）》以圆穗蓼的干燥地上部分用作圆穗蓼，味甘、涩，性温；清热利肺，除湿止泻；用于声音嘶哑等呼吸道疾病及“培根”引起的消化不良、肠热腹痛、腹泻等症[175]。

关于圆穗蓼（*Polygonum sphaerostachyum*）的研究较少，仅检索到相关外文文献 1 篇（2020 年）。

从圆穗蓼中分离得到 2 个新黄酮苷，经光谱分析和化学鉴定分别命名为圆穗蓼素 A 和圆穗蓼素 B[474]。

珠芽蓼

Bistorta vivipara

科 蓼科

属 拳参属

味苦、涩，性凉。归心、大肠经。

止泻止痢，收敛止血，散瘀活血，止痛生肌。

宁夏中药材标准（2018年版）

珠芽蓼

蓼科 拳参属

珠芽蓼 (zhū yá liǎo)

Bistorta vivipara

5—7 月

7—9 月

俗名：山谷子

异名：*Polygonum viviparum*，*Polygonum renii*，*Persicaria vivipara*，*Bistorta viviparum var. angustifolia*，*Bistorta vivipara var. angustifolia*

生于海拔 1200~5100 米的山坡林下、高山或亚高山草甸。

多年生草本。根状茎粗壮，弯曲，黑褐色。茎直立。基生叶长圆形或卵状披针形，顶端尖或渐尖，基部圆形、近心形或楔形，两面无毛。托叶鞘筒状，膜质，下部绿色，上部褐色，偏斜，开裂。总状花序呈穗状，顶生，紧密，具珠芽；苞片卵形，膜质；花被 5 深裂，白色或淡红色。花被片椭圆形。瘦果卵形，具 3 棱，深褐色，有光泽。[447]

蓼花

宋・陆游

十年诗酒客刀洲，
每为名花秉烛游。
老作渔翁犹喜事，
数枝红蓼醉清秋。

药用功效

中医认为，珠芽蓼味苦、涩，性凉；清热解毒、散瘀止血。根状茎用于乳蛾、咽喉痛、痢疾、泄泻、带下病、便血[18]。《宁夏中药材标准（2018年版）》以珠芽蓼的干燥根茎用作红三七，用于痢疾、腹泻、肠胃溃疡、便血崩漏、外伤出血、跌打损伤等症[475]。

少数民族也有珠芽蓼的药用历史。藏族用根茎治胃病、消化不良、肺病、腹泻及月经不调等症[256]。《中华人民共和国卫生部药品标准·藏药（第一册）》以珠芽蓼的根茎用作珠芽蓼，味苦、涩、微甘，性温；止泻，健胃，调经；治胃病、消化不良、腹泻、月经不调、崩漏等[21]。羌族以根茎主治吐血、衄血、血崩、白带、痢疾、跌打损伤[6]。彝族用根、果治疗干疮、吐血[38]。

通过检索选取珠芽蓼（*Bistorta vivipara*）近年来相关外文文献 10 篇（2012—2018 年）进行介绍。

珠芽蓼在北半球分布广泛，为对其进行更好的研究，2012 年开发了珠芽蓼的微卫星标记 [476]。有研究利用高光谱特性对北极地区的珠芽蓼等代表性物种进行了建模和分析 [477]，对其分布模式和可能原因进行了分析 [478]。珠芽蓼在体内积累了大量黄酮类化合物，这些色素很可能起到滤光剂的作用，保护植物组织免受紫外线的有害影响，珠芽蓼中的主要苷元是槲皮素（花中高达 5.8%，叶中高达 6.8%）[479]。放牧对珠芽蓼群落有影响，特别是碳氮比及其动态变化 [480]，土壤条件和小气候影响珠芽蓼的群落组成，但与真菌群落驱动因子不一样 [481]，环境抗性是决定根相关真菌演替模式的关键 [482]。冬季和夏季的外生菌根真菌 Ectomycorrhizal (ECM) 丰度和群落结构存在差异 [483]，边缘生境的土壤条件有利于多样性较小但更为独特的 ECM 真菌群落 [484]。珠芽蓼以无性繁殖为主，但也有异交和株芽扩散等方式 [485]。

钟花报春

Primula sikkimensis

科 报春花科

属 报春花属

味苦、性寒。

清热消肿，止泻。

中华人民共和国卫生部药品标准·藏药（第一册）

zhōng huā bào chūn

钟花报春
Primula sikkimensis

花期 6—7 月
果期 9—10 月

异名：*Primula pudibunda*，*Primula pseudosikkimensis*，*Primula microdonta*，*Primula sikkimensis var. hookeri*，*Primula sikkimensis subsp. pseudosikkimensis*，*Primula sikkimensis var. pudibunda*，*Primula sikkimensis var. lorifolia*，*Primula sikkimensis subsp. pudibunda*，*Primula microdonta f. micromeres*，*Primula microdonta var. alpicola f. micromeres*

生于海拔 3200~4400 米的林缘湿地、沼泽草甸和水沟边。

多年生草本。叶片椭圆形至矩圆形或倒披针形，先端圆形或有时稍锐尖，基部通常渐狭窄，边缘具锐尖或稍钝的锯齿或牙齿，上面深绿色，下面淡绿色。花葶稍粗壮，顶端被黄粉；伞形花序；苞片和花梗被黄粉，开花时下弯，果时直立；花萼钟状或狭钟状，内、外两面均被黄粉；花冠黄色，稀为乳白色，干后常变为绿色。蒴果长圆体状。[486]

嘲报春花

宋・杨万里

嫩黄老碧已多时，
騃紫痴红略万枝。
始有报春三两朵，
春深犹自不曾知。

仅见少数民族有钟花报春的药用历史。藏族用花止泻[96]。《中华人民共和国卫生部药品标准·藏药（第一册）》以钟花报春的干燥花用作锡金报春，味苦，性寒；清热消肿，止泻；治诸热病、血病、脉病、小儿热痢、水肿、腹泻[21]。

关于钟花报春（*Primula sikkimensis*）的研究较少，仅检索到相关外文文献 3 篇（2008—2019 年）。

东喜马拉雅—横断山脉地区是报春属植物多样性的中心，而钟花报春是该地区报春花属最常见的成员之一，有研究利用分子标记技术对该地钟花报春进行了遗传多样性分析[487]，利用 454 测序方法开发了钟花报春的多态性微卫星标记[488]，转录组分析揭示了高海拔地区钟花报春的基因可塑性，以更好地适应气候变化[489]。

科 杜鹃花科

属 岩须属

味辛、微苦，性平。

行气止痛，安神。

中国中药资源志要（1994 年版）

岩须

Cassiope selaginoides

岩须 (yán xū)
Cassiope selaginoides

4—5 月
6—7 月

俗名：铁刷把、万年青、水麻黄、雪灵芝、长梗岩须

异名：*Cassiope mairei*，*Cassiope mariei*

生于海拔 2000~4500 米的灌丛中或垫状灌丛草地。

常绿矮小半灌木。枝条多而密，外倾上升或铺散成垫状，小枝无毛，密生交互对生的叶。叶硬革质，披针形至披针状长圆形，背面有光泽，腹面近凹陷，被微毛，边缘被纤毛。花单朵腋生；花梗被蛛丝状长柔毛，顶部下弯，花下垂；花萼绿色或紫红色，裂片卵状披针形或披针形；花冠乳白色，宽钟状，两面无毛。蒴果球形，无毛，花柱宿存。[490]

药用功效

中医认为，岩须味辛、微苦，性平；行气止痛；安神。全株用于肝胃气痛、食欲不振、肾虚[18]。

少数民族也有岩须的药用历史。羌族用全株治流感，肺炎，筋骨疼痛，淋、浊症[6]。彝族用全草主治头昏目眩、神衰体虚、口干烦渴、风湿疼痛、肠胃气滞、肝气不舒、饮食无味[38]。

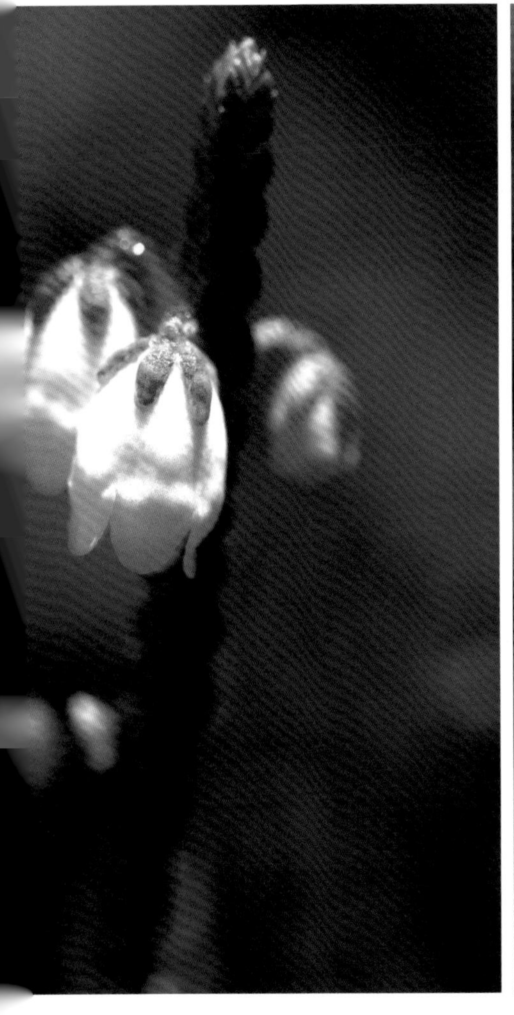

尚未检索到关于岩须（正名：*Cassiope selaginoides*；异名：*Cassiope mairei*，*Cassiope mariei*）的相关外文文献（截至 2021 年 12 月 31 日），其相关研究还需进一步探索与发现。

头花杜鹃

Rhododendron capitatum

科 杜鹃花科

属 杜鹃花属

味辛，性温。

止咳平喘，祛痰。

中国中药资源志要

科 杜鹃花科

属 杜鹃花属

tóu huā dù juān

头花杜鹃

Rhododendron capitatum

4—6 月

7—9 月

生于海拔 2500~4300 米的高山草原、草甸、湿草地或岩坡，常成灌丛，构成优势群落。

生常绿小灌木。枝条直立而稠密，幼枝短，黑色或褐色，密被鳞片。叶近革质，芳香，椭圆形或长圆状椭圆形，上面灰绿色或暗绿色，被灰白色或淡黄色鳞片，下面淡褐色，具二色鳞片，鳞片无色或禾秆色，黄褐色或暗琥珀色。花序顶生，伞形；花萼带黄色，长圆形或卵形；花冠宽漏斗状，淡紫色或深紫色、紫蓝色。蒴果卵圆形，被鳞片。[491]

杜鹃花词

唐 · 施肩吾

杜鹃花时夭艳然，
所恨帝城人不识。
丁宁莫遣春风吹，
留与佳人比颜色。

药用功效

中医认为，头花杜鹃味辛，性温；止咳平喘，祛痰。枝、叶用于咳嗽痰喘、哮喘[18]。

少数民族也有头花杜鹃的药用历史。藏族以叶和花用于祛胃寒、升胃温、止咳平喘、治寒性培根病、胃寒症、胃寒腹痛、咽喉肿痛、咳嗽痰喘[20]。

研究现状

关于头花杜鹃（*Rhododendron capitatum*）的研究较少，仅检索到相关外文文献 3 篇（1982—2021 年）。

头花杜鹃对治疗支气管炎具有有益作用。其挥发油中的碳氢化合物部分具有祛痰和镇咳活性，而无碳氢化合物部分能够明显抑制呼吸道中常见的细菌种类，如流感杆菌、肺炎双球菌、绿色链球菌、白色葡萄球菌、四色葡萄球菌、枯草杆菌等。具有对映体的多萜类化合物类杜鹃花素 A、B[492]、C、E、F 和 G，这些对映体作为部分外消旋体存在于植物中，并通过手性 HPLC 分离获得，部分单体在体外显示出抗单纯疱疹病毒 1 型（HSV-1）的抗病毒活性[493]。从乙酸乙酯提取物中鉴定出 13 种之前未描述的色烯二萜类化合物，即 capitachromenic acids A~M，部分物质具有 α-葡萄糖苷酶抑制活性[494]。

科 杜鹃花科

属 杜鹃花属

镇咳祛痰。

——中国中药资源志要

北方雪层杜鹃

Rhododendron nivale* subsp. *boreale

bĕi fāng xuě céng dù juān
北方雪层杜鹃
Rhododendron nivale subsp. boreale

5—7 月
8—9 月

异名：*Rhododendron vicarium*，*Rhododendron oresbium*，*Rhododendron violaceum*，*Rhododendron stictophyllum*，*Rhododendron yaragongense*，*Rhododendron batangense*，*Rhododendron alpicola*，*Rhododendron nigropunctatum*，*Rhododendron oreinum*，*Rhododendron ramosissimum*，*Rhododendron alpicola var. strictum*

生于海拔 3200~5400 米的山坡灌丛草地、岩坡、高山草原、高山杜鹃灌丛、云杉林下、沼泽地及崖石空地。

常绿小灌木。分枝多而稠密，常平卧成垫状。幼枝褐色，密被黑锈色鳞片。叶簇生于小枝顶端或散生，革质，椭圆形，卵形或近圆形，叶下面两色鳞片以红褐色的显著；叶柄短，被鳞片。花序顶生；花梗被鳞片；花萼较小，裂片长圆形或带状；花冠宽漏斗状，粉红色、丁香紫色至鲜紫色，被毛；子房被鳞片。蒴果圆形至卵圆形，被鳞片。[491]

杜鹃花

宋 · 柳桂孙

金鸭香烧午夜烟，
空弹宝瑟怨流年。
东风一架蔷薇雪，
老尽春风是杜鹃。

中医认为，北方雪层杜鹃的嫩枝、叶具镇咳祛痰的功效[18]。

尚未检索到关于北方雪层杜鹃（正名：*Rhododendron nivale subsp. boreale*；异名：*Rhododendron vicarium*，*Rhododendron oresbium*，*Rhododendron violaceum*，*Rhododendron stictophyllum*，*Rhododendron yaragongense*，*Rhododendron batangense*，*Rhododendron alpicola*，*Rhododendron nigropunctatum*，*Rhododendron oreinum*，*Rhododendron ramosissimum*，*Rhododendron alpicola var. strictum*）的相关外文文献（截至 2021 年 12 月 31 日），其相关研究还需进一步探索与发现。

烈香杜鹃

Rhododendron anthopogonoides

科 杜鹃花科

属 杜鹃花属

味辛、苦，性温。

祛痰，止咳，平喘。

中华人民共和国药典（1977 年版一部）

liè xiāng dù juān

烈香杜鹃

Rhododendron anthopogonoides

6—7 月
8—9 月

生于海拔 2900~3700 米的高山坡、山地林下、灌丛中。

常绿灌木。直立。枝条粗壮而坚挺。叶芳香，革质，卵状椭圆形、宽椭圆形至卵形，上面蓝绿色，下面黄褐色或灰褐色；叶柄被疏鳞片，上面有沟槽并被白色柔毛。花序头状顶生，花 10~20 朵，花密集；花梗短；花萼发达，淡黄红色或淡绿色；花冠狭筒状漏斗形，淡黄绿或绿白色，罕粉色，有浓烈的芳香。蒴果卵形，具鳞片，被包于宿萼内。[491]

宣城见杜鹃花

唐・李白

蜀国曾闻子规鸟，
宣城还见杜鹃花。
一叫一回肠一断，
三春三月忆三巴。

药用功效

中医认为，烈香杜鹃味辛、苦，性温；祛痰，止咳，平喘。《中华人民共和国药典（1977 年版一部）》以烈香杜鹃的干燥叶用作烈香杜鹃，用于慢性支气管炎[36]。

少数民族也有烈香杜鹃的药用历史。藏族以叶用于清热、消炎、止咳平喘，治疗咽喉疾病、肺部疾病、气管炎、消化道疾病、消化不良、胃下垂、胃扩张、胃癌、肝癌、肝肿大；花用于强身抗老、滋补，治体虚气弱、浮肿、水肿、体乏无力、精神倦息；茎枝治疗风湿性关节疼痛[20]。《中华人民共和国卫生部药品标准·藏药（第一册）》以烈香杜鹃的干燥花和叶用作烈香杜鹃，味甘、涩，性平；清热消肿，补肾；用于气管炎、肺气肿、浮肿、身体虚弱及水土不适、消化不良、胃下垂、胃扩张；外用治疮疠[21]。羌族用花、叶、嫩枝、根治气管炎、肺气肿、浮肿、身体虚弱、水土不适、消化不良、胃下垂、胃扩张；外用治疮疠[6]。

关于烈香杜鹃（*Rhododendron anthopogonoides*）的研究较少，仅检索到相关外文文献 8 篇（2008—2020 年）。

烈香杜鹃是一种传统藏药，长期以来被用于清热解毒、止咳、哮喘、健胃消肿、祛痰消炎。利用 HPLC 等技术从烈香杜鹃分离出多种黄酮类化合物，如杨梅素、槲皮素、木樨草素、山柰酚等[495]，四种新的色烷衍生物[496]，两种新的大麻素类色烷和色烯衍生物：花环酸和花环色烯酸等[497,498]。采用七种抗氧化剂测定法测定了烈香杜鹃提取物抗氧化性能，发现提取物对缺氧诱导的 PC12 细胞损伤具有一定的保护作用[499]，部分多萜类化合物具有 NF-κB 途径抑制作用，（+）- 类黄酮 E、（-）- 类黄酮 G 和类黄酮 H 对 RAW 264.7 巨噬细胞中 LPS 诱导的炎症反应显示抑制作用[500]。烈香杜鹃挥发油及其组分对玉米象甲具有触杀活性[501]，地上部分挥发油及其组分对南方根结线虫具有杀虫活性[502]。

樱草杜鹃

Rhododendron primuliflorum

科 杜鹃花科

属 杜鹃花属

味甘、涩，性平。

清热消肿，补肾。

中华人民共和国卫生部药品标准·藏药（第一册）

yīng cǎo dù juān

樱草杜鹃

Rhododendron primuliflorum

花期 5—6 月
果期 7—9 月

异名：*Rhododendron tsarongense*，*Rhododendron gymnomiscum*，*Rhododendron acraium*，*Rhododendron clivicola*，*Rhododendron cremnophilum*

生于海拔 2900~5100 米的山坡灌丛、高山草甸、岩坡或沼泽草甸。

常绿小灌木。茎灰棕色，幼枝短而细，灰褐色，密被鳞片和短刚毛。叶革质，芳香，长圆形、长圆状椭圆形至卵状长圆形，上面暗绿色，下面密被淡黄褐色、黄褐色或灰褐色屑状鳞片。花序顶生，头状；花萼外面疏被鳞片，裂片长圆形、披针形至长圆状卵形；花冠狭筒状漏斗形，白色，具黄色的管部。蒴果卵状椭圆形，密被鳞片。[491]

白杜鹃花

宋·丘葵

从来只说映山红，
幻出铅华夺化工。
莫是杜鹃飞不到，
故无啼血染芳丛。

药用功效

仅见少数民族有樱草杜鹃的药用历史。藏族以花用于气管炎、肺气肿、浮肿、身体虚弱及水土不适[73]。《中华人民共和国卫生部药品标准·藏药（第一册）》以樱草杜鹃的干燥花和叶用作烈香杜鹃，味甘、涩，性平；清热消肿，补肾；用于气管炎、肺气肿、浮肿、身体虚弱及水土不适、消化不良、胃下垂、胃扩张；外用治疮疖[21]。

樱草杜鹃

科 杜鹃花科

属 杜鹃花属

研究现状

尚未检索到关于樱草杜鹃（正名：*Rhododendron primuliflorum*；异名：*Rhododendron tsarongense*，*Rhododendron gymnomiscum*，*Rhododendron acraium*，*Rhododendron clivicola*，*Rhododendron cremnophilum*）的相关外文文献（截至 2021 年 12 月 31 日），其还需进一步探索与发现。

陇蜀杜鹃

Rhododendron przewalskii

科 杜鹃花科

属 杜鹃花属

味苦，性寒。

清热解毒，利肺。

中华人民共和国卫生部药品标准·藏药（第一册）

lǒng shǔ dù juān

陇蜀杜鹃

Rhododendron przewalskii

6—7 月

9 月

俗名：青海杜鹃

异名：*Rhododendron kialense*，*Rhododendron dabanshanense*

生于海拔 2900~4300 米的高山林地，常成林。

常绿灌木。幼枝淡褐色，无毛；老枝黑灰色。叶革质，叶片卵状椭圆形至椭圆形，上面深绿色，无毛，下面初被薄层灰白色、黄棕色至锈黄色，多少黏结的毛被，以后毛陆续脱落，变为无毛；叶柄带黄色，无毛。顶生伞房状伞形花序；花冠钟形，白色至粉红色，筒部上方具紫红色斑点；花药椭圆形，淡褐色。蒴果长圆柱形，光滑。[503]

征人早行图

明・杨慎

杜鹃花下杜鹃啼，
乌白树头乌白栖。
不待鸣鸡度关去，
梦中征马尚闻嘶。

中医认为，陇蜀杜鹃味苦、辛、甘，性平；清肺泻火，止咳化痰。叶用于咳嗽、痰喘；花用于咳嗽、咯血、肺痈、带下病[18]。

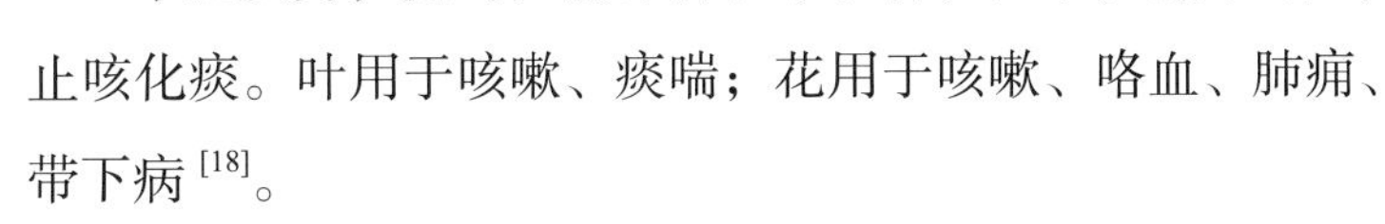

少数民族也有陇蜀杜鹃的药用历史。藏族用叶、花、种子治梅毒性炎症、肺脓肿、皮肤发痒、咳嗽痰喘[73，256]。《中华人民共和国卫生部药品标准•藏药（第一册）》以陇蜀杜鹃的干燥花用作杜鹃花，味苦，性寒；清热解毒，利肺；用于肺脓肿、肺部疾病、咽喉疾病、气管炎、梅毒炎症[21]。

状

关于陇蜀杜鹃（*Rhododendron przewalskii*）的研究较少，仅检索到相关外文文献 3 篇（2003—2021 年）。

陇蜀杜鹃是一种常绿灌木，在中国被用作传统药物。从陇蜀杜鹃地上部分的醇提取物中分离出多个新的紫罗兰酮衍生物，分别命名为杜鹃酮、杜鹃酮苷[504]、杜鹃酮 A[505]。陇蜀杜鹃提取物具有良好的抗炎和抗氧化活性，提取物中含有大量有价值的类黄酮（8.98mg/g 新鲜材料），这些类黄酮可能是提取物中有助于潜在抗氧化活性的活性化合物[506]。

粗茎秦艽

Gentiana crassicaulis

科 龙胆科

属 龙胆属

味辛、苦，性平。归胃、肝、胆经。

祛风湿，清湿热，止痹痛，退虚热。

中华人民共和国药典（2020年版一部）

cū jīng qín jiāo

粗茎秦艽

Gentiana crassicaulis

花期 6—10 月

果期 6—10 月

生于海拔 2100~4500 米的山坡草地、山坡路旁、高山草甸、撂荒地、灌丛中、林下及林缘。

多年生草本。须根扭结成一个粗的根。枝少数丛生，粗壮，黄绿色或带紫红色，近圆形。莲座丛叶卵状椭圆形或狭椭圆形；茎生叶卵状椭圆形至卵状披针形，越向茎上部叶越大。花序簇生，多花顶端簇生；花冠筒部黄白色，冠檐蓝紫色或深蓝色，内面有斑点，壶形。蒴果内藏，无柄，椭圆形；种子红褐色，有光泽，矩圆形，表面具细网纹。[507]

秦艽攻风逐水，又除肢节之痛

药用功效

中医认为粗茎秦艽味辛、苦，性平；归胃、肝、胆经；祛风湿，清湿热，止痹痛，退虚热。《中华人民共和国药典（2020年版一部）》以粗茎秦艽的干燥根用作秦艽，用于风湿痹痛、中风半身不遂、筋脉拘挛、骨节酸痛、湿热黄疸、骨蒸潮热、小儿疳积发热[72]。

少数民族也有粗茎秦艽的药用历史。藏族以粗茎秦艽入药。《藏药标准》以粗茎秦艽的干燥花用作秦艽花，味苦，性寒；清热解毒；用于胃肠炎、肝炎、胆囊炎等症[73]。羌族用根治风湿痹痛、筋骨拘挛、黄疸、便血、骨蒸潮热、小儿疳热、小便不利[6]。

研究现状

关于粗茎秦艽（*Gentiana crassicaulis*）的研究较少，仅检索到相关外文文献 8 篇（1996—2020 年）。

粗茎秦艽在传统药物中广泛用于治疗风湿、关节痛、中风、黄疸和糖尿病，是我国著名的中药材之一。对粗茎秦艽根的过度采集导致其急剧减少，为了对这一物种制定适当的保护和管理策略，对其遗传多样性及种群结构的了解必不可少。已开发了 10 个多态性微卫星标记，对来自 6 个群体的 30 个个体的每个基因座的多态性进行评估，等位基因数为 2~9，预期杂合度为 0.32~0.78[508]。有研究构建了愈伤组织原生质体再生体系，该方案利用下胚轴段诱导的愈伤组织制备原生质体，经进一步培养可以获得再生植株[509]。

微波辅助萃取与高速逆流色谱联用可以实现粗茎秦艽中生物活性成分的快速制备分离[510]。2020 年，从粗茎秦艽中分离出一种新的 secoiridoid 配基和一种新苯甲酸衍生物[511]。通过 DEAE 阴离子交换色谱和凝胶过滤，从 100℃的粗茎秦艽根水提取物中获得两种多糖（GCP-I-I 和 GCP-II-I）可作为一种潜在的天然免疫调节剂[512]。粗茎秦艽根中的 secoiridoid 糖苷对 LPS 诱导的 RAW264 巨噬细胞 NO 和白细胞介素 -6（IL-6）产生抑制作用[513]。

秦艽是多基原药材品种，其化学成分因环境和遗传因素而变化很大，即使在同一地区，其质量也总是不同的。因此，质量评估对于秦艽药材安全和有效使用是有必要的。HPLC 指纹图谱和 ITS2 区的 DNA 图谱可用于粗茎秦艽的质量控制[514]，采用多组分定量与 HPLC 指纹图谱相结合的方法综合评价粗茎秦艽质量也是一种行之有效的方式[515]。

湿生扁蕾

Gentianopsis paludosa

科 龙胆科

属 扁蕾属

味苦，性寒、锐。

清瘟热，利胆，止泻。

中华人民共和国卫生部药品标准·藏药（第一册）

shī shēng biǎn lěi

湿生扁蕾

Gentianopsis paludosa

花期 7—10 月
果期 7—10 月

异名：*Gentianopsis longistyla*，*Gentiana detonsa var. stracheyi*，*Gentiana detonsa var. paludosa*，*Gentiana detonsa var. nana*

生于海拔 1180~4900 米的河滩、山坡草地、林下。

一年生草本。茎单生、直立或斜升，近圆形。基生叶匙形，先端圆形，边缘粗糙；茎生叶无柄，矩圆形或椭圆状披针形，先端钝，边缘粗糙。花单生茎及分枝顶端；花梗直立；花萼筒形；花冠蓝色或黄白色至黄色，有时下部浅黄色，扩管状，边缘具细条裂齿；花丝线形，花药黄色，矩圆形。蒴果具长柄，椭圆形；种子黑褐色，矩圆形至近圆形。[507]

效

仅见少数民族有湿生扁蕾的药用历史。藏族用全草治流行性感冒及胆病引起的发烧[256]。《中华人民共和国卫生部药品标准•藏药（第一册）》以湿生扁蕾的干燥全草用作湿生萹蕾，味苦，性寒、锐；清瘟热，利胆，止泻；用于黄疸型肝炎、肝胆病引起的发烧、感冒、小儿腹泻[21]。羌族用全草治急性黄疸肝炎、结膜炎、高血压病、急性肾盂肾炎、痔疮肿毒、肠胃炎、腹泻等[6]。

通过检索选取湿生扁蕾（*Gentianopsis paludosa*）近年来相关外文文献 10 篇（2009—2020 年）进行介绍。

湿生扁蕾全株中分离并鉴定出 7 种化合物，主要是黄酮类化合物，对耻垢分枝杆菌和结核分枝杆菌的生长表现出适度的抑制作用[516]。湿生扁蕾天然蒽酮诱导人早幼粒细胞白血病细胞 HL-60 增殖、细胞周期阻滞和凋亡[517]。天然蒽酮对 HepG2 和 HL-60 均具有明显的细胞毒性和增殖抑制作用，并能诱导这两种细胞系的凋亡[518]。湿生扁蕾可用于抗溃疡性结肠炎（UC）纤维化[519]。胶束电动毛细管色谱（MEKC）可用于分离和识别湿生扁蕾的氧杂蒽酮类 (Xanthones) 物质[520]，通过硅胶柱多次纯化，也分离得到了多种氧杂蒽酮[521]。

湿生扁蕾是藏族民间医学中的一个重要物种，多达 9 种龙胆类植物被当作湿生扁蕾使用，而目前的形态学和化学方法对这些充伪品的鉴别具有一定的弊端。核糖体 DNA 内部转录间隔区（ITS）的 DNA 序列分析用于从混淆物种中鉴别出湿生扁蕾[522]。

湿生扁蕾原生质体与柴胡原生质融合，鉴定出 28 个独立的杂交愈伤组织，其中 5 个分化为植株，两个杂交系中齐墩果酸的含量显著高于供体，表现出超亲现象[523]。湿生扁蕾的自花授粉发生在花生命周期的后期，此时柱头可接受性和花粉活力均降低，表明自交延迟，这种延迟可以在缺少传粉者的情况下确保种子生产，但在有传粉者时确保异交。这种灵活的授粉机制与青藏高原苛刻的高山环境具有高度适应性[524]。

2020 年公布了湿生扁蕾叶绿体基因组[525]。

喉毛花

Comastoma pulmonarium

科 龙胆科

属 喉毛花属

味苦，性寒。

祛风除湿，清热解毒。

中国中药资源志要

喉毛花 (hóu máo huā)

Comastoma pulmonarium

7—11 月

7—11 月

异名：*Gentiana holdereriana*，*Gentiana arrecta*，*Gentiana pulmonaria*

生于海拔 3000~4800 米的河滩、山坡草地、林下、灌丛及高山草甸。

一年生草本。茎直立，单生，草黄色，近四棱形。基生叶少数，无柄，矩圆形或矩圆状匙形；茎生叶无柄，卵状披针形。聚伞花序或单花顶生；花 5 数；花萼开展，裂片狭椭圆形、披针形或卵状三角形；花冠淡蓝色，具深蓝色纵脉纹，筒形或宽筒形；花丝白色，花药黄色。蒴果无柄，椭圆状披针形；种子淡褐色，近圆球形或宽矩圆形，光亮。[507]

药用功效

中医认为，喉毛花味苦，性寒；祛风除湿，清热解毒[18]。

研究现状

关于喉毛花（*Comastoma pulmonarium*）的研究较少，仅检索到相关外文文献 4 篇（2011—2019 年）。

喉毛花中的蒽酮类物质具有弱的抗烟草花叶病毒（TMV）活性，抑制率为 14.4%~22.3%[526]，萘甲醛类物质显示出较高的抗 TMV 活性，抑制率分别为 34.6% 和 30.2%[527]，但新近分离的蒽酮类物质表现出高的抗 TMV 活性，抑制率分别为 42.8% 和 52.4%，高于阳性对照[528]。花蜜抢夺（robbing）对喉毛花自交后代的数量和质量分别具有负面和正面影响[529]。

卵萼花锚

Halenia elliptica

科 龙胆科

属 花锚属

味苦，性寒。归肝、胆经。

清热解毒，疏肝利胆，疏风止痛。

贵州省中药材、民族药材质量标准（2003年版）

luǎn è huā máo

卵萼花锚

Halenia elliptica

7—9 月

7—9 月

俗名：椭圆叶花锚

异名：*Halenia vaniotii*

生于海拔 700~4100 米的高山林下及林缘、山坡草地、灌丛中、山谷水沟边。

一年生草本。根具分枝，黄褐色。茎直立，无毛，四棱形。叶椭圆形、长椭圆形、卵形或卵状披针形，先端钝圆或急尖，基部圆形或宽楔形，全缘。聚伞花序腋生和顶生；花 4 数；花萼裂片椭圆形或卵形，常具小尖头；花冠蓝色或紫色，裂片卵圆形或椭圆形，先端具小尖头；花药卵圆形。蒴果宽卵形，淡褐色；种子褐色，椭圆形或近圆形。[507]

中医认为，卵萼花锚味苦，性寒；清热利湿，平肝利胆。全草用于黄疸、胆囊炎、胃痛、头晕头痛、牙痛[18]。《贵州省中药材、民族药材质量标准（2003 年版）》以卵萼花锚的干燥全草用作黑节草，用于湿热黄疸、腹痛泄泻、中暑腹痛、外伤出血[122]。

少数民族也有卵萼花锚的药用历史。藏族用全草治胆囊炎、肝炎[96]。《中华人民共和国卫生部药品标准·藏药（第一册）》以卵萼花锚的干燥地上部分用作花锚，味苦，性寒；清热利湿，平肝利胆；用于急性黄疸型肝炎、胆囊炎、头晕头痛、牙痛[21]。羌族用全草治急性黄疸肝炎、胆囊炎、胃炎、头晕头痛、牙痛[6]。

通过检索选取卵萼花锚（*Halenia elliptica*）近年来相关外文文献 10 篇（2012—2019 年）进行介绍。

藏药中常将卵萼花锚用于治疗乙型肝炎病毒（HBV）感染。卵萼花锚色酮衍生物在体外对乙型肝炎病毒表现出强烈的抑制作用，而没有显示出显著的细胞毒性[530]。1-羟基-2,3,5-三甲氧基-蒽酮（HM-1）通过影响人类细胞色素 P450 而发挥作用[531]，CYP3A4 和 CYP2C8 是负责 HM-1 代谢的主要 CYP450 同种型，CYP1A2、CYP2A6、CYP2B6、CYP2C9 和 CYP2C19 也参与 HM-1 代谢[532]。不同蒽酮与 CYP450 的相互作用不同，表现出相异的抑制效果[533]。

利用高效液相色谱-离子阱飞行时间质谱联用从卵萼花锚中分离出生物活性氧杂蒽酮类物质，并对其结构进行了解析[534]，高速逆流色谱法可一步分离纯化卵萼花锚中的四种杂蒽酮酮苷[535]。通过酸性乙醇分馏和凝胶过滤，从卵萼花锚中获得水溶性多糖 HM41[536]。

纬度影响卵萼花锚的距长和异交率[537]。具有高多态性的 SSR 标记和叶绿体全基因组测序业已完成[538，539]。

大理白前

Vincetoxicum forrestii

科 夹竹桃科

属 白前属

味苦，性凉。

清热止泻。

四川省藏药材标准（2020 年版）

dà lǐ bái qián

大理白前

Vincetoxicum forrestii

4-7 月

6-11 月

俗名：椭圆叶白前、木里白前、康定白前、石棉白前

异名：*Cynanchum balfourianum*，*Cynanchum muliense*，*Cynanchum forrestii*，*Cynanchum limprichtii*，*Cynanchum forrestii var. stenolobum*，*Vincetoxicum steppicola*，*Vincetoxicum balfourianum*，*Vincetoxicum limprichtii*，*Vincetoxicum muliense*，*Cynanchum steppicola*，*Vincetoxicum forrestii var. stenolobum*，*Cynanchum forrestii var. balfourianum*

生于海拔 1000~3500 米的高原或山地、灌木林缘、干旱草地或路边草地上，有时也在林下或沟谷林下水边草地上。

多年生直立草本。单茎，密被柔毛。叶对生，薄纸质，宽卵形，基部近心形或钝形，顶端急尖；侧脉 5 对。伞形状聚伞花序腋生或近顶生，着花 10 余朵；花萼裂片披针形，先端急尖；花冠黄色，辐状，裂片卵状长圆形，有缘毛，其基部有柔毛；副花冠肉质，裂片三角形。蓇葖多数单生，披针形，上尖下狭，无毛；种子扁平，具种毛。[540]

药用功效

中医认为，大理白前味苦、微甘，性寒；清热凉血，止痛，消炎，安胎，补气[18]。

少数民族也有大理白前的药用历史。藏族以大理白前入药。《四川省藏药材标准（2020年版）》以大理白前的干燥全草用作大理白前，味苦，性凉；清热止泻；用于“赤巴”引起的各种热症、胆囊炎、肠炎、肠道寄生虫病[175]。

研究现状

关于大理白前[异名：*Cynanchum forrestii*（《中国植物志》记载学名），*Cynanchum limprichtii*]的研究较少，仅检索到相关外文文献8篇（2006—2021年）。

大理白前含有甾体皂苷[541-544]、三萜[545]、孕甾烷糖苷类（pregnane glycosides）[546]、黄酮等[547]。基于叶绿体基因组序列的系统发育分析表明，大理白前与马利筋属（*Asclepias*）和牛角瓜属（*Calotropis*）关系密切[548]。

倒提壶

Cynoglossum amabile

科 紫草科

属 琉璃草属

味苦，性凉。

清热利湿，散瘀止血，止咳。

中国中药资源志要

dǎo tí hú

倒提壶

Cynoglossum amabile

花期 5—9 月
果期 5—9 月

俗名：蓝布裙

生于海拔 1250~4565 米的山坡草地、山地灌丛、干旱路边及针叶林缘。

多年生草本。茎密生贴伏短柔毛。基生叶具长柄，长圆状披针形或披针形，两面密生短柔毛；茎生叶长圆形或披针形，无柄。花序锐角分枝，向上直伸，集为圆锥状；花萼外面密生柔毛，裂片卵形或长圆形；花冠蓝色，稀白色。小坚果卵形，背面微凹，密生锚状刺，边缘锚状刺基部连合，成狭或宽的翅状边，腹面中部以上有三角形着生面。[549]

药用功效

中医认为，倒提壶味苦，性凉；清热利湿，散瘀止血，止咳。全草用于疟疾、肝炎、痢疾、尿痛、带下病、咳嗽；外用于创伤出血、骨折、关节脱臼[18]。

少数民族也有倒提壶的药用历史。藏族用全草治疮疖[62]。羌族用全草治咳嗽、吐血、瘰疬、刀伤[6]。彝族用全草治疗风寒湿痹、脚手刺痛、经血不调、久婚不孕[37]；根治湿热带下、尿道炎、膀胱炎、小便不利、尿闭、尿血淋漓、肝炎、痢疾、疟疾、疝气、虚咳、体虚、外伤出血[74，133，163]；叶治各种疝气疼、小肠气疼、膀胱气疼、偏坠、肾子肿大、肾囊肿硬[133]。

研究现状

关于倒提壶（*Cynoglossum amabile*）的研究较少，仅检索到相关外文文献 2 篇（1996—2009 年）。

倒提壶含有吡咯利嗪生物碱[550]、三萜酸[551]等物质。

平车前

Plantago depressa

科 车前科

属 车前属

味甘，性寒。归肝、肾、肺、小肠经。

清热利尿通淋，渗湿止泻，明目，祛痰。

中华人民共和国药典（2020年版一部）

平车前 píng chē qián

Plantago depressa

5—7 月

7—9 月

异名：*Plantago huadianica*，*Plantago tibetica*，*Plantago sibirica*，*Plantago depressa var. eudepressa*，*Plantago depressa f. glaberrima*，*Plantago depressa f. minor*，*Plantago depressa var. magnibracteata*

生于海拔 5~4500 米的草地、河滩、沟边、草甸、田间及路旁。

一年生或二年生草本。具直根。叶基生呈莲座状，平卧、斜展或直立；叶片纸质，椭圆形、椭圆状披针形或卵状披针形，脉 5~7 条。花序 3~10 个；穗状花序细圆柱状。花萼无毛。花冠白色，无毛。花药卵状椭圆形或宽椭圆形，新鲜时白色或绿白色，干后变淡褐色。蒴果卵状椭圆形至圆锥状卵形。种子 4~5，椭圆形，腹面平坦，黄褐色至黑色。[552]

答开州韦使君寄车前子

唐·张籍

开州午日车前子，
作药人皆道有神。
惭愧使君怜病眼，
三千余里寄闲人。

车前子止泻利小便兮，尤能明目

药用功效

中医认为，平车前味甘，性寒；归肝、肾、肺、小肠经；清热利尿通淋，渗湿止泻，明目，祛痰，凉血，解毒。《中华人民共和国药典（2020年版一部）》以平车前的干燥成熟种子用作车前子，用于热淋涩痛、水肿胀满、暑湿泄泻、目赤肿痛、痰热咳嗽；以平车前的干燥全草用作车前草，用于热淋涩痛、水肿尿少、暑湿泄泻、痰热咳嗽、吐血衄血、痈肿疮毒[72]。

少数民族也有平车前的药用历史。藏族用种子主治肺炎、肾病、创伤[553]。羌族用种子治淋浊、带下、尿血、黄疸、水肿、泄泻、鼻衄、目赤肿痛、喉痹乳蛾、咳嗽、皮肤溃疡[6]。彝族用全草治疗咳嗽气喘、腹泻不止、膈食、消化不好、百日咳、火把眼、无名肿毒、狗咬伤、鼻血、腮帮肿痛[52]。苗族以全草用于清热利尿[553]。

通过检索选取平车前（*Plantago depressa*）近年来相关外文文献10篇（2014—2021年）进行介绍。

通过使用DEAE-52纤维素和Sephacryl S-400色谱分离纯化平车前种子中的4个纯化多糖组分（PDSP-1、PDSP-2、PDSP-3和PDSP-4），结果表明，它们是均一的酸性蛋白结合杂多糖，通过脾细胞增殖指数和巨噬细胞产生NO和TNF-α来评估其免疫调节作用，它们都显示出显著的免疫调节活性，其中PDSP-3作用最强[554]。平车前种子中的胍类物质Plantadeprate A抑制肝脏糖异生，表现出潜在的降血糖性能[555]。平车前提取物通过调节肾尿酸转运体发挥排尿作用，改善高尿酸血症大鼠的肾功能障碍[556]。平车前中的十八烷酸类物质通过抑制小鼠巨噬细胞RAW 264.7中脂多糖诱导的NO产生而显示出体外抗炎活性[557]。平车前中三萜化合物也可抑制脂多糖诱导的NO产生[558]。通过乙醇沉淀和水提取步骤从平车前（PDP）中获得多糖，响应面优化设计得出，在80.44℃条件下1.97小时，将原料：水（*w/v*，1 ： 25.34）处理3次，获得（5.68 ± 0.46）%的最佳提取率。平车前多糖除具有β-胡萝卜素漂白抑制活性外，还能够清除羟基、DPPH和ABTS自由基。特别是在β-胡萝卜素漂白抑制试验中，平车前多糖显示出比维生素C更高的活性[559]。

水分供应可促进平车前的光合作用、碳氮比和车前草苷积累[560]。

平车前叶绿体基因组全序列于2019年公布，并于2021年公布了新的序列[561，562]。

一测多评法可同时测定平车前中的原儿茶酸、儿茶素、槲皮素和木樨草素共4种活性成分[563]。

康藏荆芥

Nepeta prattii

科 唇形科

属 荆芥属

味辛，性凉。

疏风，解表，利湿，止血，止痛。

中国中药资源志要

kāng zàng jīng jiè

康藏荆芥

Nepeta prattii

7—10 月

8—11 月

俗名：野藿香

异名：*Nepeta macrantha*，*Dracocephalum robustum*，*Dracocephalum prattii*

生于海拔1920~4350米的山坡草地湿润处。

多年生草本。茎四棱形，具细条纹，其间散布淡黄色腺点。叶卵状披针形、宽披针形至披针形。轮伞花序生于茎、枝上部3~9节，下部的远离，顶部的3~6密集成穗状，多花而紧密。花萼疏被短柔毛及白色小腺点，喉部极斜。花冠紫色或蓝色，外疏被短柔毛，冠筒微弯。小坚果倒卵状长圆形，腹面具棱，基部渐狭，褐色，光滑。[564]

病后夏初杂书近况

宋·方回

今年春夏极穷忙，日检医书校药方。
甫得木瓜治膝肿，又须荆芥沐头疡。
一生辛苦身多病，四至平和脉尚强。
寿及龟堂老睦守，不难万首富诗囊。

又况荆芥穗清头目便血，
疏风散疮之用

药用功效

中医认为，康藏荆芥味辛，性凉；疏风，解表，利湿，止血，止痛[18]。

研究现状

关于康藏荆芥（*Nepeta prattii*）的研究较少，仅检索到相关外文文献 3 篇（1999—2002 年）。

康藏荆芥可分离出 isopimarane diterpene 类成分 [565]、桉叶素型葡萄糖苷 [566]、酚类 [567] 等物质。

白苞筋骨草

Ajuga lupulina

科 唇形科

属 筋骨草属

味苦、涩，性寒。

清热解毒。

中华人民共和国卫生部药品标准·藏药（第一册）

bái bāo jīn gǔ cǎo

白苞筋骨草

Ajuga lupulina

7—9 月

8—10 月

俗名：甜格缩缩草

生于海拔 1900~3200 米的河滩沙地、高山草地或陡坡石缝中。

多年生草本。具地下走茎。茎粗壮，四棱形。叶片纸质，披针状长圆形，具缘毛。穗状聚伞花序由多数轮伞花序组成；苞叶大，白黄色、白色或绿紫色，卵形或阔卵形。花萼钟状或略呈漏斗状。花冠白色、白绿色或白黄色，具紫色斑纹，狭漏斗状。花丝细，挺直，被长柔毛或疏柔毛，花药肾形。花柱无毛。花盘杯状。小坚果倒卵状或倒卵长圆状三棱形。[564]

药

中医认为，白苞筋骨草味苦，性寒；清热解毒，活血消肿；全草用于急性热病、感冒发热、咽喉痛、咳嗽、吐血、高血压症、面瘫、梅毒、炭疽、跌打肿痛[18]。

少数民族也有白苞筋骨草的药用历史。藏族用全草治脑膜炎、咽喉炎、流行性感冒、中毒性肝脏损害及肝胃并症[73, 256]。《中华人民共和国卫生部药品标准•藏药（第一册）》以白苞筋骨草的干燥全草用作白苞筋骨草，味苦、涩，性寒；清热解毒；用于炭疽、疔疮、癫痫、虫病[21]。羌族用全草治感冒风热、咽喉肿痛、咳嗽、吐血、高血压、面瘫、跌打瘀痛[6]。

研究现状

关于白苞筋骨草（*Ajuga lupulina*）的研究较少，仅检索到相关外文文献 4 篇（1996—2021 年）。

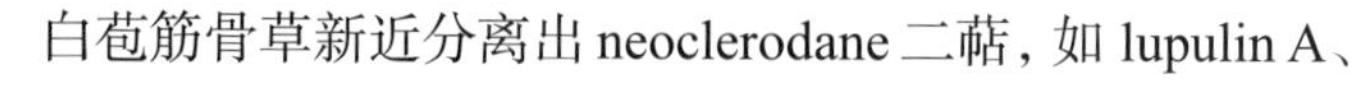

白苞筋骨草新近分离出 neoclerodane 二萜，如 lupulin A、lupulin B、lupuline 和 lupulin F，显示出对金黄色葡萄球菌、铜绿假单胞菌和大肠杆菌的抗菌活性 [568, 569]，其衍生物具有对铜绿假单胞菌和大肠杆菌的抗菌活性 [570]。

为更好地人工繁殖白苞筋骨草，建立了一种有效的离体繁殖方法 [571]。

科 列当科

属 列当属

味甘，性温。归肝、肾、大肠经。

补肾助阳，强筋健骨，润肠通便。

甘肃省中药材标准（2009 年版）

列当

Orobanche coerulescens

liè dāng
列当
Orobanche coerulescens

4—7 月
7—9 月

俗名：独根草、兔子拐棍、草苁蓉、北亚列当

异名：*Orobanche coerulescens f. korshinskyi*，*Orobanche bodinieri*，*Orobanche ammophila*，*Orobanche nipponica*，*Orobanche korshinskyi*，*Orobanche mairei*，*Orobanche canescens*，*Orobanche japonensis*，*Orobanche coerulescens var. albiflora*，*Orobanche coerulescens f. pekinensis*，*Orobanche pycnostachya var. yunnanensis*

生于海拔 850~4000 米的沙丘、山坡及沟边草地。

二年生或多年生寄生草本。全株密被蛛丝状长绵毛。茎直立。叶干后黄褐色，生于茎下部的较密集，卵状披针形。花多数，排列成穗状花序，顶端钝圆或呈锥状。花冠深蓝色、蓝紫色或淡紫色，筒部在花丝着生处稍上方缢缩，口部稍扩大。蒴果卵状长圆形或圆柱形，干后深褐色。种子多数，干后黑褐色，不规则椭圆形或长卵形。[572]

药用功效

中医认为，列当味甘，性温；归肝、肾、大肠经；补肾助阳，强筋健骨，润肠通便。《甘肃省中药材标准（2009年版）》以列当的干燥全草用作列当，用于肾虚阳痿、遗精、腰膝疼痛、耳鸣、肠燥便秘、宫冷不孕[278]。

少数民族也有列当的药用历史。羌族用全草治神经官能症、肾虚阳痿、遗精、宫冷不孕、小儿佝偻病、腰膝冷痛、盘骨软弱、肠燥便秘[6]。

关于列当（正名：*Orobanche coerulescens*；异名：*Orobanche canescens*）的研究较少，仅检索到相关外文文献2篇（2009年）。一篇文献报道了列当在波兰的新分布[573]，另一篇文献对列当名称的类型进行了分类学注释[574]。

大王马先蒿

Pedicularis rex

科 列当科

属 马先蒿属

味微甘，性凉。

补益气血，健脾利湿。

中国中药资源志要

dà wáng mǎ xiān hāo

大王马先蒿

Pedicularis rex

6—8 月
8—9 月

异名：*Pedicularis mahoangensis*，*Pedicularis lopingensis*，*Pedicularis rex var. lopingensis*，*Pedicularis rex var. typica*

生于海拔 2500~4300 米的空旷山坡草地与稀疏针叶林中，有时也见于山谷中。

多年生草本。干时不变黑色。主根粗壮。茎直立，有棱角和条纹。叶 3~5 枚而常以 4 枚较生，有叶柄；叶片羽状全裂或深裂，裂片线状长圆形至长圆形，缘有锯齿。花序总状，其花轮尤其在下部者远距；花无梗；花冠黄色，直立，盔背部有毛，先端下缘有细齿 1 对，下唇以锐角开展，中裂小。蒴果卵圆形，先端有短喙；种子具浅蜂窝状孔纹。[575]

科 列当科
属 马先蒿属

药用功效

中医认为，大王马先蒿根味微甘，性凉；补益气血，健脾利湿。根用于阴虚潮热、风湿瘫痪、肝硬化腹水、慢性肝炎、小儿疳积、妇女乳汁少、宫寒不孕。全草味甘、微苦，性温；祛风活络，散寒止咳；全草用于关节冷痛、风湿痛、虚劳咳嗽、麻疹[18]。

研究现状

关于大王马先蒿（*Pedicularis rex*）的研究较少，仅检索到相关外文文献 7 篇（1998—2020 年）。

马先蒿的授粉机制与花的形态密切相关[576]。在极端条件下，居群过于稀疏或者密集，都会导致资源限制，出现较高的异交率[577]。居群大小与种子扩散前的捕食者效应有关[578]。筛选出 13 个微卫星标记，为进一步研究大王马先蒿及其同族的种群遗传学、引种和驯化提供了重要工具[579]。2007 年，紫罗兰酮糖苷、黄酮、马鞭草苷等从大王马先蒿分离出来[580]。

2019 年，我国率先报道在大王马先蒿上发现松蒿单囊壳白粉菌引起的白粉病[581]。

2020 年公布了中国西南地区特有的大王马先蒿的完整线粒体基因组[582]。

科 桔梗科
属 党参属
味甘，性平。
补中益气，健脾益肺。
中国中药资源志要
脉花党参
Codonopsis foetens subsp. nervosa

mài huā dǎng shēn

脉花党参

Codonopsis foetens subsp. nervosa

7—10 月

俗名：大花党参

异名：*Codonopsis nervosa*，*Codonopsis nervosa var. macrantha*，*Codonopsis macrantha*，*Codonopsis ovata var. nervosa*，*Codonopsis nervosa subsp. macrantha*

生于海拔 3300~4500 米的阴坡林缘草地中。

草本。茎基具多数瘤状茎痕，根常肥大，呈圆柱状，表面灰黄色。叶在主茎上的互生，在侧枝上的近于对生；叶片阔心状卵形、心形或卵形。花单生于茎顶端，使茎呈花葶状，花微下垂；花冠球状钟形，淡蓝白色，内面基部常有红紫色斑，浅裂，裂片圆三角形。蒴果下部半球状，上部圆锥状。种子椭圆状，无翼，细小，棕黄色，光滑无毛。[583]

脉花党参

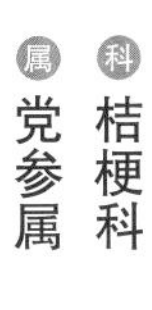
科 桔梗科
属 党参属

药用功效

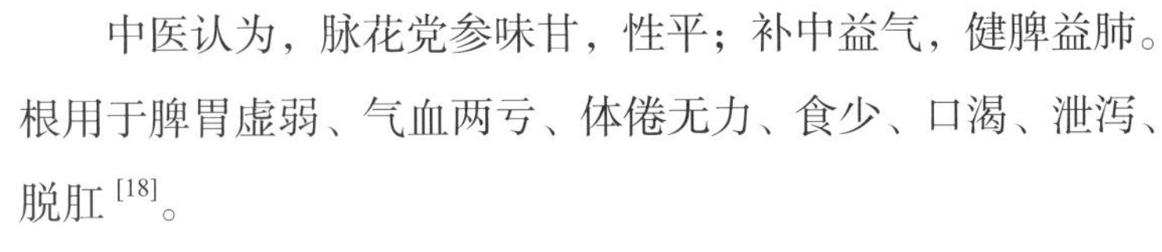

中医认为，脉花党参味甘，性平；补中益气，健脾益肺。根用于脾胃虚弱、气血两亏、体倦无力、食少、口渴、泄泻、脱肛[18]。

少数民族也有脉花党参的药用历史。藏族以全株用于瘢病、脚气病、水肿、瘿瘤[133]。

关于脉花党参（*Codonopsis nervosa*）的研究较少，仅检索到相关外文文献 2 篇（2012 年）。其报道了从脉花党参中分离并鉴定出党参黄酮苷、三尖杉酯、芹菜素、琥珀酸、木犀草素等有效成分[584，585]。

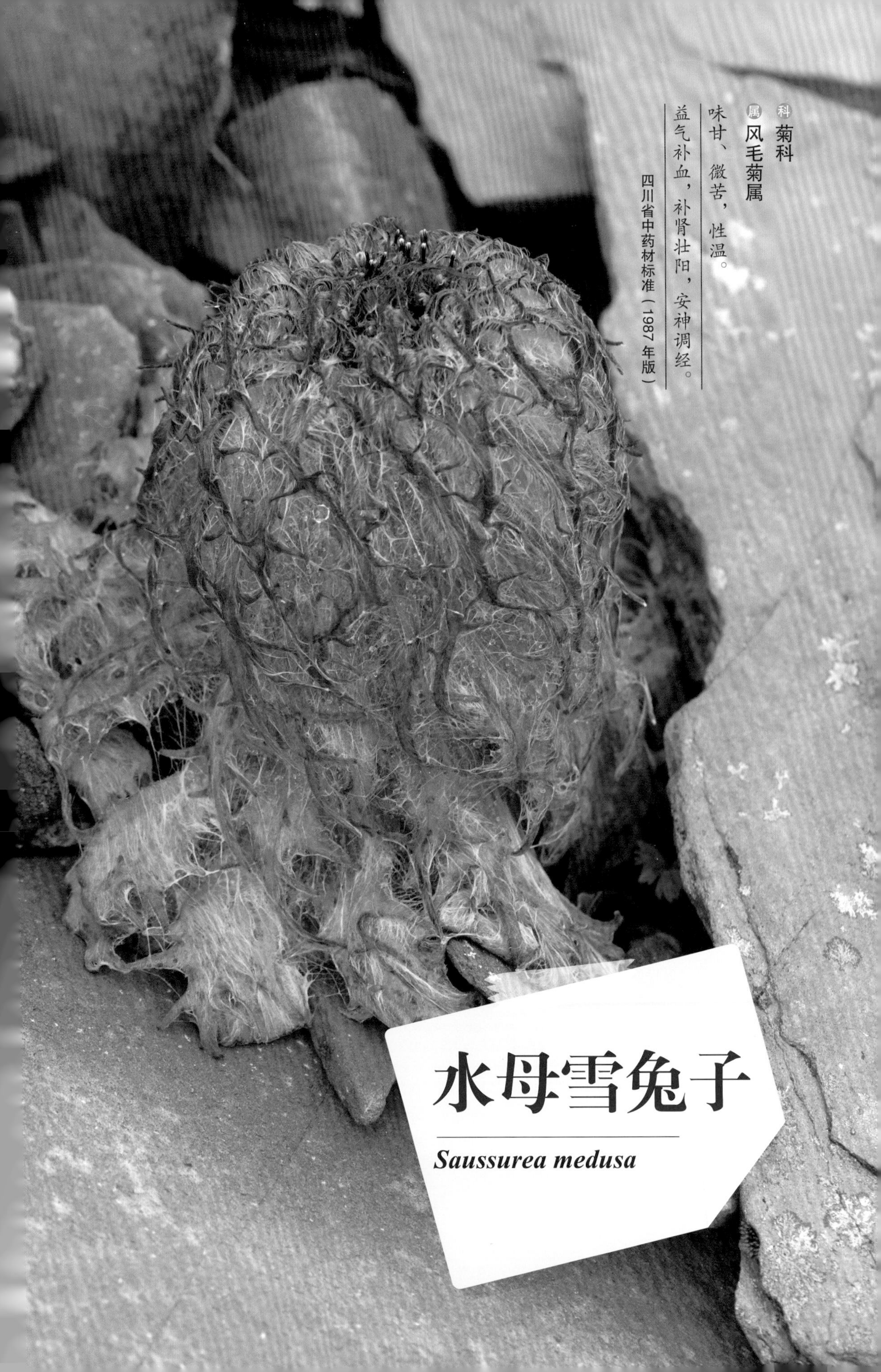

水母雪兔子

Saussurea medusa

科 菊科

属 风毛菊属

味甘、微苦，性温。

益气补血，补肾壮阳，安神调经。

四川省中药材标准（1987 年版）

shuǐ mǔ xuě tù zǐ

水母雪兔子

Saussurea medusa

花期 7—9 月

果期 7—9 月

俗名：杂各尔手把、夏古贝、水母雪莲花

异名：*Saussurea trullifolia*，*Saussurea dainellii*，*Saussurea trullifolia var. pinnatibracteata*

生于海拔 3000~5600 米的多砾石山坡、高山流石滩。

多年生多次结实草本。根状茎细长。茎直立，密被白色棉毛。叶多数，密集，莲座状，叶形多变，边缘具 8~12 个粗齿，叶柄紫色；叶两面同色或几乎同色，灰绿色，被稠密或稀疏的白色长棉毛。头状花序多数，密集成半球形总花序；苞叶条状披针形；总苞狭圆柱状；外层总苞片长椭圆形，紫色；小花蓝紫色。瘦果纺锤形，浅褐色，冠毛白色。[583]

药用功效

中医认为，水母雪兔子味微苦，性热；有毒；强筋活络，补肾壮阳，通经活血。全草用于风湿关节痛、肾虚腰痛、阳痿、妇女小腹冷痛、经闭、胎衣不下、肺寒咳嗽、麻疹不透[18]。《四川省中药材标准（1987年版）》以水母雪兔子的干燥全草用作雪莲花，用于肾虚腰痛、阳痿、女子月经不调、血虚不孕、崩带、神经衰弱、雪盲症[426]。

少数民族也有水母雪兔子的药用历史。藏族用全草治炭疽病、中风、风湿关节炎、胎衣不下、引产、痛经、癫痫，外敷消肿[62, 73]。《中华人民共和国卫生部药品标准•藏药（第一册）》以水母雪兔子的干燥全草用作雪莲花，味苦，性寒；清热解毒，消肿止痛；用于头部创伤、炭疽、热性刺痛、妇科病、类风湿性关节炎、中风、外敷消肿[21]。

通过检索选取水母雪兔子（*Saussurea medusa*）近年来相关外文文献10篇（2008—2021年）进行介绍。

水母雪兔子中已分离出70多种化合物，包括芹菜素、槲皮素、芦丁、牛蒡素、类黄酮糖苷[586]、雪莲皂苷A和雪莲皂苷B等[587]。现代药理学研究发现，水母雪兔子具有抗炎、镇痛、抗真菌、抗肿瘤、抗缺氧、抗氧化和抗疲劳的作用。这种植物还有益于子宫、心血管系统、肠道、气管平滑肌和免疫系统。水母雪兔子是一种重要的传统草药，具有广泛的治疗功效[588]。由于原植物来源少，细胞培养实验可以提高药物产量。水母雪兔子在新型生物反应器中经细胞培养生产紫丁香苷[589]，水母雪兔子细胞系（CLSM）对高脂血症大鼠血脂具有调节作用[590]。采用动态微波辅助提取（DMAE）技术对水母雪兔子中的牛蒡子苷元进行快速提取，效率高于其他传统提取方法[591]，自动快速制备色谱（AFPC）等技术也可对其进行分离纯化[592]。催化二氢黄酮酚还原为白花青素，是花青素、原花青素和其他植物发育和人类营养中重要类黄酮生物合成的关键酶。水母雪兔子二氢黄酮醇4-还原酶（DFR）基因的分子特征和表达分析，有助于我们对水母雪兔子中类黄酮生物合成的认识[593]。补充花粉显著提高了水母雪兔子种群增长率，然而，即使花粉不受限制，水母雪兔子在未来几十年内也可能面临灭绝的风险[594]。水母雪兔子叶绿体基因组完整序列的公布有助于菊科的系统发育研究[595]。

科 菊科
属 川木香属
味辛、苦，性温。归脾、胃、大肠、胆经。
行气止痛。
中华人民共和国药典（2020年版一部）
川木香
Dolomiaea souliei

chuān mù xiāng

川木香

Dolomiaea souliei

7—10 月

7—10 月

俗名：木香

异名：*Vladimiria souliei*，*Jurinea souliei*

生于海拔 3700~3800 米的高山草地及灌丛中。

多年生无茎或几乎无茎莲座状草本。根粗壮，直伸。叶基生，质厚，具宽扁叶柄，椭圆形或披针形，羽状半裂，疏被糙伏毛和黄色小腺点。头状花序 6~8 个集生；总苞宽钟状；总苞片外层卵形或卵状椭圆形，中层偏斜椭圆形或披针形，内层长披针形，坚硬，先端尾状渐尖成针刺状；小花红色。瘦果圆柱状，稍扁，顶端有果缘。冠毛黄褐色。[596]

宫词

宋·王珪

六宫春色醉仙葩，

绮户沈烟望翠华。

琥珀盘生山芍药，

绛纱囊佩木香花。

药用功效

中医认为，川木香味辛、苦，性温；行气止痛，和胃止泻。根用于肝胃气痛、呕吐、腹痛、泄泻、痢疾里急后重[18]。《中华人民共和国药典（2020年版一部）》以川木香的干燥根用作川木香，用于胸胁、脘腹胀痛、肠鸣腹泻、里急后重[72]。

少数民族也有川木香的药用历史。藏族用根治血病、胁肋痛[62]。羌族以根用于胸腹胀痛、呕吐、泄泻、痢疾、里急后重[6]。

通过检索选取川木香（正名：*Dolomiaea souliei*；异名：*Vladimiria souliei*）近年来相关外文文献 10 篇（2012—2021 年）进行介绍。

近年来，从川木香中分离得到了 aryltetralin 型木脂素 dolomiaeasin A、dolomiaeasin B，倍半萜内酯（如愈创木酚、dolomiside A，vlasoulides A、vlasoulides B，dolomiol A、dolomiol B 等[597-602]。川木香中的稀有二聚倍半萜类化合物表现出潜在的神经保护活性[603]，如 vlasoulamine A，一种环丙嗪倍半萜内酯二聚体，具有神经保护作用，使用大鼠嗜铬细胞瘤 PC12 细胞模型系统评估谷氨酸诱导的细胞毒性、核 Hoechst 33258 染色和测量细胞内活性氧水平时，vlasoulamine A 表现出神经保护活性[604]。Costunolid 在体外抑制 HepG2 细胞的增殖，促进细胞凋亡。Costunolid 以剂量依赖性的方式阻止细胞周期在 G2/M 期，从而显著诱导 HepG2 细胞凋亡。就潜在机制而言，Costunolide 可能通过上调 Bax 蛋白与 caspases-3、caspases-8 和 caspases-9 的表达水平，下调 Bcl-2 蛋白的表达来抑制细胞的抗凋亡能力[605]。川木香乙酸乙酯提取物通过调节法尼类 X 受体介导的胆汁酸代谢，保护身体免受 α-萘基异硫氰酸酯诱导的急性肝内胆汁淤积影响[606]。

科 菊科

属 牛蒡属

味辛、苦，性寒。归肺、胃经。

疏散风热，宣肺透疹，解毒利咽。

中华人民共和国药典（2020年版一部）

牛蒡

Arctium lappa

牛蒡 (niú bàng)

Arctium lappa

花期 6—9 月
果期 6—9 月

俗名：大力子、恶实

异名：*Lappa major*，*Lappa vulgaris*，*Arctium majus*，*Arctium leiospermum*，*Arctium lappa subsp. majus*

生于海拔 750~3500 米的山坡、山谷、林缘、林中、灌木丛、河边潮湿地、村庄路旁或荒地。

二年生草本。具粗大肉质直根。茎直立，粗壮，通常带紫红色或淡紫红色。叶宽卵形，边缘稀疏的浅波状凹齿或齿尖，基部心形，叶柄两面异色，上面绿色，下面灰白色或淡绿色。头状花序在茎枝顶端排成疏松的伞房花序或圆锥状伞房花序。总苞卵形或卵球形。小花紫红色。瘦果倒长卵形或偏斜倒长卵形，两侧压扁，浅褐色，冠毛浅褐色。[596]

山行即事

宋 · 高翥

篮舆破晓入山家，独木桥低小径斜。
屋角尽悬牛蒡菜，篱根多发马兰花。
主人一笑先呼酒，劝客三杯便当茶。
我已经年无此乐，为怜身久在京华。

药用功效

中医认为，牛蒡味辛、苦，性凉；清热解毒，疏风利咽，消肿。根用于风热感冒、咳嗽、咽喉痛、疮疖肿毒、脚癣、湿疹；茎、叶用于头风痛、烦闷、金疮、乳痈、皮肤风痒，果实用于风热感冒、头痛、咽喉痛、痄腮、疹出不透、痈疖疮疡[18]。《中华人民共和国药典（2020年版一部）》以牛蒡的干燥成熟果实用作牛蒡子，用于风热感冒、咳嗽痰多、麻疹、风疹、咽喉肿痛、痄腮、丹毒、痈肿疮毒[72]。

少数民族也有牛蒡的药用历史。藏族用根治妇科炎症、结石症、神经痛、痞瘤肿块[20, 96]；叶捣烂外敷，治未化脓的乳腺炎[20]。《藏药标准》以牛蒡的干燥成熟果实用作牛蒡子，味辛、苦，性寒；疏散风热，透疹，利咽，消肿解毒；用于风热感冒、麻疹、风疹、咽痛、痈肿疮毒[73]。羌族用根、茎、叶、种子治风热感冒、咳嗽痰多、麻疹、风疹、咽喉肿痛、痄腮丹毒、痈肿疮毒[6]。彝族用根或叶主治胃病、疥疮、感冒、百日咳、痔疮、麻疹、咽喉肿痛[38]。苗族用果实治风热感冒、小儿发烧咳嗽、咽喉肿痛、麻疹、荨麻疹、腮腺炎、痈肿疮毒、便秘等[23, 24, 39]。

通过检索选取牛蒡（*Arctium lappa*）近年来相关外文文献10篇（2021年）进行介绍。

我国以牛蒡子入药，日韩及欧美地区以牛蒡根及其提取物作为食材或茶饮等，国外的相关研究也主要集中在对根及其提取物的活性上。

牛蒡多酚可改善阿霉素诱导的心力衰竭、小鼠肠道微生物群组成，可显著增加产生短链脂肪酸的细菌丰度，从而促进短链脂肪酸的增加。因此，牛蒡多酚可能是治疗阿霉素诱导的心力衰竭的治疗替代方案[607]。从牛蒡根中分离得到1种中性多糖和3种酸性多糖，具有较强的抗氧化活性[608]，牛蒡根提取物可以作为一种益生元参与双歧杆菌对金黄色葡萄球菌的协同抑制作用[609]。有研究采用超声法优化了牛蒡根中菊粉的水提条件[610]。牛蒡根以其抗肿瘤、抗氧化、抗炎、抗病毒、神经保护和内质网应激调节作用而闻名，在体外抑制黑色素瘤细胞A375的细胞增殖并刺激细胞凋亡。此外，它抑制了A375中的PI3K/AKT通路。这些数据表明，牛蒡根制剂是治疗黑色素瘤的一种有前景的药物[611]。1,3-二咖啡酰奎宁酸作为牛蒡根提取物的活性化合物，通过调节去卵巢小鼠海马NO合成改善类抑郁行为[612]。但牛蒡根提取物作为饲料添加剂的必要性尚需进一步挖掘。根据欧盟委员会的要求，欧盟食品安全局（EFSA）动物饲料添加剂和产品（FEEDAP）研究小组就从牛蒡根中制备的干提取物作为猫和狗饲料中感官添加剂（调味化合物）的安全性和有效性发表科学意见，因相关添加剂的性质存在不确定性，专家组无法就安全性及功效做出结论[613]。有报道利用牛蒡根提取物作为新型生物材料，考察其作为生物刺激物质的潜力，可望用在农业可持续发展上[614]。

牛蒡叶黄酮通过抑制α-淀粉酶和α-葡萄糖苷酶活性起到抗高血糖的作用[615]。

2021年，牛蒡的首个高质量染色体水平基因组草案公布[616]。

科 菊科

属 蒲公英属

味苦、甘，性寒。归肝、胃经。

清热解毒，消肿散结，利尿通淋。

中华人民共和国药典（2020年版一部）

蒲公英

Taraxacum mongolicum

pú gōng yīng

蒲公英

Taraxacum mongolicum

4—9 月
5—10 月

俗名：黄花地丁、婆婆丁、蒙古蒲公英、灯笼草、姑姑英、地丁

异名：*Taraxacum argute-denticulatum*，*Taraxacum pseudodissectum*，*Taraxacum huhhoticum*，*Taraxacum hondae*，*Taraxacum hangchouense*，*Taraxacum kansuense*，*Taraxacum mongolicum var. formosanum*

生于山坡草地、路边、田野、河滩。

多年生草本。根圆柱状，黑褐色。叶倒卵状披针形、倒披针形或长圆状披针形，叶柄及主脉常带红紫色。花葶1个至数个，上部紫红色，密被蛛丝状白色长柔毛；头状花序；总苞钟状，淡绿色；总苞片披针形；舌状花黄色，边缘花舌片背面具紫红色条纹，花药和柱头暗绿色。瘦果倒卵状披针形，暗褐色，上部具小刺，下部具小瘤；冠毛白色。[617]

中医认为，蒲公英味苦、甘，性寒；归肝、胃经；清热解毒，消肿散结，利尿通淋。《中华人民共和国药典（2020 年版一部）》以蒲公英的干燥全草用作蒲公英，用于疔疮肿毒、乳痈、瘰疬、目赤、咽痛、肺痈、肠痈、湿热黄疸、热淋涩痛[72]。

少数民族也有蒲公英的药用历史。藏族用全草治培根木保病、瘟病时疫、血病、赤巴病、溃疡、高烧、肠胃炎、胆囊炎[62, 96]。羌族用全草及根治急性乳腺炎、淋巴腺炎、瘰疬、疔毒疮肿、急性结膜炎、感冒发热、急性扁桃体炎、急性支气管炎、胃炎、肝炎、胆囊炎、尿路感染[6]。彝族用全草治食积不化、腹胀胸满、肺肠痈疡、肝胆湿热、疔疮肿毒、热淋涩痛、久婚不孕[37]。苗族用全草治乳腺炎、疥疮[24]。

通过检索选取蒲公英（*Taraxacum mongolicum*）近年来相关外文文献 10 篇（2020—2021 年）进行介绍。

有报道基于液 - 液精制萃取和高速逆流色谱的蒲公英活性成分生物测定导向分离策略，从蒲公英中分离出具有 α- 淀粉酶抑制活性的化合物木樨草素 [618]。基础日粮添加蒲公英可显著改变瘤胃微生物群落，增加瘤胃液中的氨氮、乙酸盐和丁酸盐的浓度，蒲公英对瘤胃微生物和代谢物的影响是通过提高泌乳奶牛的瘤胃发酵来实现的 [619]。膳食蒲公英多糖与 NF-κB、Nrf2 和 TOR 相关联地改善建鲤的生长、免疫应答和抗氧化状态 [620]。蒲公英通过 TLR2、NF-κB/MAPKs 途径在小鼠中发挥抗炎作用，预防金黄色葡萄球菌感染的乳腺炎 [621]。蒲公英提取物通过抑制 IL-10/STAT3/PD-L1 信号通路抑制肿瘤相关巨噬细胞微环境，进而控制三阴性乳腺癌细胞的恶性表型 [622]。蒲公英总黄酮通过调节免疫功能抑制非小细胞肺癌 [623]。KH_2PO_4 改性蒲公英生物炭对水溶液中三价砷具有很好的吸附作用 [624]。射频和微波干燥可用于高效提取蒲公英叶多糖 [625]。采用多变量化学计量学方法（MCM）可简单、快速、高效地用于蒲公英的多组分检测，有利于简化蒲公英的质量控制过程，并为其他中草药的质量控制提供参考 [626]。通过蒲公英与橡胶草基因组序列信息的差异进行分析，对蒲公英属植物橡胶的高值化利用提供了参考依据 [627]。

科 菊科

属 蜂斗菜属

味苦、辛，性凉。

解毒祛瘀，消肿止痛。

中国中药资源志要

蜂斗菜

Petasites japonicus

fēng dǒu cài

蜂斗菜

Petasites japonicus

4—5 月
6 月

俗名：八角亭、蜂斗叶、水钟流头、蛇头号草、白花蜂斗菜

异名：*Tussilago petasites*，*Petasites liukiuensis*，*Petasites albus*，*Nardosmia japonica*，*Petasites spurius*

生于溪流边、草地或灌丛中。

多年生草本。根状茎平卧，有地下匍枝。雌雄异株。雄株花茎在花后，被褐色短柔。基生叶具长柄，叶片圆形或肾状圆形，纸质。苞叶长圆形或卵状长圆形，薄质，紧贴花葶。头状花序多数，在上端密集成密伞房状；小花管状；花冠白色。雌性花葶有密苞片；密伞房状花序，花后排成总状；头状花序具异形小花。瘦果圆柱形；冠毛白色。[628]

药用功效

中医认为，蜂斗菜味苦、辛，性凉；解毒祛瘀，消肿止痛。根状茎用于乳蛾、痈疖肿毒、毒蛇咬伤、跌打损伤[18]。

研究现状

通过检索选取蜂斗菜（*Petasites japonicus*）近年来相关外文文献 10 篇（2019—2021 年）进行介绍。

蜂斗菜是一种食用和药用植物，具有良好的风味，从蜂斗菜中分离的 S-Petasin 通过抑制 PPAR γ 通路信号在 3T3-L1 细胞系中发挥抗脂肪生成活性 [629]。蜂斗菜花苞提取物还显著降低了喂食高脂饮食的 C57BL/6 小鼠血浆中的甘油三酯浓度，含有咖啡酸、咖啡酰奎宁酸等抗氧化活性物质 [630]。

蜂斗菜叶片中分离得到的木脂素 petasitesin A 对 RAW264.7 巨噬细胞中前列腺素 E2 和 NO 的产生均显示出显著的抑制作用 [631]。基于酵母筛选系统鉴定出的蜂斗菜 bakkenolide B 可抑制人类 T 细胞系中白细胞介素 -2 的产生 [632]。蜂斗菜地上部分含有的蜂斗菜内酯和咖啡酰奎宁酸具有对细菌神经氨酸酶的抑制能力，进而发挥抑菌活性 [633]。蜂斗菜提取物通过上调 MC3T3-E1 细胞中 Runx2 和 Osterix 促进成骨细胞分化，可作为预防和治疗骨质疏松症的替代疗法 [634]。蜂斗菜提取物可作为强大的免疫刺激候选物，具有强烈诱导树突细胞（dendritic cells）成熟的能力 [635]。在日本和韩国，蜂斗菜根、茎作为传统中药用于治疗或预防偏头痛和紧张性头痛。倍半萜、木脂素和类黄酮是其中的主要活性成分，使用 IgE 抗原刺激的 RBL-2H3 细胞脱颗粒或被动皮肤过敏反应表明蜂斗菜具有抗过敏作用 [636]。

2021 年报道了在韩国首次发现蜂斗菜上感染的番茄斑萎病毒，可能成为辣椒等的感染源，对茄科类经济作物种植具有影响 [637]。

2021 年对蜂斗菜叶绿体基因组进行测序，表明蜂斗菜是菊科千里光族橐吾属的近亲 [638]。

莲叶橐吾

Ligularia nelumbifolia

科 菊科

属 橐吾属

味辛、微甘，性平。止咳化痰，祛风。

中国中药资源志要

lián yè tuó wú

莲叶橐吾

Ligularia nelumbifolia

7—9 月

异名：*Senecio maisonii*，*Senecio nelumbifolius*，*Senecillis nelumbifolia*，*Senecio moisonii*

生于海拔 2350~3900 米的林下、山坡和高山草地。

多年生草本。根肉质，簇生。茎直立，上部被白色蛛丝状柔毛和黄褐色有节短柔毛。叶具柄，被白色蛛丝状柔毛，叶片盾状着生，肾形，边缘具尖锯齿，叶脉掌状。复伞房状聚伞花序开展，黑紫红色，被白色蛛丝状毛和黄褐色有节短毛；花序梗黑紫色；头状花序多数，盘状，总苞狭筒形，总苞片长圆形。瘦果（未熟）光滑。[639]

药用功效

中医认为，莲叶橐吾味辛、微甘，性平；止咳化痰，祛风。根用于肺痨、风寒咳嗽[18]。

通过检索选取莲叶橐吾（*Ligularia nelumbifolia*）近年来相关外文文献 10 篇（1995—2021 年）进行介绍。

从莲叶橐吾中分离得到 6 种新的芥子醇衍生物，并通过高场 NMR 对其结构进行了鉴定 [640]，芥子醇衍生物具有细胞毒性 [641]。其他的还有倍半萜 [642] 及呋喃佛术烷（furanoeremophilane）[643] 等。Nelumal A 是从莲叶橐吾中分离的一种新型法尼醇 X 受体激动剂 [644]，是一种新型芳香化酶抑制剂 [645]。

对云南省香格里拉的多种莲叶橐吾个体进行了化学成分测定，表明这些个体是两个种的天然杂交后代，不同个体间成分存在差异 [646]，这种天然杂交得到了分子层面上的证实 [647]。研究表明，橐吾间的生殖隔离不发达，属间边界模糊 [648]。2017 年通过对标本和活体的再鉴定，对不同种橐吾进行了归并 [649]。

掌叶橐吾

Ligularia przewalskii

科 菊科

属 橐吾属

味辛、苦，性温。归肺经。

祛痰止咳，润肺下气。

甘肃省中药材标准（2009年版）

zhǎng yè tuó wú

掌叶橐吾

Ligularia przewalskii

6—10 月
6—10 月

异名：*Senecio przewalskii*，*Senecillis przewalskii*

生于海拔 1100~3700 米的河滩、山麓、林缘、林下及灌丛。

多年生草本。根肉质，细而多。茎直立，细瘦，光滑。丛生叶与茎下部叶具柄，柄细瘦，光滑，叶片轮廓卵形，掌状分裂；茎中上部叶少而小，掌状分裂。总状花序；苞片线状钻形；花序梗纤细；头状花序辐射状；总苞狭筒形，总苞片线状长圆形。舌状花黄色，舌片线状长圆形，透明；管状花常 3 个，冠毛紫褐色。瘦果长圆形，具短喙。[639]

药用功效

中医认为，掌叶橐吾味辛、苦，性温；归肺经；祛痰止咳，润肺下气[278]。《中国中药资源志要》记载，根能润肺化痰、止咳；幼叶可催吐；花序具清热利湿、利胆退黄的功效[18]。《甘肃省中药材标准（2009年版）》以掌叶橐吾的干燥根和根茎用作山紫菀，用于气逆咳嗽、痰吐不利、肺虚久咳、痰中带血[278]。

通过检索选取掌叶橐吾（*Ligularia przewalskii*）近年来相关外文文献10篇（1994—2021年）进行介绍。

从掌叶橐吾根中分离出4种新的呋喃类化合物[650]、noreremophilane[651]、苯并呋喃类[652]、倍半萜[653，654]、eremophilanolide[655]、双内酯、eremopetasitenin[656]等。2018年的一篇综述对掌叶橐吾的化学成分和药理学进行了较好的总结。掌叶橐吾根的润肺化痰、止咳作用与其中的黄酮类和萜类的抗炎作用有关。掌叶橐吾花的清热、除湿和胆囊正常化（治疗黄疸）作用基于萜类、黄酮类和甾醇的抗炎、抗氧化与肝保护活性。此外，掌叶橐吾显著的抗炎和抗氧化能力有助于其抗肿瘤和镇咳活性。掌叶橐吾的许多常规用途现在已被现代化药理学研究证实[657]。两种三萜皂苷对6种人类癌症细胞系（HeLa、HepG2、SGC7901、MDA231、HL60和Lewis）显示出强大的细胞毒性活性，IC50值为8.40~24.39μmol/L[658]。开花生物学研究表明，不同橐吾的开花丰度、花粉量差异较大[659]。

科 菊科

属 香青属

味甘，性平。

清热解毒，止咳定喘。

中国中药资源志要

尼泊尔香青

Anaphalis nepalensis

ní bó ěr xiāng qīng

尼泊尔香青

Anaphalis nepalensis

6—9月

8—10月

俗名：打火草、白莲、丧夫花

异名：*Anaphalis intermedia*，*Anaphalis cuneifolia*，*Helichrysum stoloniferum*，*Elichrysum nepalense*，*Gnaphalium intermedium*，*Gnaphalium cuneifolium*，*Anaphalis nubigena proper*，*Anaphalis mairei*，*Antennaria triplinervis var. intermedia*，*Antennaria triplinervis var. cuneifolia*，*Antennaria nubigena var. b, polycephala*，*Anaphalis nubigena var. intermedia*，*Anaphalis triplinervis var. intermedia*，*Anaphalis mucronata var. polycephala*，*Helichrysum nepalense*，*Anaphalis nubigena var. polycephala*

生于海拔2400~4500米的高山或亚高山草地、林缘、沟边及岩石上。

多年生草本。根状茎细或稍粗壮。茎直立或斜升，被白色密棉毛，有密或疏生的叶。下部叶在花期生存，匙形或倒披针形，渐狭成长柄；中部叶长圆形或倒披针形；上部叶渐狭小；全部叶两面或下面被白色棉毛。头状花序1~6个。总苞呈球状；总苞片8~9层，深褐色至白色。花托蜂窝状。冠毛在雄花上部稍粗厚，有锯齿。瘦果圆柱形，被微毛。[660]

药用功效

中医认为，尼泊尔香青味甘，性平；清热解毒，止咳定喘。全草用于感冒、咳嗽痰喘、风湿关节痛、高血压症[18]。

少数民族也有尼泊尔香青的药用历史。藏族用全株治感冒、咳嗽、气管炎、风湿疼痛[133]。

研究现状

尚未检索到关于尼泊尔香青（正名：*Anaphalis nepalensis*；异名：*Anaphalis intermedia*，*Anaphalis cuneifolia*，*Helichrysum stoloniferum*，*Elichrysum nepalense*，*Gnaphalium intermedium*，*Gnaphalium cuneifolium*，*Anaphalis nubigena proper*，*Anaphalis mairei*，*Antennaria triplinervis var. intermedia*，*Antennaria triplinervis var. cuneifolia*，*Antennaria nubigena var. b, polycephala*，*Anaphalis nubigena var. intermedia*，*Anaphalis triplinervis var. intermedia*，*Anaphalis mucronata var. polycephala*，*Helichrysum nepalense*，*Anaphalis nubigena var. polycephala*）的相关外文文献（截至 2021 年 12 月 31 日），其还需进一步探索与发现。

一年蓬

Erigeron annuus

科 菊科

属 飞蓬属

味淡，性平。

凉热解毒，助消化，抗疟。

中国中药资源志要

一年蓬

yī nián péng

Erigeron annuus

6—9 月

俗名：治疟草、千层塔

异名：*Stenactis annua*，*Erigeron heterophyllus*，*Aster annuus*

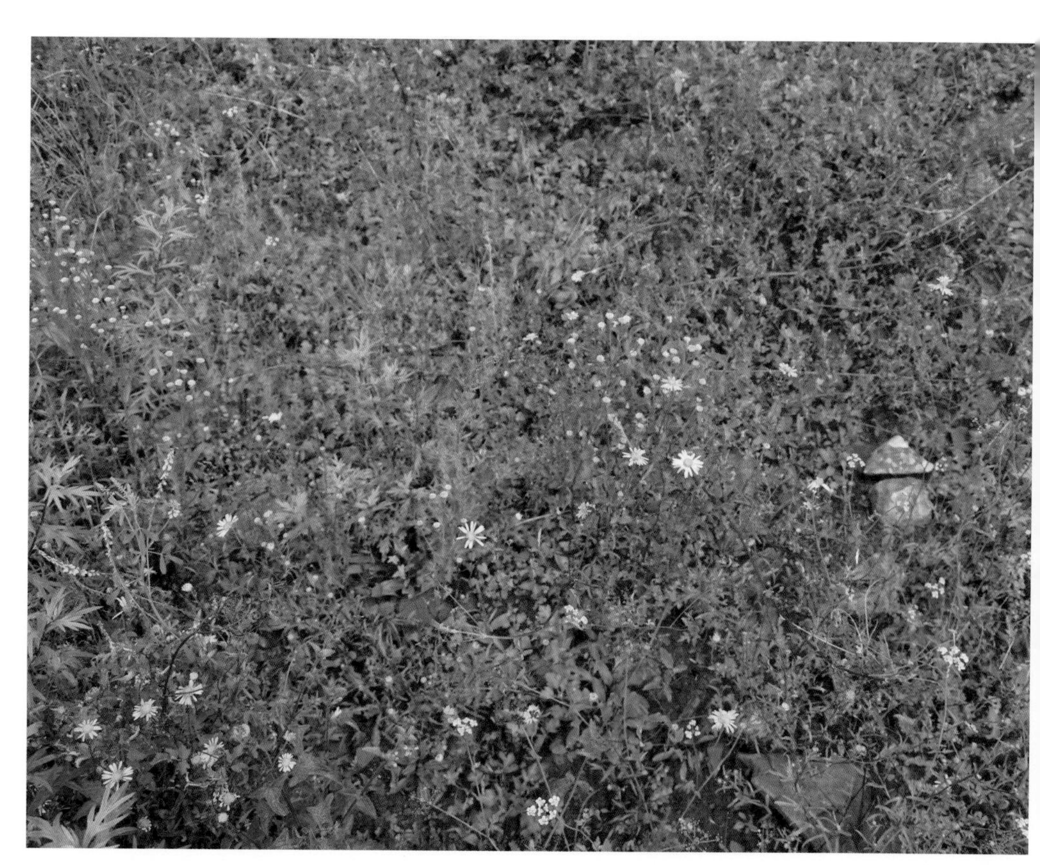

生于路边旷野或山坡荒地。

一年生或二年生草本。茎粗壮，直立，绿色。基部和下部叶长圆形或宽卵形，中部和上部叶长圆状披针形或披针形，最上部叶线形。头状花序排列成疏圆锥花序，总苞半球形，总苞片披针形，淡绿色，背面密被毛；外围的雌花舌状，上部被疏微毛，舌片平展，白色，线形；中央的两性花管状，黄色。瘦果披针形，扁压，被疏贴柔毛。[661]

一年蓬

科 菊科

属 飞蓬属

药用功效

中医认为，一年蓬味淡，性平；凉热解毒，助消化，抗疟。根及全草用于消化不良、泄泻、传染性肝炎、瘰疬、尿血、疟疾[18]。

少数民族也有一年蓬的药用历史。苗族用全草及根治消化不良、肠炎腹泻、传染性肝炎、淋巴结炎、血尿[39]。

通过检索选取一年蓬（*Erigeron annuus*）近年来相关外文文献 10 篇（2019—2021 年）进行介绍。

一年蓬提取物通过激活 AMP 依赖性激酶信号通路抑制 3T3-L1 细胞中活性氧（ROS）的产生和脂肪积累[662]。在饮食诱导肥胖的小鼠模型中，一年蓬和玻璃苣的协同作用增强了抗肥胖活性，可以减少脂肪细胞肥大，并调节脂肪生成相关基因的表达[663]。一年蓬提取物可保护 PC12 神经细胞免受 ROS 介导的细胞凋亡诱导的氧化应激，一年蓬花提取物对氧化应激诱导的细胞凋亡的保护作用可能是由于防止氧化酶介导的 ROS 生成[664]。在沙鼠短暂前脑缺血模型中，一年蓬和辣蓼铁线莲具有协同预防缺血性脑损伤的作用[665]。在高脂饮食的 C57BL/6J 小鼠中研究了一年蓬水提取物（EAW）的抗肥胖作用，使用生化参数、免疫组织化学、实时 PCR 和免疫印迹分析评估 EAW 对高脂饮食诱导肥胖的抑制作用，研究表明，一年蓬水提取物在体内具有抗肥胖作用[666]。

使用 7 种溶剂（水、甲醇、乙醇、丙酮、乙酸乙酯、氯仿和己烷）分别提取一年蓬花中的有效成分，提取物的化学成分通过分光光度法、紫外和红外光谱、高效液相色谱结合电喷雾电离质谱和核磁共振光谱测定。焦袂康酸是一年蓬花的主要成分，存在于所有提取物中[667]。

在生态修复中，纳米 SiO_2 结合表面活性剂可以增强一年蓬对菲类（phenanthrene）的植物修复[668]。一年蓬对土壤铅污染具有潜在的植物修复能力，切割嫩枝可以提高一年蓬从污染土壤中吸附锌的效果[669]。一年蓬在镉胁迫下具有较强的光合适应和保护能力。根系分泌的可溶性有机物通过产生更多的碳水化合物、芳香族化合物和单宁，有助于一年蓬抵抗镉胁迫[670]。在共同入侵条件下，一年蓬和加拿大一枝黄花对群落稳定性和群落可入侵性具有拮抗作用[671]。

血满草

Sambucus adnata

科 荚蒾科

属 接骨木属

味辛，性温。归脾、肾经。

祛风除湿，活血散瘀。

云南省中药材标准（2005年版）第一册

xuè mǎn cǎo

血满草

Sambucus adnata

5—7 月

9—10 月

异名：*Sambucus schweriniana*，*Sambucus gautschii*

生于海拔 1600~3600 米的林下、沟边、灌丛中、山谷斜坡湿地及高山草地等处。

多年生高大草本或半灌木。根和根茎红色，具红色汁液。茎草质，具明显的棱条。羽状复叶具叶片状或条形的托叶；小叶 3~5 对，长椭圆形、长卵形或披针形，边缘有锯齿，上面疏被短柔毛；小叶的托叶退化成瓶状突起的腺体。聚伞花序顶生，伞形式，具总花梗；花小，有恶臭；萼被短柔毛；花冠白色；花药黄色。果实红色，圆形。[672]

药用功效

中医认为，血满草味辛、甘，性温；祛风，利水，散瘀，通络。根及全草用于风湿关节痛、扭伤瘀血肿痛、水肿；外用于骨折、跌打损伤[18]。《云南省中药材标准（2005 年版）第一册》以血满草的干燥地上部分用作血满草，用于风湿痹痛、跌打损伤、皮肤瘙痒、水肿[673]。

少数民族也有血满草的药用历史。藏族用地上部分外用治疮疖、神经性皮炎、小儿湿疹、接骨、愈伤；内服治风湿性关节炎[62, 96]。彝族用根和全草治风疹、荨麻疹、风湿疼痛、小儿麻痹、跌打损伤、骨折、瘀血肿痛、扭伤、皮肤瘙痒、疮肿、关节疼痛、咳嗽、小便不利、孕期腹痛[37, 52, 163]。

关于血满草（*Sambucus adnata*）的研究较少，仅检索到相关外文文献 4 篇（2007—2021 年）。

从药用植物血满草的茎中分离出一株放线菌，命名为 E71（T）[674]。

从血满草中发现了 17 种已知化合物，包括三萜和甾醇[675]。血满草全植物的甲醇提取物显示出显著的蛋白酪氨酸磷酸酶 1B（PTP1B）抑制活性，主要活性成分为熊果酸、齐墩果酸和（±）-Boehenan[676]。有研究对血满草中性多糖的结构特征和免疫调节活性进行了考察，该中性多糖的平均分子量为 7040Da，由阿拉伯糖、木糖、甘露糖、葡萄糖和半乳糖组成。体外免疫活性试验显示，该中性多糖可诱导巨噬细胞分泌一氧化氮、白细胞介素 -1β（IL-1β）、IL-6 和肿瘤坏死因子 α（TNFα），并增加诱导型一氧化氮合酶（iNOS）、IL-1α、IL-6、TNFα 的 mRNA 表达水平。数据支持了该中性多糖通过激活巨噬细胞和增强宿主免疫系统功能发挥免疫调节作用的推论，具有作为一种新型免疫调节剂应用于免疫疾病治疗的潜力[677]。

科 忍冬科
属 莛子藨属
味苦，性凉。
利尿消肿，调经活血。
中国中药资源志要
穿心莛子藨
Triosteum himalayanum

chuān xīn tíng zǐ biāo

穿心莛子藨

Triosteum himalayanum

5—7 月

7—9 月

异名：*Echium connatum*，*Triosteum erythrocarpum*，*Triosteum fargesii*，*Triosteum himalayanum var. chinense*

生于海拔 1800~4100 米的山坡、暗针叶林边、林下、沟边或草地。

多年生草木。茎稀开花时顶端有一对分枝，密生刺刚毛和腺毛。叶倒卵状椭圆形至倒卵状矩圆形，顶端急尖或锐尖。聚伞花序作穗状花序状；萼裂片三角状圆形，被刚毛和腺毛，萼筒与萼裂片间缢缩；花冠黄绿色，筒内紫褐色，外有腺毛，筒基部弯曲，花丝细长，淡黄色，花药黄色，矩圆形。果实红色，近圆形，被刚毛和腺毛。[672]

药用功效

中医认为，穿心莛子藨味苦，性凉；利尿消肿，调经活血。全株用于小便涩痛、浮肿、月经不调、劳伤疼痛[18]。

关于穿心莛子藨（*Triosteum himalayanum*）的研究较少，仅检索到相关外文文献4篇（2009—2019年）。

从穿心莛子藨中分离得到两种新的环烯醚萜类化合物，含有罕见的δ-内酯骨架[678]，这些物质的存在表明了其与忍冬科植物间的亲缘关系[679]。穿心莛子藨是一种多年生草本植物，分布于喜马拉雅山脉东部、横断山脉和中国中部。喜马拉雅-横断山脉（HHM）地区的古造山运动和气候波动导致的地形和环境变化对第四纪生物群的演化产生了重大影响。为了了解穿心莛子藨（忍冬科）的系统地理模式和历史动态，对20个种群238个个体的3个叶绿体DNA片段（rbcL accD、rps15-ycf1和trnH psbA）进行了测序。基于23个单位点突变和8个指数，确定了19个单倍型（H1-H19）。大多数单倍型仅限于单个群体或相邻群体。分子变异分析表明，穿心莛子藨总体基因库中，种群间的变异远高于种群内的变异，东喜马拉雅群（EH群）和北横断群（NHM群）的变异也远高于种群间的差异，但横断山群（HM群）的差异不明显[680]。有团队首次研究了穿心莛子藨的叶绿体全基因组，其全长154579bp，分为4个区域：23370bp的两个反向重复（IRA和IRB）区域、18682bp的小单拷贝（SSC）区域和89157bp的大单拷贝（LSC）区域。质体基因组包含133个基因，包括86个蛋白质编码基因、39个tRNA基因和8个rRNA基因。穿心莛子藨叶绿体基因组中总CG含量为38.38%。对穿心莛子藨的完整质体序列进行系统发育分析，将有助于显示忍冬科的属间多样性[681]。

科 忍冬科
属 忍冬属
味甘、酸，性寒。
清肝明目，止咳平喘。
中国中药资源志要
刚毛忍冬
Lonicera hispida

gāng máo rěn dōng

刚毛忍冬

Lonicera hispida

花期 5—6 月
果期 7—9 月

俗名：刺毛忍冬、异萼忍冬

异名：*Lonicera anisocalyx*，*Lonicera chaetocarpa*，*Lonicera montigena*，*Caprifolium hispidum*，*Lonicera hispida var. typica*，*Lonicera hispida var. chaetocarpa*，*Lonicera finitima*，*Lonicera hispida var. setosa*，*Lonicera hispida var. hirsutior*，*Lonicera hispida var. anisocalyx*，*Lonicera hispida var. glabrata*

生于海拔 1700~4800 米的山坡林中、林缘灌丛中或高山草地上。

落叶灌木。被刚毛或微糙毛和腺毛。幼枝常带紫红色，老枝灰色或灰褐色。叶厚纸质，形态变化大，椭圆形、卵状椭圆形、条状矩圆形、卵状矩圆形至矩圆形，两面多少有短糙毛，边缘有刚睫毛。苞片宽卵形，有时带紫红色；花冠漏斗状，白色或淡黄色。果实先黄色后变红色，卵圆形至长圆筒形；种子淡褐色，矩圆形，稍扁。[672]

余杭

宋 · 范成大

春晚山花各静芳，
从教红紫送韶光。
忍冬清馥蔷薇酽，
薰满千村万落香。

药用功效

中医认为，刚毛忍冬味甘、酸，性寒。果实能清肝明目、止咳平喘；嫩枝、叶能清热解毒、通经活络；花蕾能清热解毒[18]。

少数民族也有刚毛忍冬的药用历史。羌族用花、叶治疗外感风热、温病、疮痈疖肿、血痢等[6]。

尚未检索到关于刚毛忍冬（正名：*Lonicera hispida*；异名：*Lonicera anisocalyx*，*Lonicera chaetocarpa*，*Lonicera montigena*，*Caprifolium hispidum*，*Lonicera hispida var. typica*，*Lonicera hispida var. chaetocarpa*，*Lonicera finitima*，*Lonicera hispida var. setosa*，*Lonicera hispida var. hirsutior*，*Lonicera hispida var. anisocalyx*，*Lonicera hispida var. glabrata*）的相关外文文献（截至 2021 年 12 月 31 日），其还需进一步探索与发现。

科 忍冬科
属 忍冬属
味甘，性平。
祛痰止咳，明目。
四川省藏药材标准（2014年版）
岩生忍冬
Lonicera rupicola

yán shēng rěn dōng
岩生忍冬
Lonicera rupicola

5—8 月
8—10 月

俗名：西藏忍冬

异名：*Lonicera thibetica*，*Caprifolium rupicolum*，*Lonicera rupicola var. thibetica*，*Lonicera rupicola subsp. thibetica*

生于海拔 2100~4950 米的高山灌丛草甸、流石滩边缘、林缘河滩草地或山坡灌丛中

落叶灌木。小枝纤细，常呈针刺状。叶 3 枚轮生，纸质，条状披针形、矩圆状披针形至矩圆形，基部两侧不等。花生于幼枝基部叶腋，芳香；苞片叶状，条状披针形至条状倒披针形，小苞片合生成杯状；相邻两萼筒分离，无毛，萼齿狭披针形；花冠淡紫色或紫红色，筒状钟形，花柱无毛。果实红色，椭圆形；种子淡褐色，矩圆形，扁。[672]

次韵令君药名韵

宋 · 曹彦约

赋分微官即忍冬，衣单无计可防风。
四方远志从头去，一水空青到底穷。
地骨自寒谁与祛，天门欲到愧无功。
是谁直上凌羊角，却更从容使脱空。

药用功效

中医认为，岩生忍冬味平，性温；温胃止痛；常以叶、花蕾药用[18]。

少数民族也有岩生忍冬的药用历史。藏医药认为，岩生忍冬味甘，性平；祛痰止咳，明目。《四川省藏药材标准（2014年版）》以岩生忍冬的干燥成熟果实用作岩生忍冬果，用于治培根病、肺病及眼病[186]。

研究现状

尚未检索到关于岩生忍冬（正名：*Lonicera rupicola*；异名：*Lonicera thibetica*，*Caprifolium rupicolum*，*Lonicera rupicola var. thibetica*，*Lonicera rupicola subsp. thibetica*）的相关外文文献（截至 2021 年 12 月 31 日），其还需进一步探索与发现。

科 忍冬科
属 忍冬属
清热解毒，截疟。
中国中药资源志要
唐古特忍冬
Lonicera tangutica

táng gǔ tè rěn dōng 唐古特忍冬

Lonicera tangutica

5—6 月

7—8 月

俗名：陇塞忍冬、五台忍冬、五台金银花、裤裆杷、杈杷果、羊奶奶、太白忍冬、杯萼忍冬、毛药忍冬、袋花忍冬、短苞忍冬、四川忍冬、毛果忍冬、毛果袋花忍冬、晋南忍冬

异名：*Lonicera taipeiensis*，*Lonicera inconspicua*，*Lonicera serreana*，*Lonicera saccata*，*Lonicera schneideriana*，*Lonicera szechuanica*，*Lonicera trichogyne*，*Lonicera saccata var. tangiana*，*Lonicera trichogyne var. aequipila*，*Caprifolium tanguticum*，*Lonicera longa*，*Lonicera kungeana*，*Lonicera serpyllifolia*，*Lonicera cylindriflora*，*Lonicera tangiana*，*Lonicera chlamydophora*，*Lonicera chlamydata*，*Lonicera wulingensis*，*Lonicera guebriantiana*，*Lonicera aemulans*，*Lonicera glandulifera*，*Lonicera shensiensis*，*Lonicera hopeiensis*，*Lonicera flavipes*，*Lonicera penduliflora*，*Lonicera fangii*，*Lonicera trichopoda var. shensiensis*，*Lonicera tangutica var. glabra*，*Lonicera saccata f. wilsonii*，*Lonicera stenosiphon*，*Lonicera trichopoda*，*Lonicera saccata f. calva*

落叶灌木。幼枝无毛或具短毛，二年生小枝淡褐色，纤细，开展。叶纸质，倒披针形至矩圆形或倒卵形至椭圆形。总花梗生于幼枝下方叶腋，纤细，稍弯垂；苞片狭细；萼片椭圆形或矩圆形，无毛，萼檐杯状；花冠白色、黄白色或有淡红晕，筒状漏斗形，筒基部稍一侧肿大或具浅囊。果实红色；种子淡褐色，卵圆形或矩圆形。[672]

药名诗奉送杨十三子问省亲清江

宋 · 黄庭坚

杨侯齐比使君子，幕府从容理文史。
府中无事吏早休，陟厘秋兔写银钩。
驼峰桂蠹樽酒绿，樗蒲黄昏唤烧烛。
天南星移醉不归，爱君清如寒水玉。
葳蕤韭荠煮饼香，别筵君当归故乡。
诸公为子空青眼，天门东边虚荐章。
为言同列当推毂，岂有妒妇反专房。
射工含沙幸人过，水章独摇能腐肠。
山风轰轰虎须怒，千金之子戒垂堂。
寿亲颊如木丹色，胡麻炊饭玉为浆。
婆娑石上舞林影，付与一世专雌黄。
寂寥吾意立奴会，可忍冬花不尽觞。
春阴满地肤生粟，琵琶催醉喧啄木。
艳歌惊落梁上尘，桃叶桃根断肠曲。
高帆驾天冲水花，湾头车风转舵牙。
飞廉吹尽别时雨，江愁新月夜明沙。

药用功效

中医认为，唐古特忍冬根及根皮用于子痈；去皮枝条用于气喘、疮疖、痈肿；花蕾能清热解毒、截疟[18]。

生于海拔 1600~3900 米的云杉、落叶松、栎和竹等林下或混交林中及山坡草地，或溪边灌丛中。

研究现状

关于唐古特忍冬（*Lonicera saccata*）的研究较少，仅检索到相关外文文献 1 篇（2020 年）。

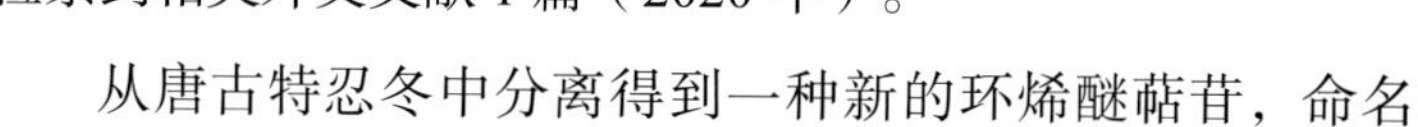

从唐古特忍冬中分离得到一种新的环烯醚萜苷，命名为忍冬苦苷 A（loniceroside A），$C_{17}H_{26}O_{10}$，并用 MTT 法评价了该物质对人宫颈癌细胞（Hela）、人肺腺癌细胞（A549）、人急性单核粒细胞白血病（THP-1）和人肝癌细胞系（HepG2）的生长抑制作用[682]。

白花刺续断

Acanthocalyx alba

科 忍冬科

属 刺续断属

味甘、涩，性温。

催吐，健胃。

中华人民共和国卫生部药品标准·藏药（第一册）

bái huā cì xù duàn 白花刺续断

Acanthocalyx alba

6—8 月

7—9 月

俗名：白花刺参

异名：*Morina nepalensis var. alba*，*Morina leucoblephara*，*Morina alba*

生于海拔 3000~4000 米的山坡草甸或林下。

多年生草本。植株较纤细。基生叶线状披针形，先端渐尖，边缘全缘；茎生叶对生。头状花序；总苞片长卵形至卵圆形，渐尖，具刺；小总苞钟形，无柄，顶端平截，被长柔毛，具长短不一的齿刺 12~16 条；花萼筒状，花萼全绿色；花冠白色，花冠管外弯，被长柔毛，裂片 5，倒心形；花丝着生于花冠喉部。果柱形，无毛至密被微柔毛。[683]

药用功效

中医认为，白花刺续断味甘、微苦，性温；健胃，催吐，消肿。全草用于胃痛；外用于疮痈肿痛[18]。

少数民族也有白花刺续断的药用历史。藏族以全草治不消化症、培根病[62]。《中华人民共和国卫生部药品标准·藏药（第一册）》以白花刺续断的干燥地上部分用作刺参，味甘、涩，性温；催吐，健胃；用于关节痛、小便失禁、腰痛、眩晕及口眼歪斜；外用治疖疮、化脓性创伤、肿瘤[21]。

研究现状

关于白花刺续断（*Morina nepalensis var. alba*）的研究较少，仅检索到相关外文文献 6 篇（2002—2013 年）。

从白花刺续断中分离出多种新的酰化黄酮苷 [684，685]，此外还有三萜皂苷类的 Monepaloside K[686]、熊烷型皂苷 [687]、齐墩果酸型皂苷 [688]、熊果酸皂苷 [689] 等。

圆萼刺参

Morina chinensis

科 忍冬科

属 刺参属

味甘、涩，性温。

催吐，健胃。

中华人民共和国卫生部药品标准·藏药（第一册）

yuán è cì shēn

圆萼刺参

Morina chinensis

花 7—8 月
果 9 月

俗名：摩苓草

异名：*Cryptothladia chinensis*，*Morina lorifolia*，*Morina parviflora var. chinensis*

生于海拔 2800~4000 米的高山草坡灌丛中。

多年生草本。根粗壮。茎通常带紫色，被白色绒毛，在基部常留有褐色纤维状残叶。基生叶 6~8，簇生，线状披针形，边缘有 3~9 枚硬刺。花茎从叶丛中生出。轮伞花序顶生，6~9 节，紧密穗状，总苞片叶状，长卵形，渐尖，边缘具密集的刺；小总苞钟形，顶端平截；花冠二唇形，淡绿色，上唇 2 裂，下唇 3 裂。瘦果长圆形，褐色，表面有皱纹。[683]

圆萼刺参

科 忍冬科

属 刺参属

药用功效

中医认为，圆萼刺参味甘、苦，性温；健胃，催吐，消肿。全草用于胃痛；外用于疮痈肿痛；果实用于关节疼痛、小便失禁、腰痛、眩晕 [18]。

少数民族也有圆萼刺参的药用历史。藏族以全草治不消化症，培根病 [62]；种子治关节疼痛、小便失禁、腰痛、眩晕及口眼歪斜症 [256]。《中华人民共和国卫生部药品标准·藏药（第一册）》以圆萼刺参的干燥地上部分用作刺参，味甘、涩，性温；催吐，健胃；用于关节痛、小便失禁、腰痛、眩晕及口眼歪斜；外用治疖疮、化脓性创伤、肿瘤 [21]。

关于圆萼刺参（*Morina chinensis*）的研究较少，仅检索到相关外文文献 5 篇（1999 年）。

近年来的研究主要是从圆萼刺参中分离出了新型苯丙醇酯脂代谢产物 Morinins A~G[690，691]，Morinins H~K[692]，Morinins L~P[693，694] 等。

科 忍冬科

属 缬草属

味苦，性凉。

清热解毒，消肿敛脓。

四川省藏药材标准（2014年版）

缬草

Valeriana officinalis

缬草 (xié cǎo)
Valeriana officinalis

花期 5—7 月
果期 6—10 月

俗名：小救贺、大救贺、五里香、满坡香、满山香、珍珠香、香草、媳妇菜、拔地麻、欧缬草、广州拔地麻、宽叶缬草

异名：*Valeriana officinalis var. latifolia*，*Valeriana pseudofficinalis*，*Valeriana subbipinnatifolia*，*Valeriana stubendorfii*，*Valeriana nipponica*，*Valeriana tianschanica*，*Valeriana alternifolia*，*Valeriana coreana*，*Valeriana leiocarpa*，*Valeriana fauriei*，*Valeriana dubia*，*Valeriana stolonifera*，*Valeriana alternifolia f. verticillata*，*Valeriana alternifolia var. angustifolia*，*Valeriana fauriei var. leiocarpa*，*Valeriana alternifolia var. stolonifera*，*Valeriana stubendorfii f. angustifolia*，*Valeriana officinalis var. angustifolia*，*Valeriana officinalis var. alternifolia*，*Valeriana stubendorfii f. verticillata*，*Valeriana alternifolia f. angustifolia*，*Valeriana coreana subsp. leiocarpa*

生于海拔 2500 米以下的山坡草地、林下、沟边。

多年生高大草本。根状茎粗短呈头状，须根簇生；茎中空，有纵棱，被粗毛。茎生叶卵形至宽卵形，羽状深裂，裂片披针形或条形，全缘或有疏锯齿，两面及柄轴多少被毛。花序顶生，成伞房状三出聚伞圆锥花序；小苞片长椭圆状长圆形、倒披针形或线状披针形。花冠淡紫红色或白色，花冠裂片椭圆形。瘦果长卵形，光秃或两面被毛。[683]

药用功效

中医认为，缬草味辛、甘、苦，性温；安神镇静，祛风解痉，生肌止血，止痛。根及根状茎用于肾虚失眠、癔病、癫痫、胃腹胀痛、腰腿痛、跌打损伤 [18]。

少数民族也有缬草的药用历史。藏族认为根及根茎或全草能安神宁心、祛风止痛、解毒；治心悸气短、失眠、头痛、腹胀、肋下胀痛、肺脓肿、关节疼痛、月经不调、漏经引起的体虚、食物中毒引起的发热、扁桃体肿大、疮疖溃烂 [20，256]。《四川省藏药材标准（2014 年版）》以缬草的干燥全草用作缬草，味苦，性凉；清热解毒，消肿敛脓；用于治陈旧热、毒热、四肢脓水、脾病、瘟疫、急性腹痛及白喉等 [186]。羌族以根、茎用于心神不安、腰痛、月经不调、跌打损伤 [6]。彝族用全草驱蛔虫 [695]。

通过检索选取缬草（*Valeriana officinalis*）近年来相关外文文献 10 篇（2021 年）进行介绍。

约 20% 的妇女不孕症是由不明原因引起的，其中一些病例与心理压力有关，它会导致抑郁和焦虑。镇静、抗抑郁、抗焦虑和抗氧化作用的治疗可能有助于预防心理障碍引起的不孕症，并维持胎儿正常的宫内生理发育。缬草对雌性大鼠应激性不孕症、延迟生育和胎儿宫内生长受限有效[696]。用于治疗睡眠障碍和焦虑的草药通常含有缬草或西番莲提取物。缬草中的缬草酸和西番莲中的芹菜素、荭草素和牡荆素被认为有助于其治疗效果[697]。缬草中的 8- 羟基松脂醇 -4-O-β-D- 葡萄糖苷是一种新型 Kv1.5 通道阻滞剂，具有抗心律失常活性[698]。2021 年从缬草中分离出一种新的环烯醚萜苷[699]。黑夏至草、锐刺山楂、西番莲和缬草四种植物提取物及其组合对 SH-SY5Y 细胞中的相关基因进行调节，进而发挥神经营养活性[700]。

草药治疗通常是长期的，因此，即使是特定药材中存在的小剂量重金属污染也可能在患者体内长期累积。波兰研究者通过测定缬草中铜、锰、锌、铅、镉、镍和铬的含量得出，波兰药店提供的所有含缬草根均含有极低水平的铜（0.16~0.23mg/L）、锰（0.11~0.76mg/L）和锌（0.22~0.48mg/L），根据 ICH 指南 Q3D，证实了缬草（缬草根）作为缓解轻度神经紧张和睡眠障碍的草药产品的安全性[701-703]。

利用转录组和代谢组学对缬草主要次级代谢产物合成的关键基因进行研究，共表达网络分析揭示了基因（如 PCMP-H24、RPS24B、ANX1 和 PXL1）可能在代谢途径中发挥关键作用。此外，还鉴定了一些 TF 编码基因（包括 AP2/ERF-ERF、WRKY 和 NAC TF 家族）以及一些调节因子（包括蛋白激酶和转运蛋白）[704]。在水培条件下，磷酸盐浓度和蛋氨酸的施用会影响缬草的产量和质量性状[705]。

双参

Triplostegia glandulifera

科 忍冬科

属 双参属

味苦，性温。归心、肝、脾、肾经。

益肾养肝，健脾宁心。

云南省中药材标准（2005 年版）第二册·彝族药

shuāng shēn
双 参
Triplostegia glandulifera

7—10 月

7—10 月

异名：*Triplostegia repens*，*Hoeckia aschersoniana*

生于海拔 1500~4000 米的林下、溪旁、山坡草地、草甸及林缘路旁。

柔弱多年生直立草本。根茎细长，四棱形，节上生不定根。主根稍肉质，近纺锤形，棕褐色。茎方形，有沟。叶近基生，成假莲座状；叶片倒卵状披针形，上面深绿色，下面苍绿色。花在茎顶端成疏松窄长圆形聚伞圆锥花序。小总苞外面密被紫色腺毛；花冠白色或粉红色，短漏斗状。瘦果包于囊状小总苞内中；果时囊苞外被腺毛，多曲钩。[683]

效

中医认为，双参味甘、微苦，性平；有毒；健脾益肾，活血调经，止崩漏，解毒，止血。根用于肾虚腰痛、贫血、虚劳咳、遗精、阳痿、带下病；全草补气壮阳、养心止血[18]。

少数民族也有双参的药用历史。彝族用根治肾虚腰痛、体虚、劳伤、头晕头痛、酒醉、贫血、咳嗽、遗精、阳痿、风湿关节痛、月经不调、倒经、崩漏、带下、不孕症、解乌头中毒；外用于外伤出血[52，133]。《云南省中药材标准（2005年版）第二册·彝族药》以双参的干燥块根用作双参，味苦，性温；归心、肝、脾、肾经；用于肝肾亏虚、腰膝酸软、头晕乏力、不育不孕、月经不调、心悸失眠[706]。

尚未检索到关于双参（正名：*Triplostegia glandulifera*；异名：*Triplostegia repens*，*Hoeckia aschersoniana*）的相关外文文献（截至 2021 年 12 月 31 日），其还需进一步探索与发现。

科 五加科
属 五加属
味辛、微苦，性温。归脾、肾、心经。
益气健脾，补肾安神。
中华人民共和国药典（2020年版一部）
刺五加
Eleutherococcus senticosus

刺五加 (cì wǔ jiā)

Eleutherococcus senticosus

6—7 月

8—10 月

俗名：刺拐棒、老虎潦、一百针、坎拐棒子、短蕊刺五加

异名：*Acanthopanax senticosus*，*Hedera senticosa*，*Acanthopanax senticosus var. subinermis*，*Eleutherococcus senticosus f. subinermis*，*Eleutherococcus senticosus f. inermis*，*Acanthopanax cuspidatus var. tienchuanensis*，*Acanthopanax senticosus var. brevistaminea*，*Acanthopanax senticosus f. subinermis*，*Acanthopanax senticosus var. brevistamineus*，*Eleutherococcus senticosus var. subinermis*

生于海拔数百米至 2000 米的森林或灌丛中。

灌木。一、二年生枝密生刺，刺直而细长，针状，下向。叶有小叶 5；叶柄常疏生细刺；小叶片纸质，椭圆状倒卵形或长圆形，上面粗糙，深绿色，脉上有粗毛，下面淡绿色，脉上有短柔毛，边缘有锐利重锯齿；小叶柄有棕色短柔毛。伞形花序单个顶生或稀疏的圆锥花序；花紫黄色；花瓣 5，卵形。果实球形或卵球形，有 5 棱，黑色。[707]

金楼子引古语

先秦·佚名

宁得一把五加。不用金玉满车。
宁得一斤地榆。不用明月宝珠。

五加皮坚筋骨以立行

药用功效

中医认为，刺五加味辛、微苦，性温；益气健脾，补肾安神，根及根状茎用于肾虚，气虚无力，高、低血压症，冠心病，心绞痛，高血脂症，糖尿病，风湿病，咳嗽痰喘，慢性中毒，肿瘤切除后辅助药物[18]。《中华人民共和国药典（2020年版一部）》以刺五加的干燥根和根茎或茎用作刺五加，用于脾肺气虚、体虚乏力、食欲不振、肺肾两虚、久咳虚喘、肾虚腰膝酸痛、心脾不足、失眠多梦[72]。

少数民族也有刺五加的药用历史。羌族以根皮及茎皮入药，有补中、益精、强意志、祛风湿、壮筋骨、活血去瘀、健胃利尿等功能；久服轻身耐劳[6]。

通过检索选取刺五加（*Eleutherococcus senticosus*）近年来相关外文文献 10 篇（2020—2021 年）进行介绍。

刺五加是一种灌木植物，是治疗风湿、糖尿病和肝炎等多种疾病的传统药物。刺五加茎中三种新木脂素具有二酰基甘油酰基转移酶（DGAT）抑制作用[708]。刺五加是一种具有抗肿瘤、抗炎、中枢神经系统和心血管保护、抗辐射、增强人体微循环、改善身体疲劳作用的药食同源植物，研究者对其活性多糖进行了深入挖掘[709]。用韩国的 Nuruk 传统发酵的刺五加、牛膝和苍术混合提取物具有抗骨质疏松作用[710]。刺五加果和根用于治疗免疫相关疾病，由于对根的过度开发，该物种被视为濒危物种，在一些国家（如韩国）被列入红色名单。刺五加果实可调节人类白细胞的先天免疫[711]，可以作为根的替代。刺五加叶中的三萜类物质对氯化钡诱发的心律失常具有保护作用，可作为功能性食品材料用于预防心律失常[712]。刺五加叶（ESL）具有神经保护功能，并作为传统中药和食用草本植物用于治疗颅脑和脑创伤。通过逆转疾病引起的脂质含量变化，ESL 对缺血性中风具有治疗作用，神经递质的定量结果表明，它们可以被 ESL 调节；ELISA 检测结果表明，ESL 可以通过减少氧化和炎症损伤在一定程度上治疗缺血性中风。因此，ESL 可能以不同方式在缺血性中风的治疗中发挥作用[713]。刺五加果实的生药学评价及 HPLC-PDA 和 HS-SPME/GC-MS 代谢组学分析结果为多酚主要在果皮中积累提供了植物化学证据[714]。刺五加对认知功能和身心耐力有好处，并具有呼吸系统感染预防治疗的潜力[715]。由红景天和刺五加（西伯利亚人参）组成的配方可诱导人体皮肤对内在和外在应激起保护反应，显著抑制晒伤细胞的形成[716]。2021 年发表的刺五加染色体基因组组装为五加科的染色体进化提供了见解，全基因组复制事件可能有助于刺五加适应寒冷环境[717]。

参考文献

[1] Christenhusz M J M, Zhang X C, Schneider H. A linear sequence of extant families and genera of lycophytes and ferns [J]. Phytotaxa, 2011, 19:7-54. DOI:10.11646/phytotaxa.19.1.2.

[2] Christenhusz M J M, Reveal J L, Farjon A, et al. A new classification and linear sequence of extant gymnosperms [J]. Phytotaxa, 2011, 19:55-70. DOI:10.11646/phytotaxa.19.1.3.

[3] The Angiosperm Phylogeny Group, Chase M W, Christenhusz M J M, et al. An update of the Angiosperm Phylogeny Group classification for the orders and families of flowering plants: APG IV [J]. Botanical Journal of the Linnean Society, 2016, 181(1):1-20. DOI:10.1111/boj.12385.

[4] 吴金陵 . 中国地衣植物图鉴 [M]. 北京 : 中国展望出版社 , 1987.

[5] 四川省食品药品监督管理局 . 四川省中药材标准（2010 年版）[M]. 成都 : 四川科学技术出版社 , 2011.

[6] 李荣贵 . 尔玛思柏 : 中国羌药谱 [M]. 北京 : 中国农业出版社 , 2013.

[7] Ceren A D, Ceren G, Bengü G, et al. Supercritical carbon dioxide extraction of Usnea longissima (L.) Ach.: Optimization by Box-Behnken Design (BBD) [J]. Turkish Journal of Chemistry, 2021, 45(4):1248-1256. DOI:10.3906/kim-2102-66.

[8] Wang T, Shen C, Guo F, et al. Characterization of a polysaccharide from the medicinal lichen, *Usnea longissima*, and its immunostimulating effect in vivo [J]. International Journal of Biological Macromolecules, 2021, 181:672-682. DOI:10.1016/j.ijbiomac.2021.03.183.

[9] Yang Z Y, Hu Y J, Yue P P, et al. Physicochemical properties and skin protection activities of polysaccharides from *Usnea longissima* by Graded Ethanol Precipitation [J]. ACS Omega, 2021, 6(38):25010-25018. DOI:10.1021/acsomega.1c04163.

[10] Prateeksha, Rajesh B, Mohd A Y, et al. Endolichenic fungus, *Aspergillus quandricinctus* of *Usnea longissima* inhibits quorum sensing and biofilm formation of Pseudomonas aeruginosa PAO1 [J]. Microbial Pathogenesis, 2020, 140:103933. DOI:10.1016/j.micpath.2019.103933.

[11] Sinem A, Kadir K, Bahar B S. Antioxidant, anti-urease and anti-elastase activities of *Usnea longissima* Ach. [J]. Bangladesh Journal of Botany, 2018, 47(3):429-435. DOI:10.3329/bjb.v47i3.38680.

[12] Ullah M, Uddin Z, Song Y H, et al. Bacterial neuraminidase inhibition by phenolic compounds from *Usnea longissima* [J]. South African Journal of Botany, 2019,

120:326-330. DOI:10.1016/j.sajb.2018.10.020.

[13] Maulidiyah, Siti H S, Rikhal H, et al. Antibacterial activity Of usnic acid from *Usnea Longissima* Ach. [J]. Pakistan Journal of Pharmaceutical Sciences, 2020, 33(4):1631-1639. DOI:10.36721/PJPS.2020.33.4.REG.1631-1639.1.

[14] Reddy S D, Siva B, Kumar K, et al. Comprehensive analysis of secondary metabolites in *Usnea longissima* (lichenized ascomycetes, parmeliaceae) using UPLC-ESI-QTOF-MS/MS and pro-apoptotic activity of barbatic acid [J]. Molecules, 2019, 24(12):2270. DOI:10.3390/molecules24122270.

[15] Renad M, Bahadir S, Durdu A, et al. Effect of ethyl acetate extract of usnea longissima on esophagogastric adenocarcinoma in rats [J]. Acta Cirúrgica Brasileira, 2019, 34(3):e201900305. DOI:10.1590/s0102-865020190030000005.

[16] Bugrahan E, Ozlem O, Tubanur E, et al. Inhibition of growth of U87MG human glioblastoma cells by *Usnea longissima* Ach[J]. Anais da Academia Brasileira de Ciências, 2019, 91(3):e20180994. DOI:10.1590/0001-3765201920180994.

[17] 中国科学院中国植物志编辑委员会 . 中国植物志•第六卷•第三分册 [M]. 北京 : 科学出版社 , 2004.

[18] 中国药材公司 . 中国中药资源志要 [M]. 北京 : 科学出版社 , 1994.

[19] 安徽省药品监督管理局 . 安徽省中药饮片炮制规范（2019 年版）[M]. 合肥 : 安徽人民出版社 , 2019.

[20] 罗达尚 . 中华藏本草 [M]. 北京 : 民族出版社 , 1997.

[21] 中华人民共和国卫生部药典委员会 . 中华人民共和国卫生部药品标准 • 藏药 (第一册) [M]. 北京 :[出版者不祥], 1995.

[22] 赵维良 . 中国法定药用植物 [M]. 北京 : 科学出版社 , 2017.

[23] 陆科闵 . 苗族药物集 [M]. 贵阳 : 贵州人民出版社 , 1988.

[24] 贵州省民委文教处 . 苗族医药学 [M]. 贵阳 : 贵州民族出版社 , 1992.

[25] Chen Y, Liu H B, Jiang B, et al. Hierarchical porous architectures derived from low-cost biomass equisetum arvense as a promising anode material for lithium-ion batteries [J]. Journal of Molecular Structure, 2020, 1221:128794. DOI:10.1016/j.molstruc.2020.128794.

[26] Aljoscha W, Moritz W, Amy M Z K, et al. Silicon Resorption from *Equisetum arvense* Tea - A Randomized, Three-Armed Pilot Study [J]. Planta Medica, 2022, 88(14):1360-1368. DOI:10.1055/a-1643-5493.

[27] Mehrsa F, Abbas A, Rajabali S. Protective effects of *Equisetum arvense* methanolic extract on testicular tissue disorders in streptozotocin-induced diabetic murine model [J]. Veterinary Research Forum, 2021, 12(4):497-503. DOI:10.30466/vrf.2020.108502.2576.

[28] Raquel V, Carlos V, Luís F. Teratogenic, Oxidative Stress and Behavioural Outcomes of Three Fungicides of Natural Origin (*Equisetum arvense, Mimosa tenuiflora,* Thymol) on Zebrafish (*Danio rerio*) [J]. Toxics, 2021, 9(1):8. DOI:10.3390/toxics9010008.

[29] Vincenzo T, Payam B K, Saba A Y, et al. Effects of Horsetail (*Equisetum arvense*) and Spirulina (*Spirulina platensis*) Dietary Supplementation on Laying Hens Productivity and Oxidative Status [J]. Animals, 2021, 11(2):335. DOI:10.3390/ani11020335.

[30] Grazia T, Lorenzo N, Sara B, et al. Evaluation of *Equisetum arvense* (Horsetail Macerate) as a Copper Substitute for Pathogen Management in Field-Grown Organic Tomato and Durum Wheat Cultivations [J]. Agriculture, 2021, 11(1):5. DOI:10.3390/agriculture11010005.

[31] Natalia L L, Laura B D, Pablo M R, et al. Assessment of Conjugate Complexes of Chitosan and *Urtica dioica* or *Equisetum arvense* Extracts for the Control of Grapevine Trunk Pathogens [J]. Agronomy, 2021, 11(5):976. DOI:10.3390/agronomy11050976.

[32] Guadalupe T B, Gerardo M R, Rapucel T Q H C, et al. Effects of *Equisetum arvense* Ethanolic Extract on Biological Parameters of *Tetranychus merganser* Boudreaux [J]. Southwestern Entomologist, 2021, 46(1):95-102. DOI:10.3958/059.046.0109.

[33] Magdalena G, Anna D, Sonia K K, et al. Physicochemical Characteristics of Chitosan-Based Hydrogels Modified with *Equisetum arvense* L. (Horsetail) Extract in View of Their Usefulness as Innovative Dressing Materials [J]. Materials, 2021, 14(24):7533. DOI:10.3390/ma14247533.

[34] Mehri S M, Jhamak N, Maryam A, et al. Surface modification of titanium implants via electrospinning of sericin and *Equisetum arvense* enhances the osteogenic differentiation of stem cells [J]. International Journal of Polymeric Materials and Polymeric Biomaterials, 2021, 71(13):1025-1036. DOI:10.1080/00914037.2021.1933979.

[35] 中国科学院中国植物志编辑委员会 . 中国植物志 • 第三卷 • 第一分册 [M]. 北京 : 科学出版社 , 1990.

[36] 中华人民共和国卫生部药典委员会 . 中华人民共和国药典（1977 年版一部）[M]. 北京 : 人民卫生出版社 , 1978.

[37] 王正坤 . 哀牢本草 [M]. 太原 : 山西科学技术出版社 , 1991.

[38] 李耕东 , 贺延超 . 彝医植物药（续集）[M]. 成都 : 四川民族出版社 , 1992.

[39] 李庚嘉 , 胡久玉 , 谌铁民 , 等 . 湖南省南山县中草药资源考察与研究 [M]. 长沙 : 湖南省中医药研究所 , 1983.

[40] Qudsia K, Abdul Q, Amina, et al. Healing potential of *Adiantum capillus-veneris* L. plant extract on bisphenol A-induced hepatic toxicity in male albino rats [J]. Environmental Science and Pollution Research, 2018, 25:11884-11892. DOI:10.1007/s11356-018-1211-3.

[41] Verma N. Hypolipidemic and antiatherogenic effects of *Adiantum capillus-veneris* extract in cholesterol-fed rats [J]. Atherosclerosis, 2020,315:e167. DOI:10.1016/j.atherosclerosis.2020.10.517.

[42] Abd E A M, Mohamed M S. *Adiantum capillus-veneris* Linn protects female reproductive system against carbendazim toxicity in rats: immunohistochemical, histopathological, and pathophysiological studies [J]. Environmental Science and Pollution Research, 2021, 28:19768-19782. DOI:10.1007/s11356-020-11279-w.

[43] Zahra R, Mahbubeh S. Effect of ethanol *Adiantum capillus-veneris* extract in experimental models of anxiety and depression [J]. Brazilian Journal of Pharmaceutical Sciences, 2019, 55:e18099. DOI:10.1590/s2175-97902019000118099.

[44] Jafar A, Saeid V C, Mahbubeh S. The Protective Effect of Hydroalcoholic Extract of the Southern Maidenhair Fern (*Adiantum capillus-veneris*) on the Depression and Anxiety Caused by Chronic Stress in Adult Male Mice: An Experimental Randomized Study [J]. Iranian Red

Crescent Medical Journal, 2019,21(3):e86750. DOI:10.5812/ircmj.86750.

[45] Rautray S, Panikar S, Amutha T, et al. Anticancer activity of *Adiantum capillus veneris* and *Pteris quadriureta* L. in human breast cancer cell lines [J]. Molecular Biology Reports, 2018, 45:1897-1911. DOI:10.1007/s11033-018-4337-y.

[46] Mehdi Y, Maha S, Simin R, et al. Supplementation of *Adiantum capillus-veneris* Modulates Alveolar Apoptosis under Hypoxia Condition in Wistar Rats Exposed to Exercise [J]. Medicina, 2019, 55(7):401. DOI:10.3390/medicina55070401.

[47] Zhang X, Chen H L, Hong L, et al. Three new hopane-type triterpenoids from the aerial part of *Adiantum capillus-veneris* and their antimicrobial activities [J]. Fitoterapia, 2019, 133:146-149. DOI:10.1016/j.fitote.2019.01.006.

[48] Seyed H H, Mohammad A J, Roghieh M, et al. Effects of dietary fern (*Adiantum capillus-veneris*) leaves powder on serum and mucus antioxidant defence, immunological responses, antimicrobial activity and growth performance of common carp (*Cyprinus carpio*) juveniles [J]. Fish and Shellfish Immunology, 2020, 106:959-966. DOI:10.1016/j.fsi.2020.09.001.

[49] Naina M, Nishtha M, Namrata S, et al. Effect of rhizospheric inoculation of isolated arsenic (As) tolerant strains on growth, As-uptake and bacterial communities in association with *Adiantum capillus-veneris* [J]. Ecotoxicology and Environmental Safety, 2020, 196:110498. DOI:10.1016/j.ecoenv.2020.110498.

[50] 中国科学院中国植物志编辑委员会 . 中国植物志 • 第六卷 • 第二分册 [M]. 北京 : 科学出版社 , 2000.

[51] 上海市卫生局 . 上海市中药材标准 [M]. 上海 : 上海市卫生局 , 1994.

[52] 李耕东 , 贺延超 . 彝医植物药 [M]. 成都 : 四川民族出版社 , 1990.

[53] Kim H H, Kim J K, Kim J, et al. Characterization of Caffeoylquinic Acids from *Lepisorus thunbergianus* and Their Melanogenesis Inhibitory Activity [J]. ACS Omega, 2020, 5(48):30946-30955. DOI:10.1021/acsomega.0c03752.

[54] Yang J F, Kwon Y S, Kim M J. Isolation and characterization of bioactive compounds from *Lepisorus thunbergianus* (Kaulf.) [J]. Arabian Journal of Chemistry, 2015, 8(3):407-413. DOI:10.1016/j.arabjc.2014.11.056.

[55] Masahiro T. On the Constancy of Nuclear DNA Content during Gametophyte Development in *Lepisorus thunbergianus* [J]. Cytologia, 1979, 44(3):651-659. DOI:10.1508/cytologia.44.651.

[56] Masahiro T. Studies on the Regeneration of the Calli Induced from Epidermal Cells of Leaves of *Lepisorus thunbergianus* [J]. Cytologia, 1989, 54(1):135-144. DOI:10.1508/cytologia.54.135.

[57] Wataru S, Yutaka U, Akihiro S, et al. Evidence for Hybrid Origin and Segmental Allopolyploidy in Eutetraploid and Aneutetraploid *Lepisorus thunbergianus* (Polypodiaceae) [J]. Systematic Botany, 2010, 35(1):20-29. DOI:10.1600/036364410790862498.

[58] Tao F, Shunsuke S, Yasuyuki W. Phylogenetic analysis reveals the origins of tetraploid and hexaploid species in the Japanese *Lepisorus thunbergianus* (Polypodiaceae) complex [J]. Journal of Plant Research, 2018, 131:945-959. DOI:10.1007/s10265-018-1061-6.

[59] Duan Y F, Zhang L B. Validation of *Ctenitis jinfoshanensis* (Dryopteridaceae) and *Lepisorus simulans* (Polypodiaceae) for fern flora of China [J]. Phytotaxa, 2015, 205(4):299-300.

DOI:10.11646/phytotaxa.205.4.11.

[60] Yuriko K, Takashi T. Biomonitoring of atmospheric mercury levels with the epiphytic fern *Lepisorus thunbergianus* (Polypodiaceae) [J]. Chemosphere, 2009, 77(10):1387-1392. DOI:10.1016/j.chemosphere.2009.09.017.

[61] 中国科学院中国植物志编辑委员会 . 中国植物志 • 第七卷 [M]. 北京 : 科学出版社 , 1978.

[62] 罗达尚 . 中国藏药 (1~3 册)[M]. 北京 : 民族出版社 , 1996.

[63] Wang J C, Duan B L, Zhang Y B, et al. Density-dependent responses of *Picea purpurea* seedlings for plant growth and resource allocation under elevated temperature [J]. Trees, 2013, 27:1775-1787. DOI:10.1007/s00468-013-0923-8.

[64] Sun Y S, Richard J A, Li L L, et al. Evolutionary history of Purple cone spruce (*Picea purpurea*) in the Qinghai-Tibet Plateau: homoploid hybrid origin and Pleistocene expansion [J].Molecular Ecology, 2014, 23(2):343-359. DOI:10.1111/mec.12599.

[65] Xia B, Liu L Y, Zhang Q H, et al. Impact of *Arceuthobium sichuanense* infection on needles and current-year shoots of *Picea crassifolia* and *Picea purpurea* in Qinghai Province, China [J]. European Journal of Plant Pathology, 2017, 147:845-854. DOI:10.1007/s10658-016-1048-x.

[66] Wang J R, Wang M H, Zhang X W, et al. Enhanced cell dehydration tolerance and photosystem stability facilitate the occupation of cold alpine habitats by a homoploid hybrid species, *Picea purpurea* [J]. AoB Plants, 2018, 10(5):ply053. DOI:10.1093/aobpla/ply053.

[67] Wang J R, Wang M H, Zhang X W, et al. *Picea purpurea* has a physiological advantage over its progenitors in alpine ecosystems due to transgressive segregation [J]. Journal of Forest Research, 2018, 23(6):363-371. DOI:10.1080/13416979.2018.1521905.

[68] Zhao Z J, Kang D W, Guo W X, et al. Climate sensitivity of purple cone spruce (*Picea purpurea*) across an altitudinal gradient on the eastern Tibetan Plateau [J]. Dendrochronologia, 2019, 56:125586. DOI:10.1016/j.dendro.2019.03.006.

[69] Yu L, Song M Y, Xia Z C, et al. Elevated temperature differently affects growth, photosynthetic capacity, nutrient absorption and leaf ultrastructure of *Abies faxoniana* and *Picea purpurea* under intra- and interspecific competition [J]. Tree Physiology, 2019, 39(8):1342-1357. DOI:10.1093/treephys/tpz044.

[70] Cao J H, Qi R, Liu T, et al. Patterns of species and phylogenetic diversity in *Picea purpurea* forests under different levels of disturbance on the northeastern Qinghai-Tibetan Plateau [J]. Global Ecology and Conservation, 2021, 30:e01779. DOI:10.1016/j.gecco.2021.e01779.

[71] 中国科学院中国植物志编辑委员会 . 中国植物志 • 第十三卷 • 第二分册 [M]. 北京 : 科学出版社 , 1979.

[72] 国家药典委员会 . 中华人民共和国药典（2020 年版一部）[M]. 北京 : 中国医药科技出版社 , 2020.

[73] 西藏 , 青海 , 四川 , 甘肃 , 云南 , 新疆卫生局 . 藏药标准 [M]. 西宁 : 青海人民出版社 , 1979.

[74] 朱兆云 . 大理中药资源志 [M]. 昆明 : 云南民族出版社 , 1991.

[75] Sylvie D, John A H, Zhang X G, et al. Isolation of Aurantiamide Acetate from *Arisaema erubescens* [J]. Planta Medica, 1996, 62(3):277-278. DOI:10.1055/s-2006-957878.

[76] Zhang Y, Ke W S, Yang J L, et al. The toxic activities of *Arisaema erubescens* and *Nerium*

indicum mixed with Streptomycete against snails [J]. Environmental Toxicology and Pharmacology, 2009, 27(2):283-286. DOI:10.1016/j.etap.2008.11.003.

[77] Ke W S, Cheng X, Cao D Z, et al. Molluscicidal activity of *Arisaema erubescens* mixed with fertilizers against *Oncomelania hupensis* and its effect on rice germination and growth [J]. Acta Tropica, 2018, 179:55-60. DOI:10.1016/j.actatropica.2017.12.027.

[78] Du S S, Zhang H M, Bai C Q, et al. Nematocidal Flavone-C-Glycosides against the Root-Knot Nematode (*Meloidogyne incognita*) from *Arisaema erubescens* Tubers [J]. Molecules, 2011, 16(6):5079-5086. DOI:10.3390/molecules16065079.

[79] Liu X Q, Wu H, Yu H L, et al. Purification of a Lectin from *Arisaema erubescens* (Wall.) Schott and Its Pro-Inflammatory Effects [J]. Molecules, 2011, 16(11):9480-9494. DOI:10.3390/molecules16119480.

[80] Wang L W, Xu B G, Wang J Y, et al. Bioactive metabolites from Phoma species, an endophytic fungus from the Chinese medicinal plant *Arisaema erubescens* [J]. Applied Microbial and Cell Physiology, 2012, 93:1231-1239. DOI:10.1007/s00253-011-3472-3.

[81] Zhao C B, Li X Y, Wu N, et al. Therapeutic Effects of Water Extract of *Arisaema Erubescens* Tubers on Type II Collagen-induced Arthritis in Rats [J]. Tropical Journal of Pharmaceutical Research, 2015, 14(12):2279-2286. DOI:10.4314/tjpr.v14i12.18.

[82] Zhao C B, Li X Y, Wu N, et al. Effect of *Arisaema erubescens* (Wall) Schott rhizome extract on rheumatoid arthritis [J].Tropical Journal of Pharmaceutical Research, 2016, 15(4):805-813. DOI:10.4314/tjpr.v15i4.20.

[83] Yin J T, Gusman G. *Arisaema linearifolium* (Araceae), a New Species from Northern Yunnan, China [J]. Annales Botanici Fennici, 2010, 47(1):76-78. DOI:10.5735/085.047.0111.

[84] Kambiyelummmal M M, Santhosh N. Lectotypification of Arisaema consanguineum Schott (Araceae) [J]. Candollea, 2016, 71(1):23-26. DOI:10.15553/c2016v711a5.

[85] 中国科学院中国植物志编辑委员会 . 中国植物志 • 第十四卷 [M]. 北京 : 科学出版社 , 1980.

[86] Kaneko K, Seto H, Motoki C, et al. Biosynthesis of rubijervine in *Veratrum grandiflorum* [J]. Phytochemistry, 1975, 14(5-6):1295-1301. DOI:10.1016/S0031-9422(00)98615-1.

[87] Ko Kaneko, Mikako W. Tanaka, Eriko Takahashi, Hiroshi Mitsuhashi. Teinemine and isoteinemine, two new alkaloids from *Veratrum grandiflorum* [J]. Phytochemistry, 1977, 16(10):1620-1622. DOI:10.1016/0031-9422(77)84048-X.

[88] Kaneko K, Mikako W T, Mitsuhashi H. Dormantinol, a possible precursor in solanidine biosynthesis, from budding *Veratrum grandiflorum* [J]. Phytochemistry, 1977, 16(8):1247-1251. DOI:10.1016/S0031-9422(00)94367-X.

[89] Kaneko K, Watanabe M, Mitsuhashi H. 3β-hydroxy-Δ5,16-Pregnadien-20-one from *Veratrum grandiflorum* [J]. Phytochemistry, 1973, 12(6):1509-1510. DOI:10.1016/0031-9422(73)80605-3.

[90] Kaneko K, Watanabe M, Taira S, et al. Conversion of solanidine to jerveratrum alkaloids in *Veratrum grandiflorum* [J]. Phytochemistry, 1972, 11(11):3199-3202. DOI:10.1016/S0031-9422(00)86373-6.

[91] Kaneko K, Mikako W T, Hiroshi M. Origin of nitrogen in the biosynthesis of solanidine by *Veratrum grandiflorum* [J]. Phytochemistry, 1976, 15(9):1391-1393. DOI:10.1016/S0031-

9422(00)97123-1.
[92] Fujinori H, Satoshi T, Junya M. Antifungal stress compounds from *Veratrum grandiflorum* leaves treated with cupric chloride [J]. Phytochemistry, 1992, 31(9):3005-3007. DOI:10.1016/0031-9422(92)83436-3.
[93] Gao L J, Chen F Y, Li X Y, et al. Three new alkaloids from *Veratrum grandiflorum* Loes with inhibition activities on Hedgehog pathway [J]. Bioorganic & Medicinal Chemistry Letters, 2016, 26(19):4735-4738. DOI:10.1016/j.bmcl.2016.08.040.
[94] Gao L J, Zhang M Z, Li X Y, et al. Steroidal alkaloids isolated from *Veratrum grandiflorum* Loes. as novel Smoothened inhibitors with anti-proliferation effects on DAOY medulloblastoma cells [J]. Bioorganic & Medicinal Chemistry, 2021, 39:116166. DOI:10.1016/j.bmc.2021.116166.
[95] Yuan W J, Zhu P Y, Qiao M, et al. Two new steroidal alkaloids with cytotoxic activities from the roots of *Veratrum grandiflorum* Loes. [J]. Phytochemistry Letters, 2021, 46:56-60. DOI:10.1016/j.phytol.2021.08.012.
[96] 青海高原生物研究所植物室 . 青藏高原药物图鉴 • 第二册 [M]. 西宁 : 青海人民出版社 , 1978.
[97] Liu S M, Yang T C, Ming T W, et al. Isosteroid alkaloids from *Fritillaria cirrhosa* bulbus as inhibitors of cigarette smoke-induced oxidative stress [J]. Fitoterapia, 2020, 140:104434. DOI:10.1016/j.fitote.2019.104434.
[98] Guo Y, Jiang N, Zhang L, et al. Green synthesis of gold nanoparticles from *Fritillaria cirrhosa* and its anti-diabetic activity on Streptozotocin induced rats [J]. Arabian Journal of Chemistry, 2020, 13(4):5096-5106. DOI:10.1016/j.arabjc.2020.02.009.
[99] Pankaj K, Ashrita, Vishal A, et al. Comparative transcriptome analysis infers bulb derived in vitro cultures as a promising source for sipeimine biosynthesis in *Fritillaria cirrhosa* D. Don (Liliaceae, syn. *Fritillaria roylei Hook.*) - High value Himalayan medicinal herb [J]. Phytochemistry, 2021, 183:112631. DOI:10.1016/j.phytochem.2020.112631.
[100] Chang H C, Xie H M, Lee M R, et al. In vitro propagation of bulblets and LC-MS/MS analysis of isosteroidal alkaloids in tissue culture derived materials of Chinese medicinal herb *Fritillaria cirrhosa* D. Don [J]. Botanical Studies, 2020, 61:9. DOI:10.1186/s40529-020-00286-2.
[101] Chen C C, Lee M R, Wu C R, et al. LED Lights Affecting Morphogenesis and Isosteroidal Alkaloid Contents in *Fritillaria cirrhosa* D. Don—An Important Chinese Medicinal Herb [J]. Plants, 2020, 9(10):1351. DOI:10.3390/plants9101351.
[102] Ma B J, Ma J, Li B, et al. Effects of different harvesting times and processing methods on the quality of cultivated *Fritillaria cirrhosa* D. Don [J]. Food Science & Nutrition, 2021, 9(6):2853-2861. DOI:10.1002/fsn3.2241.
[103] Guo X H, Wu X Y, Ni J, et al. Aqueous extract of bulbus *Fritillaria cirrhosa* induces cytokinesis failure by blocking furrow ingression in human colon epithelial NCM460 cells [J]. Mutation Research/Genetic Toxicology and Environmental Mutagenesis, 2020, 850-851:503147. DOI:10.1016/j.mrgentox.2020.503147.

[104] Guo X H, Wang C L, Tian W M, et al. Extract of bulbus of *Fritillaria cirrhosa* induces spindle multipolarity in human-derived colonic epithelial NCM460 cells through promoting centrosome fragmentation [J]. Mutagenesis, 2021, 36(1):95-107. DOI:10.1093/mutage/geab002.

[105] Wu X B, Duan L Z, Chen Q, et al. Genetic diversity, population structure, and evolutionary relationships within a taxonomically complex group revealed by AFLP markers: A case study on *Fritillaria cirrhosa* D. Don and closely related species [J]. Global Ecology and Conservation, 2020, 24(3):e01323. DOI:10.1016/j.gecco.2020.e01323.

[106] Wei K, Cui X T, Teng G E, et al. Distinguish *Fritillaria cirrhosa* and *non-Fritillaria cirrhosa* using laser-induced breakdown spectroscopy [J]. Plasma Science and Technology, 2021, 23(8):085507. DOI:10.1088/2058-6272/ac0969.

[107] Gao S L, Zhu D N, Cai Z H, et al. Organ culture of a precious Chinese medicinal plant - *Fritillaria unibracteata* [J]. Plant Cell, Tissue and Organ Culture, 1999, 59:197-201. DOI:10.1023/A:1006440801337.

[108] Guo H X, Xu B, Wu Y, et al. Allometric Partitioning Theory Versus Optimal Partitioning Theory: The Adjustment of Biomass Allocation and Internal C-N Balance to Shading and Nitrogen Addition in *Fritillaria unibracteata* (Liliaceae) [J]. Polish Journal of Ecology, 2016, 64(2):189-199. DOI:10.3161/15052249PJE2016.64.2.004.

[109] Xu B, Wang J N, Shi F S. Impacts of ontogenetic and altitudinal changes on morphological traits and biomass allocation patterns of *Fritillaria unibracteata* [J]. Journal of Mountain Science, 2020, 17(1):83-94. DOI:10.1007/s11629-019-5630-5.

[110] Zhang Q J, Zheng Z F, Yu D Q. Steroidal alkaloids from the bulbs of *Fritillaria unibracteata* [J]. Journal of Asian Natural Products Research, 2011, 13(12):1098-1103. DOI:10.1080/10286020.2011.619980.

[111] Liu J, Peng C, He C J, et al. New amino butenolides from the bulbs of *Fritillaria unibracteata* [J]. Fitoterapia, 2014, 98:53-58. DOI:10.1016/j.fitote.2014.07.009.

[112] Pan F, Hou K, Li D D, et al. Exopolysaccharides from the fungal endophytic *Fusarium* sp. A14 isolated from *Fritillaria unibracteata* Hsiao et KC Hsia and their antioxidant and antiproliferation effects [J]. Journal of Bioscience and Bioengineering, 2019, 127(2):231-240. DOI:10.1016/j.jbiosc.2018.07.023.

[113] Li C X, Liu Y Y, Feng H S, et al. Effect of superfine grinding on the physicochemical properties of bulbs of *Fritillaria unibracteata* Hsiao et K.C. Hsia powder [J]. Food Science & Nutrition, 2019, 7(11):3527-3537. DOI:10.1002/fsn3.1203.

[114] Hou P, Xie Z Y, Zhang L, et al. Comparison of three different methods for total RNA extraction from *Fritillaria unibracteata*: A rare Chinese medicinal plant [J]. Journal of Medicinal Plants Research, 2011, 5(13):2834-2838. DOI:10.5897/JMPR.9000389.

[115] Wang L Z, Duan B Z, Wang Z, et al. Quality control of *Fritillaria unibracteata* by UPLC-PAD fingerprint combined with hierarchical clustering analysis [J]. Journal of Liquid Chromatography & Related Technologies, 2012, 35(17):2381-2395. DOI:10.1080/10826076.2011.631265.

[116] Yang L, Zhang M R, Yang T C, et al. LC-MS/MS coupled with chemometric analysis as an

approach for the differentiation of bulbus *Fritillaria unibracteata* and *Fritillaria ussuriensis* [J]. Phytochemical Analysis, 2021, 32(6):957-969. DOI:10.1002/pca.3038.

[117] Zhang T, Huang S P, Song S M, et al. Identification of evolutionary relationships and DNA markers in the medicinally important genus *Fritillaria* based on chloroplast genomics [J]. PeerJ, 2021, 9:e12612. DOI:10.7717/peerj.12612.

[118] Ma R L, Xu S R, Chen Y, et al. Allometric relationships between leaf and bulb traits of *Fritillaria przewalskii* Maxim. grown at different altitudes [J]. PloS one, 2020, 15(10):e0239427. DOI:10.1371/journal.pone.0239427.

[119] Ma R L, Xu S R, Chen Y, et al. Biomass allocation for vegetative and reproductive growth of *Fritillaria przewalskii* Maxim [J]. Agronomy Journal, 2020, 112(5):4482-4491. DOI:10.1002/agj2.20280.

[120] Ma R L, Xu S R, Chen Y, et al. Effects of exogenous application of salicylic acid on drought performance of medicinal plant, *Fritillaria przewalskii* Maxim [J]. Phytoprotection, 2019, 99(1):27-35. DOI:10.7202/1066455ar.

[121] Wu R, Chen Y, Guo F X, et al. Pathogenic analyses of fungus strains isolated from medicinal *Fritillaria przewalskii* Maxim. bulb rot [J]. Journal of Phytopathology, 2021, 169(1):1-14. DOI:10.1111/jph.12953.

[122] 贵州省药品监督管理局 . 贵州省中药材、民族药材质量标准 [M]. 贵阳 : 贵州科技出版社 , 2003.

[123] Guo T, Wei L Y, Song T T, et al. Effect of sulfur fumigation on the nutritional quality of dry lily (*Lilium davidii* Duch) bulb [J]. Agro Food Industry Hi-Tech, 2016, 27(1):43-46.

[124] Mohammad S K, Gao J L, Iqbal M, et al. Characterization of Endophytic Fungi, *Acremonium* sp., from *Lilium davidii* and Analysis of Its Antifungal and Plant Growth-Promoting Effects [J]. BioMed Research International, 2021, 2021:9930210. DOI:10.1155/2021/9930210.

[125] Ren D T, Liu A X, Yan L F. Immunochemical identification and immunofluorescent localization of tropomyosin in germinated pollen of *Lilium davidii* [J]. Progress in Natural Science, 1999, 9(3):230-233.

[126] Li Y, Yan L F. Golgi 58K-like protein in pollens and pollen tubes of *Lilium davidii* [J]. Science in China Series C: Life Sciences, 2000, 43(4):402-408. DOI:10.1007/BF02879305.

[127] Li Y, Zee S Y, Liu Y M, et al. Circular F-actin bundles and a G-actin gradient in pollen and pollen tubes of *Lilium davidii* [J]. Planta, 2001, 213:722-730. DOI:10.1007/s004250100543.

[128] Zhang X Q, Yuan M, Wang X C. Identification and function analysis of spectrin-like protein in pollen tubes of lily (*Lilium davidii* Duch) [J]. Chinese Science Bulletin, 2004, 49(15):1606-1610. DOI:10.1360/04wc0169.

[129] Wang L, Liu Y M, Li Y. Comparison of F-actin fluorescent labeling methods in pollen tubes of *Lilium davidii* [J]. Plant Cell Reports, 2005, 24:266-270. DOI:10.1007/s00299-005-0935-y.

[130] Han B, Chen S X, Dai S J, et al. Isobaric Tags for Relative and Absolute Quantification- based Comparative Proteomics Reveals the Features of Plasma Membrane-Associated Proteomes of Pollen Grains and Pollen Tubes from *Lilium davidii* [J]. Journal of Integrative Plant Biology, 2010, 52(12):1043-1058. DOI:10.1111/j.1744-7909.2010.00996.x.

[131] Yang H, Yang N, Wang T. Proteomic analysis reveals the differential histone programs between male germline cells and vegetative cells in *Lilium davidii* [J]. The Plant Journal, 2016, 85(5):660-674. DOI:10.1111/tpj.13133.

[132] 中国科学院中国植物志编辑委员会 . 中国植物志 • 第十七卷 [M]. 北京 : 科学出版社 , 2006.

[133]《云南省志 - 医药志》编辑委员会 . 云南省志 (医药志)[M]. 昆明 : 云南人民出版社 , 1995.

[134] Li P, Luo Y B, Bernhardt P, et al. Deceptive pollination of the Lady's Slipper *Cypripedium tibeticum* (Orchidaceae) [J]. Plant Systematics and Evolution, 2006, 262:53-63. DOI:10.1007/s00606-006-0456-3.

[135] Hu S J, Hu H, Yan N, et al. Hybridization and asymmetric introgression between *Cypripedium tibeticum* and C. *yunnanense* in Shangrila County, Yunnan Province, China [J]. Nordic Journal of Botany, 2011, 29(5):625-631. DOI:10.1111/j.1756-1051.2010.00918.x.

[136] Li J, Luo Y B, Xu L L. Development of Microsatellite Markers for *Cypripedium tibeticum* (Orchidaceae) and their Applicability to Two Related Species [J]. Applications in Plant Sciences, 2017, 5(12):1700084. DOI:10.3732/apps.1700084.

[137] Guo J L, Cao W J, Li Z M, et al. Conservation implications of population genetic structure in a threatened orchid *Cypripedium tibeticum* [J]. Plant Diversity, 2019, 41(1):13-18. DOI:10.1016/j.pld.2018.12.002.

[138] Li J F, Xu B, Yang Q, et al. The complete chloroplast genome sequence of *Cypripedium tibeticum* King Ex Rolfe (Orchidaceae) [J]. Mitochondrial DNA Part B, 2020, 5(1):150-151. DOI:10.1080/23802359.2019.1698357.

[139] Zheng B Q, Zou L H, Li K, et al. Photosynthetic, morphological, and reproductive variations in *Cypripedium tibeticum* in relation to different light regimes in a subalpine forest [J]. PloS one, 2017, 12(7):e0181274. DOI:10.1371/journal.pone.0181274.

[140] Subiah H A, Krishna C, Saheli B, et al. Synergistic improved efficacy of *Gymnadenia orchidis r*oot Salep and pumpkin seed on induced diabetic complications [J]. Diabetes Research and Clinical Practice, 2018, 146:278-288. DOI:10.1016/j.diabres.2018.10.025.

[141] Yan Y, Wu C H, Zhou H, et al. Secondary metabolites from *Spiranthes sinensis* (Orchidaceae) [J]. Biochemical Systematics and Ecology, 2019, 86:103910. DOI:10.1016/j.bse.2019.06.001.

[142] Huang S M, Shieh C J, Wu Y L, et al. Antioxidant Activity of *Spiranthes sinensis* and Its Protective Effect against UVB-Induced Skin Fibroblast Damage [J]. Processes, 2021, 9(9):1564. DOI:10.3390/pr9091564.

[143] Shie P H, Huang S S, Deng J S, et al. *Spiranthes sinensis* Suppresses Production of Pro-Inflammatory Mediators by Down-Regulating the NF-κB Signaling Pathway and Up-Regulating HO-1/Nrf2 Anti-Oxidant Protein [J]. The American Journal of Chinese Medicine, 2015, 43(5):969-989. DOI:10.1142/S0192415X15500561.

[144] Liu L, Yin Q M, Yan X, et al. Bioactivity-Guided Isolation of Cytotoxic Phenanthrenes from *Spiranthes sinensis* [J]. Journal of Agricultural and Food Chemistry, 2019, 67(26):7274-7280. DOI:10.1021/acs.jafc.9b01117.

[145] Zou M J, Wang R K, Yin Q M, et al. Bioassay-guided isolation and identification of anti-Alzheimer's active compounds from *Spiranthes sinensis* (Pers.) Ames [J]. Medicinal Chemistry Research, 2021, 30:1849-1855. DOI:10.1007/s00044-021-02777-8.

[146] Wang L H, Tsay J S, Chi H S. Embryological studies on *Spiranthes sinensis* (Pers.) Ames [J]. Flora, 2016, 224:191-202. DOI:10.1016/j.flora.2016.07.019.

[147] Tao Z B, Ren Z X, Peter B, et al. Does reproductive isolation reflect the segregation of color forms in *Spiranthes sinensis* (Pers.) Ames complex (Orchidaceae) in the Chinese Himalayas? [J]. Ecology and Evolution, 2018, 8(11):5455-5469. DOI:10.1002/ece3.4067.

[148] Matthew C P, Giovanny G, Jonathan F, et al. Illuminating the systematics of the *Spiranthes sinensis* species complex (Orchidaceae): ecological speciation with little morphological differentiation [J]. Botanical Journal of the Linnean Society, 2019, 189(1):36-62. DOI:10.1093/botlinnean/boy072.

[149] Fan J, Huang M Y. Chloroplast genome structure and phylogeny of *Spiranthes sinensis*, an endangered medicinal orchid plant [J]. Mitochondrial DNA Part B, 2019, 4(2):2994-2996. DOI:10.1080/23802359.2019.1664345.

[150] Li Q X, Yuan J N, Liang H Y, et al. *Spiranthes sinensis*-Inspired Circular Polarized Luminescence in a Solid Block Copolymer Film with a Controllable Helix [J]. ACS Nano, 2020, 14(7):8939-8948. DOI:10.1021/acsnano.0c03734.

[151] Hans J, Hanne D K, An V B, et al. Immigrant and extrinsic hybrid seed inviability contribute to reproductive isolation between forest and dune ecotypes of *Epipactis helleborine* (Orchidaceae) [J]. Oikos, 2018, 127(1):73-84. DOI:10.1111/oik.04329.

[152] Agnieszka R, Monika R, Iwona J, et al. Morphology and genome size of *Epipactis helleborine* (L.) Crantz (Orchidaceae) growing in anthropogenic and natural habitats [J]. PeerJ, 2018, 6:e5992. DOI:10.7717/peerj.5992.

[153] Janice V D, Whitten W M, Kurt N. What are the genomic consequences for plastids in a mixotrophic orchid (*Epipactis helleborine*)? [J]. Botany, 2021, 99(5):239-249. DOI:10.1139/cjb-2020-0054.

[154] Michał M, Marcin J, Alžběta N, et al. Three-year pot culture of *Epipactis helleborine* reveals autotrophic survival, without mycorrhizal networks, in a mixotrophic species [J]. Mycorrhiza, 2020, 30:51-61. DOI:10.1007/s00572-020-00932-4.

[155] Wolfgang S. Dynamic and constancy of two orchid species in old-field succession and beech forests on limestone - *Cephalanthera damasonium* (Mill.) Druce and *Epipactis helleborine* (L.) Crantz [J]. Tuexenia, 2020, 40:269-289. DOI:10.14471/2020.40.001.

[156] Rafał O, Klaudia K, Zbigniew Ł, et al. Species Diversity of Micromycetes Associated with *Epipactis helleborine* and *Epipactis purpurata* (Orchidaceae, Neottieae) in Southwestern Poland [J]. Diversity, 2020, 12(5):182. DOI:10.3390/d12050182.

[157] Hans J, Hanne D K, An V B, et al. Low genetic divergence and variation in coastal dune populations of the widespread terrestrial orchid *Epipactis helleborine* [J]. Botanical Journal of the Linnean Society, 2020, 193(3):419-430. DOI:10.1093/botlinnean/boaa020.

[158] Kirillova I A, Kirillov D V. Effect of Illumination Conditions on the Reproductive Success

of *Epipactis helleborine* (L.) Crantz (Orchidaceae) [J]. Russian Journal of Ecology, 2020, 51:389-393. DOI:10.1134/S1067413620040098.

[159] Agnieszka K K, Michalina P, Patrycja G, et al. Floral nectary and osmophore of *Epipactis helleborine* (L.) Crantz (Orchidaceae) [J]. Protoplasma, 2018, 255:1811-1825. DOI:10.1007/s00709-018-1274-5.

[160] Zbigniew , Anatoliy K, Elżbieta, et al. The *Epipactis helleborine* Group (Orchidaceae): An Overview of Recent Taxonomic Changes, with an Updated List of Currently Accepted Taxa [J]. Plants, 2021, 10(9):1839. DOI:10.3390/plants10091839.

[161] 中国科学院中国植物志编辑委员会 . 中国植物志•第十五卷 [M]. 北京 : 科学出版社 , 1978.

[162] 云南省卫生厅 . 云南省药品标准 :1996 年版 [M]. 昆明 : 云南大学出版社 ,1996.

[163] 施文良 . 云南民族药名录 [M]. 昆明 : 云南省药检所 , 1983.

[164] Zhou L B, Chen D F. Steroidal saponins from the roots of Asparagus *filicinus* [J]. Steroids, 2008, 73(1):83-87. DOI:10.1016/j.steroids.2007.09.002.

[165] Zhou L B, Chen T H, Kenneth F B, et al. Filiasparosides A-D, Cytotoxic Steroidal Saponins from the Roots of Asparagus *filicinus* [J]. Journal ofNatural Products, 2007, 70(8):1263-1267. DOI:10.1021/np070138w.

[166] Sharma S C, Thakur N K. Oligofurostanosides and oligospirostanosides from roots of *Asparagus filicinus* [J]. Phytochemistry, 1996, 41(2):599-603. DOI:10.1016/0031-9422(95)00549-8.

[167] Cong X D, Ye W C, Che C T. A New Enolate Furostanoside from *Asparagus Filicinus* [J]. Chinese Chemical Letters, 2000, 11(9):793-794.

[168] LI Y F, HU L H, LOU F C, et al. A new Furostanoside from *Asparagus filicinus* [J]. Chinese Chemical Letters, 2003, 14(4):379-382.

[169] Li Y F, Hu L H, Lou F C, et al. Furostanoside from *Asparagus filicinus* [J]. Journal of Asian Natural Products Research, 2005, 7(1):43-47. DOI:10.1080/10286020310001617110.

[170] Wang J P, Cai L, Chen F Y, et al. A new steroid with unique rearranged seven-membered B ring isolated from roots of *Asparagus filicinus* [J]. Tetrahedron Letters, 2017, 58(37):3590-3593. DOI:10.1016/j.tetlet.2017.07.072.

[171] Wu J J, Cheng K W, Zuo X F, et al. Steroidal saponins and ecdysterone from *Asparagus filicinus* and their cytotoxic activities [J]. Steroids, 2010, 75(10):734-739. DOI:10.1016/j.steroids.2010.05.002.

[172] Li Y, Cai L, Dong J W, et al. Innovative Approach to the Accumulation of Rubrosterone by Fermentation of *Asparagus filicinus* with *Fusarium oxysporum* [J]. Journal of Agricultural and Food Chemistry, 2015, 63(29):6596-6602. DOI:10.1021/acs.jafc.5b02570.

[173] Li Q, Li X J, Duojie, et al. Characterization of the complete chloroplast genome of *Asparagus filicinus* (Asparagaceae: Asparagoideae: Asparagus), a traditional Tibetan medicinal plant [J]. Mitochondrial DNA Part B, 2019, 4(2):3135-3136. DOI:10.1080/23802359.2019.1666688.

[174] 中国科学院中国植物志编辑委员会 . 中国植物志•第三十二卷 [M]. 北京 : 科学出版社 , 1999.

[175] 四川省药品监督管理局. 四川省藏药材标准(2020年版)[M]. 成都：四川科学技术出版社，2021.

[176] Huang Y F, Han Y T, Chen K L, et al. Separation and purification of four flavonol diglucosides from the flower of *Meconopsis integrifolia* by high-speed counter-current chromatography [J]. Journal of Separation Science, 2015, 38(23):4136-4140. DOI:10.1002/jssc.201500783.

[177] Kazutaka Y, Rinchen Y, Takayuki M, et al. Flavonol glycosides in the flowers of the Himalayan *Meconopsis paniculata* and *Meconopsis integrifolia* as yellow pigments [J]. Biochemical Systematics and Ecology, 2018, 81:102-104. DOI:10.1016/j.bse.2018.10.006.

[178] Zhou G, Chen Y X, Liu S, et al. In vitro and in vivo hepatoprotective and antioxidant activity of ethanolic extract from *Meconopsis integrifolia* (Maxim.) Franch [J]. Journal of Ethnopharmacology, 2013, 148(2):664-670. DOI:10.1016/j.jep.2013.05.027.

[179] Fan J P, Wang P, Wang X B, et al. Induction of Mitochondrial Dependent Apoptosis in Human Leukemia K562 Cells by *Meconopsis integrifolia*: A Species from Traditional Tibetan Medicine [J]. Molecules, 2015, 20(7):11981-11993. DOI:10.3390/molecules200711981.

[180] Zhang S B, Chang W, Hu H. Photosynthetic characteristics of two alpine flowers, *Meconopsis integrifolia* and *Primula sinopurpurea* [J]. The Journal of Horticultural Science and Biotechnology, 2010, 85(4):335-340. DOI:10.1080/14620316.2010.11512677.

[181] Yang F S, Qin A L, Li Y F, et al. Great Genetic Differentiation among Populations of *Meconopsis integrifolia* and Its Implication for Plant Speciation in the Qinghai-Tibetan Plateau [J]. PloS one, 2012, 7(5):e37196. DOI:10.1371/journal.pone.0037196.

[182] Guo J L, Zhang X Y, Zhang J W, et al. Genetic diversity of *Meconopsis integrifolia* (Maxim.) Franch. In the East Himalaya-Hengduan Mountains inferred from fluorescent amplified fragment length polymorphism analysis [J]. Biochemical Systematics and Ecology, 2016, 69:67-75. DOI:10.1016/j.bse.2016.08.007.

[183] Wu Y, Zhang N W, Peng H, et al. Number of Pollinators and Its Visitation Rate Incur Different Intensities of Pollen Limitation in *Meconopsis integrifolia* [J]. Russian Journal of Ecology, 2019, 50(2):193-199. DOI:10.1134/S1067413619020127.

[184] Wu Y, Zhang N W, Peng H, et al. Number of Pollinators and Their Visitation Rate Incur Different Intensities of Pollen Limitation in *Meconopsis integrifolia* [J]. Russian Journal of Ecology, 2019, 50(5):504-510. DOI:10.1134/S1067413619050126.

[185] Li R, Ma X Y, Zhang X F, et al. Complete chloroplast genome of *Meconopsis integrifolia* (Papaveraceae) [J]. Mitochondrial DNA Part B, 2020, 5(1):142-144. DOI:10.1080/23802359.2019.1698353.

[186] 四川省药品监督管理局. 四川省藏药材标准(2014年版)[M]. 成都：四川科学技术出版社，2014.

[187] Shang X F, Wang D S, Miao X L, et al. Antinociceptive and anti-tussive activities of the ethanol extract of the flowers of *Meconopsis punicea* Maxim [J]. BMC Complementary and Alternative Medicine, 2015, 15:154. DOI:10.1186/s12906-015-0671-y.

[188] Zhu Y X, Zhang D Q. Complete chloroplast genome sequences of two species used for Tibetan medicines, *Meconopsis punicea* vig. and M. henrici vig. (Papaveraceae) [J]. Mitochondrial

DNA Part B, 2020, 5(1):48-50. DOI:10.1080/23802359.2019.1693918.

[189] Liang R F, Marcos A C O, Liu Y P, et al. Characterization of the Complete Chloroplast Genome of *Meconopsis punicea* (Papaveraceae), an Endemic Species from the Qinghai-Tibet Plateau in China [J]. Cytology and Genetics, 2021, 55:183-187. DOI:10.3103/S0095452721020092.

[190] Li Z R, Zhu Z F, Wu Y. Scale dependency of pseudo-absences selection and uncertainty in climate scenarios matter when assessing potential distribution of a rare poppy plant *Meconopsis punicea* Maxim. under a warming climate [J]. Global Ecology and Conservation, 2020, 24:e01353. DOI:10.1016/j.gecco.2020.e01353.

[191] 中国科学院中国植物志编辑委员会 . 中国植物志 • 第二十九卷 [M]. 北京 : 科学出版社 , 2001.

[192] Sun Y J, Chen H J, Wang J M, et al. Sixteen New Prenylated Flavonoids from the Fruit of *Sinopodophyllum hexandrum* [J]. Molecules, 2019, 24(17):3196. DOI:10.3390/molecules24173196.

[193] Li M F, Lv M, Yang D L, et al. Temperature-regulated anatomical and gene-expression changes in *Sinopodophyllum hexandrum* seedlings [J]. Industrial Crops and Products, 2020, 152:112479. DOI:10.1016/j.indcrop.2020.112479.

[194] Lv M, Su H Y, Li M L, et al. Effect of UV-B radiation on growth, flavonoid and podophyllotoxin accumulation, and related gene expression in *Sinopodophyllum hexandrum* [J]. Plant Biology, 2021, 23(51):202-209. DOI:10.1111/plb.13226.

[195] Wang Y W, Zhang G Y, Chi X F, et al. Green and efficient extraction of podophyllotoxin from *Sinopodophyllum hexandrum* by optimized subcritical water extraction combined with macroporous resin enrichment [J]. Industrial Crops and Products, 2018, 121:267-276. DOI:10.1016/j.indcrop.2018.05.024.

[196] Sun Y J, Chen H J, Xue G M, et al. Two new flavonoid glucosides from the fruits of *Sinopodophyllum hexandrum* [J]. Natural Product Research, 2021, 35(13):2164-2169. DOI:10.1080/14786419.2019.1663518.

[197] Liu W, Yin D X, Tang N, et al. Quality evaluation of *Sinopodophyllum hexandrum* (Royle) Ying based on active compounds, bioactivities and RP-HPLC fingerprint [J]. Industrial Crops and Products, 2021, 174:114159. DOI:10.1016/j.indcrop.2021.114159.

[198] GUO Q Q, LI H E, GAO C, et al. Leaf traits and photosynthetic characteristics of endangered *Sinopodophyllum hexandrum* (Royle) Ying under different light regimesin Southeastern Tibet Plateau [J]. Photosynthetica, 2019, 57(2):548-555. DOI:10.32615/ps.2019.080.

[199] Guo Q Q, Yang R, Li H E. Genetic diversity and structure of *Sinopodophyllum hexandrum* populations in the Tibetan region of Qinghai-Tibet plateau, China [J]. Pakistan Journal of Botany, 2020, 52(6):2087-2093. DOI:10.30848/PJB2020-6(26).

[200] Cao X L, Li M L, Li Jie, et al. Co-expression of hydrolase genes improves seed germination of *Sinopodophyllum hexandrum* [J]. Industrial Crops and Products, 2021, 164:113414. DOI:10.1016/j.indcrop.2021.113414.

[201] Yang Z, Guo P P, Han R, et al. Methanol linear gradient counter-current chromatography for the separation of natural products: *Sinopodophyllum hexandrum* as samples [J]. Journal of

Chromatography A, 2019, 1603:251-261. DOI:10.1016/j.chroma.2019.06.055.

[202] 中国科学院中国植物志编辑委员会 . 中国植物志 • 第二十七卷 [M]. 北京 : 科学出版社 , 1979.

[203] Gao C Y, Youssef E A, Maged S, et al. Alkaloids of *Thalictrum delavayi* [J]. Phytochemistry, 1990, 29(6):1895-1897. DOI:10.1016/0031-9422(90)85036-F.

[204] Li M, Chen X, Tang Q M, et al. Isoquinoline Alkaloids from *Thalictrum delavayi* [J]. Planta Medica, 2001, 67(2):189-190. DOI:10.1055/s-2001-11518.

[205] WANG Y, YANG X S, LUO B, et al. Chemical Constituents of *Thalictrum delavayi* [J]. Acta Botanica Sinica, 2003, 45(4):500-502.

[206] Yin T P, Wang M, Ding Z B, et al. Chemical constituents from *Thalictrum delavayi* and their chemotaxonomic significance [J]. Biochemical Systematics and Ecology, 2019, 85:1-2. DOI:10.1016/j.bse.2019.04.002.

[207] Suzuki M, Nakagawa K, Fukui H, et al. Alkaloid production in cell suspension cultures of *Thalictrum flavum* and T. *dipterocarpum* [J]. Plant Cell Reports, 1988, 7:26-29. DOI:10.1007/BF00272971.

[208] Hansen L N, Funnell K A, Mackay B R. Silver thiosulphate reduces ethylene-induced flower shattering in *Thalictrum delavayi* [J]. New Zealand Journal of Crop and Horticultural Science, 1996, 24(2):203-205. DOI:10.1080/01140671.1996.9513954.

[209] Huang N, Funnell K A, MacKay B R. Vernalization and Growing Degree-day Requirements for Flowering of *Thalictrum delavayi* 'Hewitt's Double' [J]. HortScience, 1999, 34(1):59-61. DOI:10.21273/HORTSCI.34.1.59.

[210] Yuan Q, Yang Q E. (2530) Proposal to conserve the name *Thalictrum delavayi* against T. thibeticum (*Ranunculaceae*) [J]. Taxon, 2017, 66(3):761. DOI:10.12705/663.29.

[211] Chen S B, Gao G Y, Leung H W, et al. Aquiledine and Isoaquiledine, Novel Flavonoid Alkaloids from *Aquilegia ecalcarata* [J]. Journal of Natural Products, 2001, 64(1):85-87. DOI:10.1021/np000256i.

[212] Chen S B, Gao G Y, Li Y S, et al. Cytotoxic Constituents from *Aquilegia ecalcarata* [J]. Planta Medica, 2002, 68(6):554-556. DOI:10.1055/s-2002-32555.

[213] Xue C, Geng F D, Li J J, et al. Divergence in the *Aquilegia ecalcarata* complex is correlated with geography and climate oscillations: Evidence from plastid genome data [J]. Molecular Ecology, 2021, 30(22):5796-5813. DOI:10.1111/mec.16151.

[214] Xue C, Geng F D, Zhang X Y, et al. Morphological variation pattern of *Aquilegia ecalcarata* and its relatives [J]. Journal of Systematics and Evolution, 2020, 58(3):221-233. DOI:10.1111/jse.12494.

[215] Geng F D, Xie J H, Xue C, et al. Loss of innovative traits underlies multiple origins of *Aquilegia ecalcarata* [J]. Journal of Systematics and Evolution, 2022, 60(6):1291-1302. DOI:10.1111/jse.12808.

[216] Tan J J, Tan C H, Ruan B Q, et al. Two new 18-carbon norditerpenoid alkaloids from *Aconitum sinomontanum* [J]. Journal of Asian Natural Products Research, 2006, 8(6):535-539. DOI:10.1080/10286020500175643.

[217] Xu B, Xue J H, Tan J J, et al. Two New Alkaloids from the Roots of *Aconitum sinomontanum* Nakai [J]. Helvetica Chimica Acta, 2014, 97(5):727-732. DOI:10.1002/hlca.201300288.

[218] Tang H, Wen F L, Wang S H, et al. New C20-diterpenoid alkaloids from *Aconitum sinomontanum* [J]. Chinese Chemical Letters, 2016, 27(5):761-763. DOI:10.1016/j.cclet.2016.02.004.

[219] Yuan C L, Wang X L. Isolation of active substances and bioactivity of *Aconitum sinomontanum* Nakai [J]. Natural Product Research, 2012, 26(22):2099-2102. DOI:10.1080/14786419.2011.616505.

[220] Zhang J, Li Y Z, Cui Y W, et al. Diterpenoid Alkaloids from the Roots of *Aconitum sinomontanum* and Their Evaluation of Immunotoxicity [J]. Records of Natural Products, 2019, 13(2):114-120. DOI:10.25135/rnp.89.18.05.296.

[221] Zhang L J, Miao X L, Li Y, et al. Toxic and active material basis of *Aconitum sinomontanum* Nakai based on biological activity guidance and UPLC-Q/TOF-MS technology [J]. Journal of Pharmaceutical and Biomedical Analysis, 2020, 188:113374. DOI:10.1016/j.jpba.2020.113374.

[222] Li Y, Zeng J, Tian Y H, et al. Isolation, identification, and activity evaluation of diterpenoid alkaloids from *Aconitum sinomontanum* [J]. Phytochemistry, 2021, 190:112880. DOI:10.1016/j.phytochem.2021.112880.

[223] Zhang Q, Tan J J, Chen X Q, et al. Two novel C18-diterpenoid alkaloids, sinomontadine with an unprecedented seven-membered ring A and chloride-containing sinomontanine N from *Aconitum sinomontanum* [J]. Tetrahedron Letters, 2017, 58(18):1717-1720. DOI:10.1016/j.tetlet.2017.03.013.

[224] Guo T, Zhang Y T, Zhao J H, et al. Nanostructured lipid carriers for percutaneous administration of alkaloids isolated from *Aconitum sinomontanum* [J]. Journal of Nanobiotechnology, 2015, 13:47. DOI:10.1186/s12951-015-0107-3.

[225] Guo T, Zhang Y T, Li Z, et al. Microneedle-mediated transdermal delivery of nanostructured lipid carriers for alkaloids from *Aconitum sinomontanum* [J]. Artificial Cells, Nanomedicine, and Biotechnology, 2018, 46(8):1541-1551. DOI:10.1080/21691401.2017.1376676.

[226] Qu S J, Tan C H, Liu Z L, et al. Diterpenoid alkaloids from *Aconitum tanguticum* [J]. Phytochemistry Letters, 2011, 4(2):144-146. DOI:10.1016/j.phytol.2011.02.003.

[227] Zhang Z T, Chen D L, Chen Q H, et al. Bis-Diterpenoid Alkaloids from *Aconitum tanguticum* var. *trichocarpum* [J]. Helvetica Chimica Acta, 2013, 96(4):710-718. DOI:10.1002/hlca.201200256.

[228] Zhang Z T, Liu X Y, Chen D L, et al. Three New C20-Diterpenoid Alkaloids from *Aconitum tanguticum* var. *trichocarpum* [J]. Natural Product Communications, 2015, 10(6):861-862. DOI:10.1177/1934578X1501000615.

[229] Xu L, Luo M, Lin L M, et al. Three new phenolic glycosides from the Tibetan medicinal plant *Aconitum tanguticum* [J]. Journal of Asian Natural Products Research, 2013, 15(7):743-749. DOI:10.1080/10286020.2013.799145.

[230] Li Y R, Liu T, Yan R Y, et al. Three new phenolic glycosides from the whole plant of *Aconitum tanguticum* (Maxim.) Stapf [J]. Phytochemistry Letters, 2015, 11:311-315. DOI:10.1016/

j.phytol.2015.01.020.

[231] Xu L, Zhang X, Lin L M, et al. Two new flavonol glycosides from the Tibetan medicinal plant *Aconitum tanguticum* [J]. Journal of Asian Natural Products Research, 2013, 15(7):737-742. DOI:10.1080/10286020.2013.799144.

[232] Li Y R, Xu L, Li C, et al. Two new compounds from *Aconitum tanguticum* [J]. Journal of Asian Natural Products Research, 2014, 16(7):730-734. DOI:10.1080/10286020.2014.904292.

[233] Wu G T, Du L D, Zhao L, et al. The total alkaloids of *Aconitum tanguticum* protect against lipopolysaccharide-induced acute lung injury in rats [J]. Journal of Ethnopharmacology, 2014, 155(3):1483-1491. DOI:10.1016/j.jep.2014.07.041.

[234] Fan X R, Yang L H, Liu Z H, et al. Diterpenoid alkaloids from the whole plant of *Aconitum tanguticum* (Maxim.) Stapf [J]. Phytochemistry, 2019, 160:71-77. DOI:10.1016/j.phytochem.2018.11.008.

[235] Li Q, Li X J, Qieyang R Z, et al. Characterization of the complete chloroplast genome of the Tangut monkshood *Aconitum tanguticum* (Ranunculales: Ranunculaceae) [J]. Mitochondrial DNA Part B, 2020, 5(3):2306-2307. DOI:10.1080/23802359.2020.1773338.

[236] Agnieszka S, Marianna S, Magdalena L, et al. Influence of polysaccharide fraction C isolated from *Caltha palustris* L. on T and B lymphocyte subsets in mice [J]. Central European Journal of Immunology, 2012, 37(3):193-199. DOI:10.5114/ceji.2012.30792.

[237] Agnieszka S, Marianna S, Magdalena L, et al. Modulation of murine T and B lymphocyte subsets by polysaccharide fraction B isolated from *Caltha palustris* L. [J]. Central European Journal of Immunology, 2013, 38(2):175-182. DOI:10.5114/ceji.2013.35212.

[238] Agnieszka S, Bożena O M. Influence of polysaccharide fractions isolated from *Caltha palustris* L. on the cellular immune response in collagen-induced arthritis (CIA) in mice. A comparison with methotrexate [J]. Journal of Ethnopharmacology, 2013, 145(1):109-117. DOI:10.1016/j.jep.2012.10.038.

[239] Agnieszka S, Bożena O M. Effects of polysaccharide fractions isolated from *Caltha palustris* L. on the activity of phagocytic cells & humoral immune response in mice with collagen-induced arthritis: A comparison with methotrexate [J]. Indian Journal of Medical Research, 2017, 145(2):229-236. DOI:10.4103/ijmr.IJMR_704_14.

[240] Lee K T, Sung W Y. Multiple organ failure leading to death after ingestion of *Caltha palustris* [J]. Medicine, 2021, 100(46):e27891. DOI:10.1097/MD.0000000000027891.

[241] Marlies E W V D W, Karla N, Leon P M L, et al. Differential responses of the freshwater wetland species *Juncus effusus* L. and Caltha palustris L. to iron supply in sulfidic environments [J]. Environmental Pollution, 2007, 147(1):222-230. DOI:10.1016/j.envpol.2006.08.024.

[242] Puneet K, Vijay K S. Cytology of *Caltha palustris* L. (Ranunculaceae) from Cold Regions of Western Himalayas [J]. Cytologia, 2008, 73(2):137-143. DOI:10.1508/cytologia.73.137.

[243] Jelena B, Vladimir J, Tanja A, et al. Chromosome status of marsh marigold, *Caltha palustris* L. (Ranunculaceae) from Serbia [J]. Genetika, 2013, 45(3):793-798. DOI:10.2298/GENSR1303793B.

[244] Charles S E, Kai H, Björn R. A new leaf-mMining dark-winged fungus gnat (Diptera: Sciaridae), with notes on other insect associates of marsh marigold (ranunculaceae: *Caltha palustris* L.) [J]. Proceedings of the Entomological Society of Washington, 2016, 118(4):519-532. DOI:10.4289/0013-8797.118.4.519.

[245] Lee J, Kim Y, Chun H S, et al. The complete chloroplast genome of *Caltha Palustris* (Ranunculaceae) [J]. Mitochondrial DNA Part B, 2018, 3(2):1090-1091. DOI:10.1080/23802359.2018.1508383.

[246] Zou Q Y, Shen J P, Zhu Y D, et al. Soulieoside r: a new cycloartane triterpenoid glycoside from *souliea vaginata* [J]. Records of Natural Products, 2018, 12(1):95-100. DOI:10.25135/rnp.10.17.06.103.

[247] Wu H F, Liu X, Zhu Y D, et al. A new cycloartane triterpenoid glycoside from *Souliea vaginata* [J]. Natural Product Research, 2017, 31(21):2484-2490. DOI:10.1080/14786419.2017.1314283.

[248] Zou Q Y, Wu M C, Zhu Y D, et al. A novel cycloartane triterpenoid bisdesmoside from *actaea vaginata* [J]. Natural Product Communications, 2017, 12(10):1571-1572. DOI:10.1177/1934578X1701201011.

[249] Wu H F, Zhang G, Wu M C, et al. A new cycloartane triterpene glycoside from *Souliea vaginata* [J]. Natural Product Research, 2016, 30(20):2316-2322. DOI:10.1080/14786419.2016.1169415.

[250] Wu H F, Zhu Y D, Sun Z H, et al. Structure elucidation of a new cycloartane triterpene glycoside from *Souliea vaginata* by NMR [J]. Magnetic Resonance in Chemistry, 2016, 54(12):991-994. DOI:10.1002/mrc.4497.

[251] Wu H F, Li P F, Zhu Y D, et al. Soulieoside O, a new cyclolanostane triterpenoid glycoside from *Souliea vaginata* [J]. Journal of Asian Natural Products Research, 2017, 19(12):1177-1182. DOI:10.1080/10286020.2017.1307190.

[252] Zhang M L, Yang Q W, Zhang X F, et al. A new cycloartane triterpene bisdesmoside from the rhizomes of *Actaea vaginata* [J]. Natural Product Research, 2021, 35(20):3426-3431. DOI:10.1080/14786419.2019.1700509.

[253] Fang Z J, Zhang T, Chen S X, et al. Cycloartane triterpenoids from *Actaea vaginata* with anti-inflammatory effects in LPS-stimulated RAW264.7 macrophages [J]. Phytochemistry, 2019, 160:1-10. DOI:10.1016/j.phytochem.2019.01.003.

[254] Tian Z, Zhou L, Huang F, et al. Anti-cancer activity and mechanisms of 25-anhydrocimigenol-3-O-β-D-xylopyranoside isolated from *Souliea vaginata* on hepatomas [J]. Anti-Cancer Drugs, 2006, 17(5):545-551. DOI:10.1097/00001813-200606000-00008.

[255] Wu H F, Yang Z X, Wang Q R, et al. A new cytotoxic cyclolanostane triterpenoid xyloside from *souliea vaginata* [J]. Natural Product Communications, 2017, 12(2):229-232. DOI:10.1177/1934578X1701200222.

[256] 青海省生物研究所，同仁县隆务诊疗所．青藏高原药物图鉴·第一册 [M]. 西宁：青海人民出版社，1972.

[257] Sun H Y, Liu B B, Hu J Y, et al. Novel cycloartane triterpenoid from *Cimicifuga foetida* (Sheng ma) induces mitochondrial apoptosis via inhibiting Raf/MEK/ERK pathway and Akt

phosphorylation in human breast carcinoma MCF-7 cells [J]. Chinese Medicine, 2016, 11:1. DOI:10.1186/s13020-015-0073-6.

[258] Wu D S, Yao Q, Chen Y J, et al. The in Vitro and in Vivo Antitumor Activities of Tetracyclic Triterpenoids Compounds Actein and 26-Deoxyactein Isolated from Rhizome of *Cimicifuga foetida* L. [J]. Molecules, 2016, 21(8):1001. DOI:10.3390/molecules21081001.

[259] Zhu G L, Nian Y, Zhu D F, et al. Cytotoxic 9,19-cycloartane triterpenoids from the roots of *Cimicifuga foetida* L. [J]. Phytochemistry Letters, 2016, 18:105-112. DOI:10.1016/j.phytol.2016.06.002.

[260] Zhou C X, Yu Y E, Sheng R, et al. Cimicifoetones A and B, Dimeric Prenylindole Alkaloids as Black Pigments of *Cimicifuga foetida* [J]. Chemistry - An Asian Journal, 2017, 12(12):1277-1281. DOI:10.1002/asia.201700348.

[261] Gao L, Zheng T, Xue W, et al. Efficacy and safety evaluation of *Cimicifuga foetida* extract in menopausal women [J]. Climacteric, 2018, 21(1):69-74. DOI:10.1080/13697137.2017.1406913.

[262] Wang Y P, Ma D, Cheng X T, et al. Comparison Of *Cimicifuga foetida* extract and different hormone therapies regarding in causing breast pain in early postmenopausal women [J]. Gynecological Endocrinology, 2019, 35(2):160-164. DOI:10.1080/09513590.2018.1505845.

[263] Shi Q Q, Lu S Y, Li D S, et al. Cycloartane triterpene glycosides from rhizomes of *Cimicifuga foetida* L. with lipid-lowering activity on 3T3-L1 adipocytes [J]. Fitoterapia, 2020, 145:104635. DOI:10.1016/j.fitote.2020.104635.

[264] Lu N H, Zhang Z W, Guo R W, et al. Yunnanterpene G, a spiro-triterpene from the roots of *Cimicifuga foetida*, downregulates the expression of CD147 and MMPs in PMA differentiated THP-1 cells [J]. RSC Advances, 2018, 8:15036-15043. DOI:10.1039/c8ra01895b.

[265] Lu N H, Yang Y R, Li X F, et al. New cycloartane triterpenes from the roots of *Cimicifuga foetid*a [J]. Phytochemistry Letters, 2021, 42:109-116. DOI:10.1016/j.phytol.2021.01.009.

[266] Shi Q Q, Lu J, Peng X R, et al. Cimitriteromone A-G, Macromolecular Triterpenoid-Chromone Hybrids from the Rhizomes of *Cimicifuga foetida* [J]. The Journal of Organic Chemistry, 2018, 83(17):10359-10369. DOI:10.1021/acs.joc.8b01466.

[267] 中国科学院中国植物志编辑委员会 . 中国植物志 • 第二十八卷 [M]. 北京 : 科学出版社 , 1980.

[268] Zhong H M, Chen C X, Tian X, et al. Triterpenoid Saponins from *Clematis tangutica* [J]. Planta Medica, 2001, 67(5):484-488. DOI:10.1055/s-2001-15803.

[269] Zhong H M, Chen C X, Tian X, et al. Triterpenoid Saponins from *Clematis tangutica* [J]. Chinese Chemical Letters, 1999, 10(5):391-394.

[270] Wei Y F, Chen T, Wang S, et al. Separation of a new triterpenoid saponin together with six known ones from *Clematis tangutica* (Maxim.) Korsh and evaluation of their cytotoxic activities [J]. Natural Product Research, 2023, 37(3):375-382. DOI:10.1080/14786419.2021.1984468.

[271] Du Z Z, Zhu N, Ze-Ren-Wang-Mu N, et al. Two New Antifungal Saponins from the Tibetan Herbal Medicine *Clematis tangutica* [J]. Planta Medica, 2003, 69(6):547-551. DOI:10.1055/s-2003-40652.

[272] Du Z Z, Zhu N, Shen Y M. Two novel antifungal saponins from tibetan herbal medicine *clematis tangutica* [J]. Chinese Chemical Letters, 2003, 14(7):707-710.

[273] Zhang W, Wang X Y, Tang H F, et al. Triterpenoid saponins from *Clematis tangutica* and their cardioprotective activities [J]. Fitoterapia, 2013, 84:326-331. DOI:10.1016/j.fitote.2012.12.011

[274] Zhang W, Yao M N, Tang H F, et al. Triterpenoid saponins with anti-myocardial ischemia activity from the whole plants of *clematis tangutica* [J]. Planta Medica, 2013, 79(8):673-679. DOI:10.1055/s-0032-1328541.

[275] Zhao M, Da-Wa Z M, Guo D L, et al. *Cytotoxic triterpenoid* saponins from clematis tangutica [J]. Phytochemistry, 2016, 130:228-237. DOI:10.1016/j.phytochem.2016.05.009.

[276] Zhu Y R, Di S Y, Hu W, et al. A new flavonoid glycoside (APG) isolated from *Clematis tangutica* attenuates myocardial ischemia/reperfusion injury via activating PKCε signaling [J]. Biochimica et Biophysica Acta (BBA) - Molecular Basis of Disease, 2017, 1863(3):701-711. DOI:10.1016/j.bbadis.2016.12.013.

[277] Nina V C, Olga A C. Comparative study of ontomorphogenesis and anatomy of different ecotypes of *Clematis tangutica* (Maxim.) Korsh. (Ranunculaceae) based on the evo-devo concept [J]. Wulfenia, 2020, 27:211-220.

[278] 甘肃省食品药品监督管理局 . 甘肃省中药材标准(2009 年版)[M]. 兰州 : 甘肃文化出版社 , 2009.

[279] Zhang Y, Niu X N, Jia Y C, et al. Cytotoxic triterpenoid saponins from the root of *Anemone tomentosa* (Maxim.) Pei [J]. Natural Product Research, 2020, 34(24):3462-3469. DOI:10.1080/14786419.2019.1578765.

[280] Wang Y, Kang W, Hong L J, et al. Triterpenoid saponins from the root of *Anemone tomentosa* [J]. Journal of Natural Medicines, 2013, 67:70-77. DOI:10.1007/s11418-012-0649-8.

[281] Hu H B, Zheng X D, Jian Y F, et al. Constituents of the root of *Anemone tomentosa* [J]. Archives of Pharmacal Research, 2011, 34(7):1097-1105. DOI:10.1007/s12272-011-0707-x.

[282] Hu H B, Zheng X D, Zhu J H, et al. Two Glycosides and Other Constituents from *Anemone tomentosa* Roots [J]. Helvetica Chimica Acta, 2011, 94(4):711-718. DOI:10.1002/hlca.201000278.

[283] Liao X, Peng S L, Li B G, et al. A New Triterpenoid Saponin from *Anemone tomentosa* [J]. Chinese Chemical Letters, 1999, 10(12):1035-1036.

[284] Hu H B, Zheng X D, Jian Y F, et al. Flavonoids from *Anemone tomentosa* roots [J]. Chemistry of Natural Compounds, 2010, 46(4):636-637. DOI:10.1007/s10600-010-9697-z.

[285] 朱琚元 . 楚雄彝州本草 [M]. 昆明 : 云南民族出版社 , 1998.

[286] Mizutani K, Ohtani K, Wei J X, et al. Saponins from *Anemone rivularis* [J]. Planta Medica, 1984, 50(4):327-331. DOI:10.1055/s-2007-969722.

[287] Shao J H, Zhao C C, Zhao R. A new cerebroside from *Anemone rivularis* [J]. Chemistry of Natural Compounds, 2013, 49(4):694-695. DOI:10.1007/s10600-013-0709-7.

[288] Chau T A M, Nguyen M K, Phuong T T, et al. A new saponin and other constituents from *Anemone rivularis* Buch.-Ham. [J]. Biochemical Systematics and Ecology, 2012, 44:270-274. DOI:10.1016/j.bse.2012.03.017.

[289] Zhao C C, Shao J H, Fan J D. A new triterpenoid with antimicrobial activity from *Anemone rivularis* [J]. Chemistry of Natural Compounds, 2012, 48(5):803-805. DOI:10.1007/s10600-012-0387-x.

[290] Chung T W, Lee J H, Choi H J, et al. *Anemone rivularis* inhibits pyruvate dehydrogenase kinase activity and tumor growth [J]. Journal of Ethnopharmacology, 2017, 203:47-54. DOI:10.1016/j.jep.2017.03.034.

[291] Hiromichi Y, Hiromichi M, Ryouji K, et al. Application of Borate Ion-Exchange Mode High-Performance Liquid Chromatography to Separation of Glycosides : Saponins of Ginseng, *Sapindus mukurossi* GAERTN. and Anemone rivularis BUCH.-HAM. [J]. Chemical and Pharmaceutical Bulletin, 1986, 34(7):2859-2867. DOI:10.1248/cpb.34.2859.

[292] Tiwari K P, Singh R B. Rivularinin, a new saponin from *Anemone rivularis* [J]. Phytochemistry, 1978, 17(11):1991-1994. DOI:10.1016/S0031-9422(00)88749-X.

[293] Vijay K S, Puneet K, Dalvir K, et al. Chromatin Transfer during Male Meiosis Resulted into Heterogeneous Sized Pollen Grains in *Anemone rivularis* Buch.-Ham. ex DC. from Indian Cold Deserts [J]. Cytologia, 2009, 74(2):229-234. DOI:10.1508/cytologia.74.229.

[294] Rohit K, Pawan K R, Himshikha, et al. Structural heterozygosity and cytomixis driven pollen sterility in *Anemone rivularis* Buch.-Ham. ex DC. from Western Himalaya (India) [J]. Caryologia, 2015, 68(3):246-253. DOI:10.1080/00087114.2015.1032615.

[295] Zhang S, Ai H L, Yu W B, et al. Flower heliotropism of *Anemone rivularis* (Ranunculaceae) in the Himalayas: effects on floral temperature and reproductive fitness [J]. Plant Ecology, 2010, 209:301-312. DOI:10.1007/s11258-010-9739-4.

[296] Tiwari K P, Masood M. Obtusilobicinin, a new saponin from *Anemone obtusiloba* [J]. Phytochemistry, 1980, 19(6):1244-1247. DOI:10.1016/0031-9422(80)83099-8.

[297] Masood M, Pandey Ashok, Tiwari K P. Obtusilobinin and obtusilobin, two new triterpene saponins from *Anemone obtusiloba* [J]. Phytochemistry, 1979, 18(9):1539-1542. DOI:10.1016/S0031-9422(00)98492-9.

[298] Liang W J, Ma Y B, Geng C A, et al. Paeoveitols A-E from *Paeonia veitchii* [J]. Fitoterapia, 2015, 106:36-40. DOI:10.1016/j.fitote.2015.07.015.

[299] Fu Q, Tan M L, Yuan H M, et al. Monoterpene glycosides from *Paeonia veitchii* [J]. Journal of Asian Natural Products Research, 2017, 19(1):22-27. DOI:10.1080/10286020.2016.1194832.

[300] Liang W J, Geng C A, Zhang X M, et al. (±)-Paeoveitol, a Pair of New Norditerpene Enantiomers from *Paeonia veitchii* [J]. Organic Letters, 2014, 16(2):424-427. DOI:10.1021/ol403315d.

[301] Xu X X, Wu Y Z. Studies on the Separation of Monoterpene Glycosides from *Paeonia Veitchii* Lynch. Herbs [J]. Pharmaceutical Chemistry Journal, 2016, 50(8):568-572. DOI:10.1007/s11094-016-1491-1.

[302] Shefton P, Brian M, Claire Z, et al. A Pharmacological Review of Bioactive Constituents of *Paeonia lactiflora* Pallas and *Paeonia veitchii* Lynch [J]. Phytotherapy Research, 2016, 30(9):1445-1473. DOI:10.1002/ptr.5653.

[303] Zhang Y, Liu P, Gao J Y, et al. *Paeonia veitchii* seeds as a promising high potential by-

product: Proximate composition, phytochemical components, bioactivity evaluation and potential applications [J]. Industrial Crops and Products, 2018, 125:248-260. DOI:10.1016/j.indcrop.2018.08.067.

[304] Zhang K L, Zhang Y, Tao J. Predicting the Potential Distribution of *Paeonia veitchii* (Paeoniaceae) in China by Incorporating Climate Change into a Maxent Model [J]. Forests, 2019, 10(2):190. DOI:10.3390/f10020190.

[305] Yuan M, Yan Z G, Sun D Y, et al. New Insights into the Impact of Ecological Factor on Bioactivities and Phytochemical Composition of *Paeonia veitchii* [J]. Chemistry & Biodiversity, 2020, 17(12):e2000813. DOI:10.1002/cbdv.202000813.

[306] Wang S Q, Su L L, Liu Q. A study on meiotic behaviour in *Paeonia anomala* subsp. veitchii, Paeoniaceae [J]. Acta Botanica Gallica, 2013, 160(1):27-32. DOI:10.1080/12538078.2013.772499.

[307] Zhang G, Sun J, Li Y M, et al. The complete chloroplast genome of *Paeonia anomala* subsp. veitchii [J]. Mitochondrial DNA Part B, 2016, 1(1):191-192. DOI:10.1080/23802359.2015.1137838.

[308] 中国科学院中国植物志编辑委员会 . 中国植物志 • 第三十四卷 • 第二分册 [M]. 北京 : 科学出版社 , 1992.

[309] Dang J, Tao Y D, Shao Y, et al. Antioxidative extracts and phenols isolated from Qinghai-Tibet Plateau medicinal plant *Saxifraga tangutica* Engl. [J]. Industrial Crops and Products, 2015, 78:13-18. DOI:10.1016/j.indcrop.2015.10.023.

[310] Dang J, Jiao L J, Wang W D, et al. Chemotaxonomic importance of diarylheptanoids and phenylpropanoids in *Saxifraga tangutica* (Saxifragaceae) [J]. Biochemical Systematics and Ecology, 2017, 72:29-31. DOI:10.1016/j.bse.2017.04.002.

[311] Dang J, Zhao J Q, Tao Y D, et al. A New Diarylheptanoid from *Saxifraga tangutica* [J]. Chemistry of Natural Compounds, 2017, 53(1):48-50. DOI:10.1007/s10600-017-1908-4.

[312] Dang J, Zhang L, Wang Q L, et al. Target separation of flavonoids from *Saxifraga tangutica* using two-dimensional hydrophilic interaction chromatography/reversed-phase liquid chromatography [J]. Journal of Separation Science, 2018, 41(24):4419-4429. DOI:10.1002/jssc.201800534.

[313] Dang J, Wang Q, Wang Q L, et al. Preparative isolation of antioxidative gallic acid derivatives from *Saxifraga tangutica* using a class separation method based on medium-pressure liquid chromatography and reversed-phase liquid chromatography [J]. Journal of Separation Science, 2021, 44(20):3734-3746. DOI:10.1002/jssc.202100325.

[314] Lu Y, Yue X F, Zhang Z Q, et al. Analysis of *Rodgersia aesculifolia* Batal. Rhizomes by Microwave-Assisted Solvent Extraction and GC-MS [J]. Chromatographia, 2007, 66(5-6):443-446. DOI:10.1365/s10337-007-0335-2.

[315] Zhang H, Su Y F, Wu Z H, et al. Bergenin glycosides from *Rodgersia aesculifolia* [J]. Phytochemistry Letters, 2015, 13:114-118. DOI:10.1016/j.phytol.2015.05.024.

[316] Zhang Z P, Xue K Y, Ma D L, et al. Bioactive and bioenergy ingredients of *Rodgersia aesculifolia* grown at high altitude [J]. Thermal Science, 2020, 24(3A):1769-1775.

DOI:10.2298/TSCI190609050Z.
[317] 中国科学院中国植物志编辑委员会 . 中国植物志 • 第三十四卷 • 第一分册 [M]. 北京 : 科学出版社 , 1984.
[318] Yang H, Mei S X, Peng L Y, et al. A New Glucoside from *Rhodiola fastigiata* (Crassulaceae) [J]. Acta Botanica Sinica, 2002, 44(2):224-226.
[319] Liu H J, Xu Y, Liu Y J, et al. Plant regeneration from leaf explants of *Rhodiola fastigiata* [J]. In Vitro Cellular & Developmental Biology - Plant, 2006, 42:345-347. DOI:10.1079/IVP2006773.
[320] Li T, He X. Studies on two economically and medicinally important plants, Rhodiola crenulata and *Rhodiola fastigiata* of Tibet and Sichuan Province, China [J]. Pakistan Journal of Botany, 2016, 48(5):2031-2038.
[321] Zhang J Q, Zhong D L, Song W J, et al. Climate Is Not All: Evidence From Phylogeography of *Rhodiola fastigiata* (Crassulaceae) and Comparison to Its Closest Relatives [J]. Frontiers in Plant Science, 2018, 9:462. DOI:10.3389/fpls.2018.00462.
[322] Chen K K, Liu J, Ma Z C, et al. Rapid identification of chemical constituents of *Rhodiola crenulata* using liquid chromatography-mass spectrometry pseudotargeted analysis [J]. Journal of Separation Science, 2021, 44(20):3747-3776. DOI:10.1002/jssc.202100342.
[323] Tian T, Zhou B W, Wu L H, et al. Non-targeted screening of pyranosides in *Rhodiola crenulata* using an all ion fragmentation-exact neutral loss strategy combined with liquid chromatography-quadrupole time-of-flight mass spectrometry [J]. Phytochemical Analysis, 2021, 32(6):1039-1050. DOI:10.1002/pca.3045.
[324] Liu X C, Tang Y L, Zeng J L, et al. Biochemical characterization of tyrosine aminotransferase and enhancement of salidroside production by suppressing tyrosine aminotransferase in *Rhodiola crenulata* [J]. Industrial Crops and Products, 2021, 173:114075. DOI:10.1016/j.indcrop.2021.114075.
[325] Dong T T, Sha Y Q, Liu H R, et al. Altitudinal Variation of Metabolites, Mineral Elements and Antioxidant Activities of *Rhodiola crenulata* (Hook.f. & Thomson) H.Ohba [J]. Molecules, 2021, 26(23):7383. DOI:10.3390/molecules26237383.
[326] Hou Y, Tang Y, Wang X B, et al. *Rhodiola Crenulata* ameliorates exhaustive exercise-induced fatigue in mice by suppressing mitophagy in skeletal muscle [J]. Experimental and Therapeutic Medicine, 2020, 20(4):3161-3173. DOI:10.3892/etm.2020.9072.
[327] Sun W, Liu C, Wang Y N, et al. *Rhodiola crenulata* protects against Alzheimer's disease in rats: A brain lipidomics study by Fourier-transform ion cyclotron resonance mass spectrometry coupled with high-performance reversed-phase liquid chromatography and hydrophilic interaction liquid chromatography [J]. Rapid Communications in Mass Spectrometry, 2021, 35(2):e8969. DOI:10.1002/rcm.8969.
[328] Sun W, Liu C, Zhou X, et al. Serum lipidomics study reveals protective effects of *Rhodiola crenulata* extract on Alzheimer's disease rats [J]. Journal of Chromatography B, 2020, 1158:122346. DOI:10.1016/j.jchromb.2020.122346.
[329] Ren H H, Niu Z, Guo R, et al. *Rhodiola crenulata* extract decreases fatty acid oxidation and

autophagy to ameliorate pulmonary arterial hypertension by targeting inhibition of acylcarnitine in rats [J]. Chinese Journal of Natural Medicines, 2021, 19(2):120-133. DOI:10.1016/S1875-5364(21)60013-4.

[330] Wang L, Wang Y H, Yang W, et al. Network pharmacology and molecular docking analysis on mechanisms of Tibetan Hongjingtian (*Rhodiola crenulata*) in the treatment of COVID-19 [J]. Journal of Medical Microbiology, 2021, 70(7):001374. DOI:10.1099/jmm.0.001374.

[331] Wang Y, Tao H X, Huang H M, et al. The dietary supplement *Rhodiola crenulata* extract alleviates dextran sulfate sodium-induced colitis in mice through anti-inflammation, mediating gut barrier integrity and reshaping the gut microbiome [J]. Food & Function, 2021, 12(7):3142-3158. DOI:10.1039/d0fo03061a.

[332] Ma D D, Wang L J, Jin Y B, et al. Application of UHPLC Fingerprints Combined with Chemical Pattern Recognition Analysis in the Differentiation of Six *Rhodiola Species* [J]. Molecules, 2021, 26(22):6855. DOI:10.3390/molecules26226855.

[333] Li X H, Wang X B, Hong D X, et al. Metabolic Discrimination of Different *Rhodiola Species* Using 1H-NMR and GEP Combinational Chemometrics [J]. Chemical and Pharmaceutical Bulletin, 2019, 67(2):81-87. DOI:10.1248/cpb.c18-00509.

[334] Zhao K H, Xu Y J, Peng S Y, et al. The complete chloroplast genome sequence of *Rhodiola sacra* (Prain ex Hamet) S. H. Fu [J]. Mitochondrial DNA Part B, 2019, 4(2):3033-3034. DOI: 10.1080/23802359.2019.1667275.

[335] Zhang G Y, Liu Y R. The complete chloroplast genome of the Tibetan medicinal plant *Rhodiola kirilowii* [J]. Mitochondrial DNA Part B, 2021, 6(1):222-223. DOI:10.1080/23802359.2020.1861561.

[336] Zhao K H, Xu Y J, Lu Y Z, et al. The complete chloroplast genome sequence of *Rhodiola kirilowii* (Crassulaceae), a precious Tibetan drug in China [J]. Mitochondrial DNA Part B, 2020, 5(3):3128-3129. DOI:10.1080/23802359.2019.1667898.

[337] Zhong L Y, Peng L X, Fu J, et al. Phytochemical, Antibacterial and Antioxidant Activity Evaluation of *Rhodiola crenulata* [J]. Molecules, 2020, 25(16):3664. DOI:10.3390/molecules25163664.

[338] Liu Y N, Chen C H, Qiu J W, et al. Characterization of the chemical constituents in Hongjingtian injection by liquid chromatography quadrupole time-of-flight mass spectrometry [J]. Biomedical Chromatography, 2018, 33(3):e4446. DOI:10.1002/bmc.4446.

[339] Aneta L, Łukasz S, Kamila R, et al. Supplementation of Plants with Immunomodulatory Properties during Pregnancy and Lactation—Maternal and Offspring Health Effects [J]. Nutrients, 2019, 11(8):1958. DOI:10.1080/23802359.2020.1861561.

[340] Sławomir L, Ewa S R, Aneta L, et al. Long-term supplementation of *Rhodiola kirilowii* extracts during pregnancy and lactation does not affect mother health status [J]. The Journal of Maternal-Fetal & Neonatal Medicine, 2019, 32(5):838-844. DOI:10.1080/14767058.2017.1393069.

[341] Liu L, Zeng K, Wu N, et al. Variation in physicochemical and biochemical soil properties among different plant species treatments early in the restoration of a desertified alpine meadow

[J]. Land Degradation & Development, 2019, 30(16):1889-1903. DOI:10.1002/ldr.3376.

[342] 福建省食品药品监督管理局. 福建省中药材标准(2006年版)[M]. 福州:海风出版社,2006.

[343] Wang Z M, Meng S Y, Rao G Y. Two species of the *Rhodiola yunnanensis* species complex distributed around the Sichuan Basin of China: Speciation in a ring? [J]. Journal of Systematics and Evolution, 2022, 60(5):1092-1108. DOI:10.1111/jse.12754.

[344] 中国科学院中国植物志编辑委员会. 中国植物志•第三十七卷 [M]. 北京:科学出版社, 1985.

[345] Shi J P, Wang J H, Zhang J, et al. Polysaccharide extracted from *Potentilla anserina* L ameliorate acute hypobaric hypoxia-induced brain impairment in rats [J]. Phytotherapy Research, 2020, 34(9):2397-2407. DOI:10.1002/ptr.6691.

[346] Shi J P, Liu Z, Li M X, et al. Polysaccharide from *Potentilla anserina* L ameliorate pulmonary edema induced by hypobaric hypoxia in rats [J]. Biomedicine & Pharmacotherapy, 2021, 139:111669. doi:10.1016/j.biopha.2021.111669.

[347] Wang Z X, Zhang L, Zhao J P, et al. Anti-inflammatory and Cytotoxic Lignans from *Potentilla anserina* [J]. Revista Brasileira de Farmacognosia, 2020, 30:678-682. DOI:10.1007/s43450-020-00094-6.

[348] Wang Y, Meng Y Q, Wang D, et al. α-glucosidase inhibitor isolated from *Potentilla anserina* [J]. Chemistry of Natural Compounds, 2020, 56(4):743-744. DOI:10.1007/s10600-020-03136-6.

[349] Yang D, Wang L, Zhai J X, et al. Characterization of antioxidant, α -glucosidase and tyrosinase inhibitors from the rhizomes of *Potentilla anserina* L. and their structure–activity relationship [J]. Food Chemistry, 2020, 336:127714. DOI:10.1016/j.foodchem.2020.127714.

[350] Dram D, Zhao C Z, Ma Q G, et al. Acute toxicity of *Potentilla anserina* L. extract in mice [J]. Zeitschrift für Naturforschung C, 2020, 75(5-6):129-134. DOI:10.1515/ZNC-2020-0019.

[351] Wang Y Q, Liu Y X, Li X, et al. *Potentilla anserina* L. developmental changes affect the rhizosphere prokaryotic community [J]. Scientific Reports, 2021, 11:2838. DOI:10.1038/s41598-021-82610-9.

[352] Wang Y Q, Liu Y Q, Li J Q, et al. Fungal community composition and diversity in the rhizosphere soils of Argentina (syn. *Potentilla*) *anserina*, on the Qinghai Plateau [J]. Fungal Ecology, 2021, 54:101107. DOI:10.1016/j.funeco.2021.101107.

[353] Gan X L, Li S M, Zong Y, et al. chromosome-level genome assembly provides new insights into genome evolution and tuberous root formation of *potentilla anserina* [J]. Genes, 2021, 12(12):1993. DOI:10.3390/genes12121993.

[354] Florencia C, Verónica D V, Beatriz M. Litter decomposition of the invasive *Potentilla anserina* in an invaded and non-invaded freshwater environment of North Patagonia [J]. Biological Invasions, 2020, 22:1055-1065. DOI:10.1007/s10530-019-02155-x.

[355] Liu Z H, Wang D M, Fan S F, et al. Synergistic effects and related bioactive mechanism of *Potentilla fruticosa* L. leaves combined with Ginkgo biloba extracts studied with microbial test system (MTS) [J]. BMC Complementary and Alternative Medicine, 2016, 16:495. DOI:10.1186/s12906-016-1485-2.

[356] Liu Z H, Luo Z W, Li D W, et al. Synergistic effects and related bioactive mechanisms of

Potentilla fruticosa Linn. leaves combined with green tea polyphenols studied with microbial test system (MTS) [J]. Natural Product Research, 2018, 32(11):1287-1290. DOI:10.1080/14786419.2017.1333989.

[357] Zeng Y, Sun Y X, Meng X H, et al. A new methylene bisflavan-3-ol from the branches and leaves of *Potentilla fruticosa* [J]. Natural Product Research, 2020, 34(9):1238-1245. DOI:10.1080/14786419.2018.1557169.

[358] Kalle R, Liina R. Shrubby cinquefoil (*Dasiphora fruticosa* (L.) Rydb.) mapping in Northwestern Estonia based upon site similarities [J]. BMC Ecology, 2017, 17:7. DOI:10.1186/s12898-017-0117-0.

[359] Guo Y T, Wang Z, Guan X L, et al. Proteomic analysis of *Potentilla fruticosa* L. leaves by iTRAQ reveals responses to heat stress [J]. PloS one, 2017, 12(8):e0182917. DOI:10.1371/journal.pone.0182917.

[360] Lugovskaya A Y, Khramova E P, Chankina O V. effect of transport and industrial pollution on morphometric parameters and element composition of *potentilla fruticosa* [J]. Contemporary Problems of Ecology, 2018, 11(1):89-98. DOI:10.1134/S1995425518010092.

[361] Liu W, Wang D M, Hou X G, et al. Effects of Growing Location on the Contents of Main Active Components and Antioxidant Activity of *Dasiphora fruticosa* (L.) RYDB. by Chemometric Methods [J]. Chemistry & Biodiversity, 2018, 15(7):e1800114. DOI:10.1002/cbdv.201800114.

[362] Khramova E P, Lugovskaya A Y, Tarasov O V. assessment of the possibility to use *potentilla fruticosa* L. (rosaceae, magnoliopsida) for bioindication of the environmental status of the eastern ural radioactive trace [J]. Biology Bulletin, 2020, 47:1268-1276. DOI:10.1134/S1062359020100118.

[363] Zhao Y H, Lu D X, Han R B, et al. The complete chloroplast genome sequence of the shrubby cinquefoil *Dasiphora fruticosa* (Rosales: Rosaceae) [J]. Conservation Genetics Resources, 2018, 10:675-678. DOI:10.1007/s12686-017-0899-6.

[364] Wang L L, Zhang Z Q, Yang Y P, et al. The coexistence of hermaphroditic and dioecious plants is associated with polyploidy and gender dimorphism in *Dasiphora fruticosa* [J]. Plant Diversity, 2019, 41(5):323-329. DOI:10.1016/j.pld.2019.06.002.

[365] Han H R, Bai X R, Zhang N, et al. activities constituents from yaowang tea (*Potentilla glabra* lodd.) [J]. Food Science and Technology Research, 2016, 22(3):371-376. DOI:10.3136/fstr.22.371.

[366] Wang L Y, Hiroshi I, Liu T L, et al. repeated range expansion and glacial endurance of *potentilla glabra* (rosaceae) in the qinghai-tibetan plateau [J]. Journal of Integrative Plant Biology, 2009, 51(7):698-706. DOI:10.1111/j.1744-7909.2009.00818.x.

[367] Wang L Y, Kou Y X, Wu G L, et al. Development and characterization of novel microsatellite markers isolated from *Potentilla fruticosa* L. (Rosaceae), and cross-species amplification in its sister species—*potentilla glabra* L. [J]. Conservation Genetics Resources, 2009, 1:51-53. DOI:10.1007/s12686-009-9012-0.

[368] Wang L L, Yang N C, Chen M Y, et al. Polyploidization and sexual dimorphism of floral

traits in a subdioecious population of *dasiphora glabra* [J]. Journal of Plant Ecology, 2021, 14(2):229-240. DOI:10.1093/jpe/rtaa089.

[369] Yu S, Kang W J, Yang F, et al. The complete chloroplast genome sequence of *Potentilla glabra* Lodd [J]. Mitochondrial DNA Part B, 2021, 6(7):1873-1874. DOI:10.1080/23802359.2021.1934141.

[370] 中国科学院中国植物志编辑委员会 . 中国植物志 • 第五十二卷 • 第二分册 [M]. 北京 : 科学出版社 , 1983.

[371] Wang H F, Liu H, Yang M B, et al. Phylogeographic study of Chinese seabuckthorn (*Hippophae rhamnoides* subsp. *sinensis* Rousi) reveals two distinct haplotype groups and multiple microrefugia on the Qinghai-Tibet Plateau [J]. Ecology and Evolution, 2014, 4(22):4370-4379. DOI:10.1002/ece3.1295.

[372] Cao Z L, Li T J, Li G Q, et al. Modular growth and clonal propagation of *Hippophae rhamnoides* subsp. *sinensis* in response to irrigation intensity [J]. Journal of Forestry Research, 2016, 27:1019-1028. DOI:10.1007/s11676-016-0236-z.

[373] Zhang J, Gao W, Cao M S, et al. Three new flavonoids from the seeds of *Hippophae rhamnoides* subsp. *sinensis* [J]. Journal of Asian Natural Products Research, 2012, 14(12):1122-1129. DOI:10.1080/10286020.2012.725726.

[374] Gao W, Chen C, Kong D Y. Hippophins C-F, four new flavonoids, acylated with one monoterpenic acid from the seed residue of *Hippophae rhamnoides* subsp. *sinensis* [J]. Journal of Asian Natural Products Research, 2013, 15(5):507-514. DOI:10.1080/10286020.2013.787989.

[375] Chen C, Gao W, Ou-Yang D W, et al. Three new flavonoids, hippophins K-M, from the seed residue of *Hippophae rhamnoides* subsp. *sinensis* [J]. Natural Product Research, 2014, 28(1):24-29. DOI:10.1080/14786419.2013.830216.

[376] Chen C, Gao W, Cheng L, et al. Four new triterpenoid glycosides from the seed residue of *Hippophae rhamnoides* subsp. *sinensis* [J]. Journal of Asian Natural Products Research, 2014, 16(3):231-239. DOI:10.1080/10286020.2013.879383.

[377] Li R, Wang Q, Zhao M H, et al. Flavonoid glycosides from seeds of *Hippophae rhamnoides* subsp. *Sinensis* with α-glucosidase inhibition activity [J]. Fitoterapia, 2019, 137:104248. DOI:10.1016/j.fitote.2019.104248.

[378] Diao S F, Zhang G Y, He C Y, et al. The complete chloroplast genome sequence of *Hippophae rhamnoides* subsp. *sinensis* [J]. Mitochondrial DNA Part B, 2020, 5(1):982-983. DOI:10.1080/23802359.2020.1719932.

[379] Wu Z Y, Peter H R, Hong D Y. Flora of China. Vol.4 (Cycadaceae through Fagaceae) [M]. Beijing:Science Press, 1999.

[380] Arti V, Ashish T, Shruti S. Carbon storage capacity of high altitude Quercus semecarpifolia, forests of Central Himalayan region [J]. Scandinavian Journal of Forest Research, 2012, 27(7):609-618. DOI:10.1080/02827581.2012.689003.

[381] Singh B, Todaria N P. Nutrients composition changes in leaves of *Quercus semecarpifolia* at different seasons and altitudes [J]. Annals of Forest Research, 2012, 55(2):189-196.

[382] Raju J, Sahoo B, Chandrakar A, et al. Effect of feeding oak leaves (*Quercus semecarpifolia* vs *Quercus leucotricophora*) on nutrient utilization, growth performance and gastrointestinal nematodes of goats in temperate sub Himalayas [J]. Small Ruminant Research, 2015, 125:1-9. DOI:10.1016/j.smallrumres.2014.12.013.

[383] Aishma K, Bashir A, Abdur R, et al. Green synthesis, characterisation and biological evaluation of plant-based silver nanoparticles using *Quercus semecarpifolia* Smith aqueous leaf extract [J]. IET Nanobiotechnology, 2019, 13(1):36-41. DOI:10.1049/iet-nbt.2018.5063.

[384] Tamta S, Palni L M S, Pandey A. Use of rhizosphere soil for raising Cedrus Deodara and *Quercus Semecarpifolia* seedlings [J]. Journal of Tropical Forest Science, 2008, 20(2):82-90.

[385] Sushma T, Lok M S P, Vijay K P, et al. In vitro propagation of brown oak (*Quercus semecarpifolia* Sm.) from seedling explants [J]. In Vitro Cellular & Developmental Biology - Plant, 2008, 44:136-141. DOI:10.1007/s11627-008-9138-x.

[386] Saran S, Joshi R, Sharma S, et al. Geospatial modeling of Brown oak (*Quercus semecarpifolia*) habitats in the Kumaun Himalaya under climate change scenario [J]. Journal of the Indian Society of Remote Sensing, 2010, 38:535-547. DOI:10.1007/s12524-010-0038-2.

[387] Gajendra S, Ishwari D R, Rawat G S. The year 2010 was 'mast seed year' for the Kharsu oak (*Quercus semecarpifolia* Sm.) in the Western Himalaya [J]. Current science, 2011, 100(9):1275.

[388] Singh A, Samant S S, Naithani S. Population ecology and habitat suitability modelling of *Quercus semecarpifolia* Sm. in the sub-alpine ecosystem of Great Himalayan National Park, north-western Himalaya, India [J]. South African Journal of Botany, 2021, 141:158-170. DOI:10.1016/j.sajb.2021.04.022.

[389] Vinod K B, Chandra P K, Bhagwati P N, et al. Spatial distribution and regeneration of *Quercus semecarpifolia* and *Quercus floribunda* in a subalpine forest of western Himalaya, India [J]. Physiology and Molecular Biology of Plants, 2013, 19(3):443-448. DOI:10.1007/s12298-013-0189-z.

[390] 中国科学院中国植物志编辑委员会 . 中国植物志 • 第四十三卷 • 第一分册 [M]. 北京 : 科学出版社 , 1998.

[391] Davide V, Francesca S, Giovambattista C, et al. history of renal and ocular findings in primary hyperoxaluria: from oxalis acetosella to the mulberry calculus, ckd, retinopathy and systemic oxalosis [J]. Nephrology Dialysis Transplantation, 2018, 33(S1):i608. DOI:10.1093/ndt/gfy104.SP771.

[392] Berg H, Redbo-torstensson P. Cleistogamy as a bet-hedging strategy in *Oxalis acetosella*, a perennial herb [J]. Journal of Ecology, 1998, 86(3):491-500. DOI:10.1046/j.1365-2745.1998.00272.x.

[393] Berg H. Differential seed dispersal in *Oxalis acetosella*, a cleistogamous perennial herb [J]. Acta Oecologica, 2000, 21(2):109-118. DOI:10.1016/S1146-609X(00)00118-1.

[394] Berg H, Redbo-Torstensson P. Offspring performance in *oxalis acetosella*:a Cleistogamous Perennial Herb [J]. Plant Biology, 2000, 2(6):638-645. DOI:10.1055/s-2000-16646.

[395] Berg H. Population dynamics in *Oxalis acetosella*: the significance of sexual reproduction in

a clonal, cleistogamous forest herb [J]. Ecography, 2002, 25(2):233-243. DOI:10.1034/j.1600-0587.2002.250211.x.

[396] Jack T T, Samuel J M, Dudley J R. Influence of nutrient availability and tree wildling density on nutrient uptake by *Oxalis acetosella* and *Acer saccharum* [J]. Environmental and Experimental Botany, 2001, 45(1):11-20. DOI:10.1016/S0098-8472(00)00075-7.

[397] Gebauer G, Hahn G, Rodenkirchen H, et al. Effects of acid irrigation and liming on nitrate reduction and nitrate content of *Picea abies* (L.) Karst. and *Oxalis* acetosella L. [J]. Plant and Soil, 1998, 199:59-70. DOI:10.1023/A:1004263223917.

[398] Glushakova A M, Chernov I Y. seasonal dynamics in a yeast population on leaves of the common wood sorrel *oxalis acetosella* L. [J]. Microbiology, 2004, 73(2):184-188. DOI:10.1023/B:MICI.0000023987.40253.2d.

[399] Jack T T. leaf iongevity of *oxalis acetosella* (oxalidaceae) in the catskill mountains, new york, usa [J]. American Journal of Botany, 2004, 91(9):1371-1377. DOI:10.3732/ajb.91.9.1371.

[400] Helena Š, Maja M P, Franc B. antioxidants in spring leaves of *oxalis acetosella* L. [J]. Food Chemistry, 2010, 123(2):351-357. DOI:10.1016/j.foodchem.2010.04.042.

[401] 中国科学院中国植物志编辑委员会 . 中国植物志 • 第四十四卷 • 第三分册 [M]. 北京 : 科学出版社 , 1997.

[402] Zhao X Y, Cai X. Chapter Six-Latex proteins and enzymes involved in terpenoid biosynthesis of selected *Euphorbia species*: *Euphorbia kansui* Liou and *Euphorbia helioscopia* L. [J]. Advances in Botanical Research, 2020, 93:153-200. DOI:10.1016/bs.abr.2019.09.005.

[403] Yang Y, Chen X F, Luan F, et al. *Euphorbia helioscopia* L.:A phytochemical and pharmacological overview [J]. Phytochemistry, 2021, 184:112649. DOI:10.1016/j.phytochem.2020.112649.

[404] Imtiaz M, Muhammad N F, Ghulam H, et al. Efficacy of *Euphorbia helioscopia* in context to a possible connection between antioxidant and antidiabetic activities: a comparative study of different extracts [J]. BMC Complementary Medicine and Therapies, 2021, 21:62. DOI:10.1186/s12906-021-03237-x.

[405] Su J C, Cheng W, Song J G, et al. macrocyclic diterpenoids from *euphorbia helioscopia* and their potential anti-inflammatory activity [J]. Journal of Natural Products, 2019, 82(10):2818-2827. DOI:10.1021/acs.jnatprod.9b00519.

[406] Shi Q Q, Zhang X J, Wang T T, et al. euphopias a-c: three rearranged jatrophane diterpenoids with tricyclo[8.3.0.$0^{2,7}$]tridecane and tetracyclo[11.3.0.$0^{2,10}$.$0^{3,7}$]hexadecane cores from *euphorbia helioscopia* [J]. Organic Letters, 2020, 22(20):7820-7824. DOI:10.1021/acs.orglett.0c02676.

[407] Xiang Z N, Tong Q L, Su J C, et al. Diterpenoids with Rearranged 9(10 → 11)-abeo-10,12-Cyclojatrophane Skeleton and the First (15S)-Jatrophane from *Euphorbia helioscopia*: Structural Elucidation, Biomimetic Conversion, and Their Immunosuppressive Effects [J]. Organic Letters, 2022, 24(2):697-701. DOI:10.1021/acs.orglett.1c04145.

[408] Waheed K, Muhammad S K, Shomaila A, et al. Antimicrobial Activity and Phytochemical Screening of *Euphorbia helioscopia* [J]. Planta Daninha, 2020, 38:e020213727. DOI:10.1590/S0100-83582020380100011.

[409] Zhou M, Ma Q, He L, et al. Cytotoxic jatrophane diterpenoids from the aerial parts of *Euphorbia helioscopia* [J]. Journal of Asian Natural Products Research, 2021, 23(8):731-737. DOI:10.1080/10286020.2020.1769611.

[410] Zhu Q, Jiang M L, Shao F, et al. Chemical composition and antimicrobial activity of the essential oil From *Euphorbia helioscopia* L. [J]. Natural Product Communications, 2020, 15(9):1-6. DOI:10.1177/1934578X20953249.

[411] Mishal I, Iftikhar A, Mansoor H, et al. Structural and functional responses in sun spurge (*Euphorbia helioscopia* L.) against post-emergence herbicides in wheat (*Triticum aestivum* L.) [J]. Weed Research, 2021, 61(2):126-136. DOI:10.1111/wre.12464.

[412] Wang H, Xiao C L, Robert W G, et al. Change of floral orientation affects pollinator diversity and their relative importance in an alpine plant with generalized pollination system, *Geranium refractum* (Geraniaceae) [J]. Plant Ecology, 2014, 215:1211-1219. DOI:10.1007/s11258-014-0379-y.

[413] 中国科学院中国植物志编辑委员会 . 中国植物志 • 第五十三卷 • 第二分册 [M]. 北京 : 科学出版社 , 2000.

[414] 青海省药品监督管理局 , 青海省药品检验检测院 . 青海省藏药材标准 (第二册)[M]. 兰州 : 甘肃民族出版社 , 2021.

[415] Alex L B, Erika I H G. Effects of soil nitrogen on diploid advantage in fireweed, *Chamerion angustifolium* (Onagraceae) [J]. Ecology and Evolution, 2019, 9(3):1095-1109. DOI:10.1002/ece3.4797.

[416] Angela M W, Erika I H G. Impacts of soil nitrogen and phosphorus levels on cytotype performance of the circumboreal herb *Chamerion angustifolium*: implications for polyploid establishment [J]. American Journal of Botany, 2019, 106(7):906-921. DOI:10.1002/ajb2.1321.

[417] Björn P, Hannah A B, Amy L P. Differences in Floral Scent and Petal Reflectance Between Diploid and Tetraploid *Chamerion angustifolium* [J]. Frontiers in Ecology and Evolution, 2021, 9:734128. DOI:10.3389/fevo.2021.734128.

[418] Marius L, Elvyra J, Nijole V, et al. Effect of Different Durations of Solid-Phase Fermentation for Fireweed (*Chamerion angustifolium* (L.) Holub) Leaves on the Content of Polyphenols and Antioxidant Activity In Vitro [J]. Molecules, 2020, 25(4):1011. DOI:10.3390/molecules25041011.

[419] Marius L, Elvyra J, Nijole V, et al. Studies of the Variability of Polyphenols and Carotenoids in Different Methods Fermented Organic Leaves of Willowherb (*Chamerion angustifolium* (L.) Holub) [J]. Applied Sciences, 2020, 10(15):5254. DOI:10.3390/app10155254.

[420] Elvyra J, Marius L, Honorata D, et al. Polyphenols, Antioxidant Activity and Volatile Compounds in Fermented Leaves of Medicinal Plant Rosebay Willowherb (*Chamerion angustifolium* (L.) Holub) [J]. Plants, 2020, 9(12):1683. DOI:10.3390/plants9121683.

[421] Marius L, Elvyra J, Nijole V, et al. Studies of the Variability of Sugars, Vitamin C, and Chlorophylls in Differently Fermented Organic Leaves of Willowherb (*Chamerion angustifolium* (L.) Holub) [J]. Applied Sciences, 2021, 11(21):9891. DOI:10.3390/app11219891.

[422] Mariola D, Agnieszka G, Milena S, et al. Micropropagation and HPLC-DAD, UPLC MS/MS analysis of oenothein B and phenolic acids in shoot cultures and in regenerated plants of fireweed (*Chamerion angustifolium* (L.) Holub) [J]. Plant Cell, Tissue and Organ Culture (PCTOC), 2020, 143:653-663. DOI:10.1007/s11240-020-01949-5.

[423] Mariola D, Katarzyna S Ł, Milena S, et al. Phytochemical variability during vegetation of *Chamerion angustifolium* (L.) Holub genotypes derived from in vitro cultures [J]. Plant Cell, Tissue and Organ Culture (PCTOC), 2021, 147:619-633. DOI:10.1007/s11240-021-02154-8.

[424] Mi R, Wang T C, Derek W D, et al. Development of simple sequence repeat markers for *Chamerion angustifolium* (Onagraceae) [J]. Applications in Plant Sciences, 2019, 7(5):e01244. DOI:10.1002/aps3.1244.

[425] 中国科学院中国植物志编辑委员会 . 中国植物志 • 第五十二卷 • 第一分册 [M]. 北京 : 科学出版社 , 1999.

[426] 四川省卫生厅 . 四川省中药材标准（1987 年版）[M]. 成都 : 四川省卫生厅 , 1987.

[427] Ahmed H H E D, Keisuke E, Hikaru K, et al. Chamaejasmins, cytotoxic guaiane sesquiterpenes from the root of *Stellera chamaejasme* L. [J]. Fitoterapia, 2020, 146:104714. DOI:10.1016/j.fitote.2020.104714.

[428] Hu F F, Qi D D, Xu S, et al. A new 11,10-guaiane-type sesquiterpenoid from the roots of *Stellera chamaejasme* Linn [J]. Journal of Chemical Research, 2021, 45(3-4):225-227. DOI:10.1177/1747519820961047.

[429] Cheng Z Y, Hou Z L, Ren J X, et al. Guaiane-type sesquiterpenoids from the roots of *Stellera chamaejasme* L. and their neuroprotective activities [J]. Phytochemistry, 2021, 183:112628. DOI:10.1016/j.phytochem.2020.112628.

[430] Pan J, Su J C, Liu Y H, et al. Stelleranoids A-M, guaiane-type sesquiterpenoids based on [5,7] bicyclic system from *Stellera chamaejasme* and their cytotoxic activity [J]. Bioorganic Chemistry, 2021, 115:105251. DOI:10.1016/j.bioorg.2021.105251.

[431] Sang Y L, Liu J Y, Shi L, et al. Study on Gas Chromatographic Fingerprint of Essential Oil from *Stellera chamaejasme* Flowers and Its Repellent Activities against Three Stored Product Insects [J]. Molecules, 2021, 26(21):6438. DOI:10.3390/molecules26216438.

[432] Liu Y M, Zhao F, Wang L, et al. Spatial Distribution and Influencing Factors of Soil Fungi in a Degraded Alpine Meadow Invaded by *Stellera chamaejasme* [J]. Agriculture, 2021, 11(12):1280. DOI:10.3390/agriculture11121280.

[433] Guo L Z, Zhao H, Zhai X J, et al. Study on life histroy traits of *Stellera chamaejasme* provide insights into its control on degraded typical steppe [J]. Journal of Environmental Management, 2021, 291:112716. DOI:10.1016/j.jenvman.2021.112716.

[434] Jin H, Guo H R, Yang X Y, et al. Effect of allelochemicals, soil enzyme activity and environmental factors from *Stellera chamaejasme* L. on rhizosphere bacterial communities in the northern Tibetan Plateau [J]. Archives of Agronomy and Soil Science, 2022, 68(4):547-560. DOI:10.1080/03650340.2020.1852549.

[435] Zhang Y, Cui Z B, Wang T T, et al. Expansion of Native Plant *Stellera chamaejasme* L. Alters the Structure of Soil Diazotrophic Community in a Salinized Meadow Grassland, Northeast

China [J]. Agronomy, 2021, 11(10):2085. DOI:10.3390/agronomy11102085.

[436] Zhang B, Sun S F, Luo W L, et al. A new brood-pollination mutualism between *Stellera chamaejasme* and flower thrips *Frankliniella intonsa* [J]. BMC Plant Biology, 2021, 21:562. DOI:10.1186/s12870-021-03319-5.

[437] Hu X J, Jin H Z, Xu W Z, et al. Anti-inflammatory and analgesic effects of *Daphne retusa* Hemsl [J]. Journal of Ethnopharmacology, 2008, 120(1):118-122. DOI:10.1016/j.jep.2008.07.010.

[438] Farrukh M, Itrat A, Sajjad A, et al. New dimeric and trimeric coumarin glucosides from *Daphne retusa* Hemsl [J]. Fitoterapia, 2013, 88:19-24. DOI:10.1016/j.fitote.2013.03.029.

[439] Farrukh M, Itrat A, Ajmal K, et al. Urease inhibitory constituents from *Daphne retusa* [J]. Journal of Asian Natural Products Research, 2014, 16(2):210-215. DOI:10.1080/10286020.2013.837457.

[440] Jamila N, Shafiq A T, Naeem K, et al. Evaluation of In-vitro Antimicrobial Potential of *Daphne retusa* Hemsl. Against Human Pathogenic Bacteria and Fungi [J]. Current Topics in Medicinal Chemistry, 2018, 18(9):779-786. DOI:10.2174/1568026618666180528122429.

[441] Yan F, Zhang C Y, Wang Q L, et al. Characterization of the complete chloroplast genome sequence of *Daphne retusa* Hemsl. (Thymelaeaceae), a rare alpine plant species in northwestern China [J]. Mitochondrial DNA Part B, 2021, 6(8):2139-2141. DOI:10.1080/23802359.2021.1944371.

[442] 中国科学院中国植物志编辑委员会 . 中国植物志 • 第二十四卷 [M]. 北京 : 科学出版社 , 1988.

[443] 中国科学院中国植物志编辑委员会 . 中国植物志 • 第六十卷 • 第一分册 [M]. 北京 : 科学出版社 , 1987.

[444] Yue J M, Lin Z W, Wang D Z, et al. Plumbasides a-c three naphthoquinone derivatives from *Ceratostigma minus* [J]. Phytochemistry, 1994, 35(4):1023-1025. DOI:10.1016/S0031-9422(00)90660-5.

[445] Yue J M, Zhao Y, Zhao Q S, et al. Phenolics from *ceratostigma minus* [J]. Acta Botanica Sinica, 1998, 40(11):1035-1039.

[446] Yue J M, Zhao Y, Zhao Q S, et al. A novel compound from *ceratostigma minus* [J]. Chinese Chemical Letters, 1998, 9(7):647-649.

[447] 中国科学院中国植物志编辑委员会 . 中国植物志 • 第二十五卷 • 第一册 [M]. 北京 : 科学出版社 , 1998.

[448] Yang J, Hu L J, Wang Z K, et al. Responses to drought stress among sex morphs of *Oxyria sinensis* (Polygonaceae), a subdioecious perennial herb native to the East Himalayas [J]. Ecology and Evolution, 2014, 4(21):4033-4040. DOI:10.1002/ece3.1178.

[449] Meng L H, Chen G, Li Z H, et al. Refugial isolation and range expansions drive the genetic structure of *Oxyria sinensis* (Polygonaceae) in the Himalaya-Hengduan Mountains [J]. Scientific Reports, 2015, 5:10396. DOI:10.1038/srep10396.

[450] Luo X, Hu Q J, Zhou P P, et al. Chasing ghosts: allopolyploid origin of *Oxyria sinensis* (Polygonaceae) from its only diploid congener and an unknown ancestor [J]. Molecular

Ecology, 2017, 26(11):3037-3049. DOI:10.1111/mec.14097.

[451] Luo X, Wang T J, Hu H, et al. Characterization of the complete chloroplast genome of *Oxyria sinensis* [J]. Conservation Genetics Resources, 2017, 9:47-50. DOI:10.1007/s12686-016-0616-x.

[452] Li Y, Zu Y Q, Fang Q X, et al. Characteristics of Heavy-Metal Tolerance and Growth in Two Ecotypes of *Oxyria sinensis* Hemsl. Grown on Huize Lead-Zinc Mining Area in Yunnan Province, China [J]. Communications in Soil Science and Plant Analysis, 2013, 44(16):2428-2442. DOI:10.1080/00103624.2013.803559.

[453] Zhu M Y, Ding Y H, Li X J, et al. Biodiversity of Root Endophytic Fungi from *Oxyria sinensis* Grown in Metal-Polluted and Unpolluted Soils in Yunnan Province, Southwestern China [J]. Plants, 2021, 10(12):2731. DOI:10.3390/plants10122731.

[454] Samrin S, Varsha S, Amrita S, et al. A critical review on nepal dock (*rumex nepalensis*): A tropical herb with immense medicinal importance [J]. Asian Pacific Journal of Tropical Medicine, 2018, 11(7):405-414. DOI:10.4103/1995-7645.237184.

[455] Tefera B, Peter E E, Gebreegziabher G, et al. Evaluation of *Rumex nepalensis* Spreng. Root Extract on Biochemical and Histopathologic Parameters of Mice Liver [J]. Journal of the Anatomical Society of India, 2019, 68(3):205-210. DOI:10.4103/JASI.JASI_48_19.

[456] Wang J, Chu Y, Li X, et al. Pharmacokinetic Study of Main Active Components of *Rumex nepalensis* Spreng Extract in Rats Plasma by UPLC-MS/MS [J]. Current Pharmaceutical Analysis, 2019, 15(4):371-378. DOI:10.2174/1573412914666180214130457.

[457] Ginson G, Pracheta S, Atish T P. Optimisation of an extraction conditions for *Rumex nepalensis* anthraquinones and its correlation with pancreatic lipase inhibitory activity [J]. Journal of Food Composition and Analysis, 2020, 92:103575. DOI:10.1016/j.jfca.2020.103575.

[458] Umer F, Shahzad A P, Manjit I S S, et al. Altitudinal variability in anthraquinone constituents from novel cytotypes of *Rumex nepalensis* Spreng—a high value medicinal herb of North Western Himalayas [J]. Industrial Crops and Products, 2013, 50:112-117. DOI:10.1016/j.indcrop.2013.06.044.

[459] Raju G, Amit S, Sanjay M J. Simultaneous determination of naphthalene and anthraquinone derivatives in *Rumex nepalensis* Spreng. Roots by HPLC: comparison of different extraction methods and validation [J]. Phytochemical Analysis, 2011, 22(2):153-157. DOI:10.1002/pca.1261.

[460] Rupali J, Probir K P, Sanjay K, et al. Phenotypic variation between high and low elevation populations of *Rumex nepalensis* in the Himalayas is driven by genetic differentiation [J]. Acta Physiologiae Plantarum, 2017, 39:99. DOI:10.1007/s11738-017-2396-7.

[461] Paromik B, Suman K, Biswajit B, et al. Evaluation of genetic stability and analysis of phytomedicinal potential in micropropagated plants of *Rumex nepalensis* - A medicinally important source of pharmaceutical biomolecules [J]. Journal of Applied Research on Medicinal and Aromatic Plants, 2017, 6:80-91. DOI:10.1016/j.jarmap.2017.02.003.

[462] Wen W, Zhao H Y, Ma J L, et al. Effects of mutual intercropping on Pb and Zn accumulation of accumulator plants *Rumex nepalensis*, *Lolium perenne* and *Trifolium repens* [J]. Chemistry

and Ecology, 2018, 34(3):259-271. DOI:10.1080/02757540.2018.1427229.

[463] Dolly S, Aditya K, Poonam R, et al. Molecular characterization and infectivity analysis of a bipartite begomovirus associated with cotton leaf curl Multan betasatellite naturally infecting *Rumex nepalensis* in northern India [J]. Journal of Plant Pathology, 2019, 101:935-941. DOI:10.1007/s42161-019-00295-6.

[464] Wang Z Q, Jiang X J. Flavonoid-rich extract of *Polygonum capitatum* attenuates high-fat diet-induced atherosclerosis development and inflammatory and oxidative stress in hyperlipidemia rats [J]. European Journal of Inflammation, 2018, 16:1-8. DOI:10.1177/2058739218772710.

[465] Han P, Huang Y, Xie Y M, et al. Metabolomics reveals immunomodulation as a possible mechanism for the antibiotic effect of *Persicaria capitata* (Buch.-Ham. ex D. Don) H.Gross [J]. Metabolomics, 2018, 14:91. DOI:10.1007/s11306-018-1388-y.

[466] Huang Y, Zhou Z Y, Yang W, et al. Comparative Pharmacokinetics of Gallic Acid, Protocatechuic Acid, and Quercitrin in Normal and Pyelonephritis Rats after Oral Administration of a *Polygonum capitatum* Extract [J]. Molecules, 2019, 24(21):3873. DOI:10.3390/molecules24213873.

[467] Yuan L, Chen H, Ma X, et al. Herb-Drug Interaction: Application of a UPLC-MS/MS Method to Determine the Effect of *Polygonum capitatum* Extract on the Tissue Distribution and Excretion of Levofloxacin in Rats [J]. Evidence-Based Complementary and Alternative Medicine, 2020, 2020:2178656. DOI:10.1155/2020/2178656.

[468] Chen H, Yuan L, Ma X, et al. Herb-drug interaction: The effect of *Polygonum capitatum* extract on pharmacokinetics of levofloxacin in rats [J]. Journal of Pharmaceutical and Biomedical Analysis, 2021, 195:113832. DOI:10.1016/j.jpba.2020.113832.

[469] Zhang C L, Zhang J J, Zhu Q F, et al. Antihyperuricemia and antigouty arthritis effects of *Persicaria capitata* herba in mice [J]. Phytomedicine, 2021, 93:153765. DOI:10.1016/j.phymed.2021.153765.

[470] Song X H, He Y, Liu M, et al. Mechanism underlying *Polygonum capitatum* effect on Helicobacter pylori-associated gastritis based on network pharmacology [J]. Bioorganic Chemistry, 2021, 114:105044. DOI:10.1016/j.bioorg.2021.105044.

[471] Zhang S, Huang J, Xie X Q, et al. Quercetin from *Polygonum capitatum* Protects against Gastric Inflammation and Apoptosis Associated with Helicobacter pylori Infection by Affecting the Levels of p38MAPK, BCL-2 and BAX [J]. Molecules, 2017, 22(5):744. DOI:10.3390/molecules22050744.

[472] Yang Y, Yang Y B, Lu W Q, et al. A New Hydroxyjasmonic Acid Derivative from *Polygonum capitatum* [J]. Chemistry of Natural Compounds, 2017, 53(3):417-421. DOI:10.1007/s10600-017-2012-5.

[473] Huang D D, Du Z N, Chen Y H, et al. Bio-Guided Isolation of Two New Hypoglycemic Triterpenoid Saponins from *Polygonum capitatum* [J]. Drug Design, Development and Therapy, 2021, 15:5001-5010. DOI:10.2147/DDDT.S341354.

[474] AN H G, ZHENG S Z, SHEN T, et al. The New Flavonoids from *Polygonum sphaerostachyum* (Polygonaceae) [J]. Acta Botanica Sinica, 2000, 42(11):1197-1200.

[475] 宁夏食品药品监督管理局 . 宁夏中药材标准 :2018 年版 [M]. 银川 : 阳光出版社 , 2018.

[476] Unni V, Tor C, Pernille B E, et al. Microsatellite markers for *Bistorta vivipara* (Polygonaceae) [J]. American Journal of Botany, 2012, 99(6):e226-e229. DOI:10.3732/ajb.1100504.

[477] Bogdan Z, Marlena K, Hans T, et al. Feasibility of hyperspectral vegetation indices for the detection of chlorophyll concentration in three high Arctic plants: *Salix polaris*, *Bistorta vivipara*, and *Dryas octopetala* [J]. Acta Societatis Botanicorum Poloniae, 2018, 87(4):3604. DOI:10.5586/asbp.3604.

[478] Kendrick L M, Geraldine A A, Richard J H, et al. Phylogeographical patterns in the widespread arctic-alpine plant *Bistorta vivipara* (Polygonaceae) with emphasis on western North America [J]. Journal of Biogeography, 2013, 40(5):847-856. DOI:10.1111/jbi.12042.

[479] Vysochina G I, Voronkova M S. Flavonoids of *Bistorta vivipara* (L.) Delarbre in relation to their ecological role [J]. Contemporary Problems of Ecology, 2013, 6(5):426-433. DOI:10.1134/S1995425513040148.

[480] Frida L, Tage V, Alf E, et al. Reindeer grazing has contrasting effect on species traits in *Vaccinium vitis-idaea* L. and *Bistorta vivipara* (L.) Gray [J]. Acta Oecologica, 2013, 53:33-37. DOI:10.1016/j.actao.2013.08.006.

[481] Sunil M, Rune H, Håvard K, et al. Arctic fungal communities associated with roots of *Bistorta vivipara* do not respond to the same fine-scale edaphic gradients as the aboveground vegetation [J]. New Phytologist, 2015, 205(4):1587-1597. DOI:10.1111/nph.13216.

[482] Marie D, Rakel B, Unni V, et al. Primary succession of *Bistorta vivipara* (L.) Delabre (Polygonaceae) root-associated fungi mirrors plant succession in two glacial chronosequences [J]. Environmental Microbiology, 2015, 17(8):2777-2790. DOI:10.1111/1462-2920.12770.

[483] Sunil M, Mohammad B, Leho T, et al. Temporal variation of *Bistorta vivipara*-associated ectomycorrhizal fungal communities in the High Arctic [J]. Molecular Ecology, 2015, 24(24):6289-6302. DOI:10.1111/mec.13458.

[484] Sunil M, Mohammad B, Pernille B E. Alpine bistort (*Bistorta vivipara*) in edge habitat associates with fewer but distinct ectomycorrhizal fungal species: a comparative study of three contrasting soil environments in Svalbard [J]. Mycorrhiza, 2016, 26:809-818. DOI:10.1007/s00572-016-0716-1.

[485] John W B, Eric H R, Jeremiah W B, et al. Environmental and genetic correlates of allocation to sexual reproduction in the circumpolar plant *Bistorta vivipara* [J]. American Journal of Botany, 2015, 102(7):1174-1186. DOI:10.3732/ajb.1400431.

[486] 中国科学院中国植物志编辑委员会 . 中国植物志 • 第五十九卷 • 第二分册 [M]. 北京 : 科学出版社 , 1990.

[487] Wang F Y, Ge X J, Gong X, et al. Strong Genetic Differentiation of *Primula sikkimensis* in the East Himalaya-Hengduan Mountains [J]. Biochemical Genetics, 2008, 46:75-87. DOI:10.1007/s10528-007-9131-9.

[488] Li C H, Liu Y J, Zhang C Y, et al. Characterization of polymorphic microsatellite markers for *Primula sikkimensis* (Primulaceae) using a 454 sequencing approach [J]. Applications in Plant Sciences, 2016, 4(7):1600015. DOI:10.3732/apps.1600015.

[489] Priya D G, Atul K U, Pardeep K B, et al. Transcriptome analysis reveals plasticity in gene regulation due to environmental cues in *Primula sikkimensis*, a high altitude plant species [J]. BMC Genomics, 2019, 20:989. DOI:10.1186/s12864-019-6354-1.

[490] 中国科学院中国植物志编辑委员会 . 中国植物志 • 第五十七卷 • 第三分册 [M]. 北京 : 科学出版社 , 1991.

[491] 中国科学院中国植物志编辑委员会 . 中国植物志 • 第五十七卷 • 第一分册 [M]. 北京 : 科学出版社 , 1999.

[492] Liao H B, Lei C, Gao L X, et al. Two Enantiomeric Pairs of Meroterpenoids from *Rhododendron capitatum* [J]. Organic Letters, 2015, 17(20):5040-5043. DOI:10.1021/acs.orglett.5b02515.

[493] Liao H B, Huang G H, Yu M H, et al. Five Pairs of Meroterpenoid Enantiomers from *Rhododendron capitatum* [J]. The Journal of Organic Chemistry, 2017, 82(3):1632-1637. DOI:10.1021/acs.joc.6b02800.

[494] Liang C, Louise K, Paul R H, et al. Dual High-Resolution α -Glucosidase and PTP1B Inhibition Profiling Combined with HPLC-PDA-HRMS-SPE-NMR Analysis for the Identification of Potentially Antidiabetic Chromene Meroterpenoids from *Rhododendron capitatum* [J]. Journal of Natural Products, 2021, 84(9):2454-2467. DOI:10.1021/acs.jnatprod.1c00454.

[495] Zhao L, Ge J, Qiao C, et al. Separation and quantification of flavonoid compounds in *Rhododendron anthopogonoides* Maxim by high-performance liquid chromatography [J]. Acta Chromatographica, 2008, 20(1):135-146. DOI:10.1556/AChrom.20.2008.1.11.

[496] Naoki I, Susumu K. Tetracyclic Chromane Derivatives from *Rhododendron anthopogonoides* [J]. Journal of Natural Products, 2010, 73(7):1203-1206. DOI:10.1021/np900543r.

[497] Naoki I, Susumu K. New Cannabinoid-Like Chromane and Chromene Derivatives from *Rhododendron anthopogonoides* [J]. Chemical and Pharmaceutical Bulletin, 2011, 59(11):1409-1412. DOI:10.1248/cpb.59.1409.

[498] Gui L, Tao Y D, Wang W D, et al. Chemical Constituents of *Rhododendron anthopogonoides* [J]. Chemistry of Natural Compounds, 2020, 56(1):130-133. DOI:10.1007/s10600-020-02962-y.

[499] Jing L L, Ma H P, Fan P C, et al. Antioxidant potential, total phenolic and total flavonoid contents of *Rhododendron anthopogonoides* and its protective effect on hypoxia-induced injury in PC12 cells [J]. BMC Complementary and Alternative Medicine, 2015, 15:287. DOI:10.1186/s12906-015-0820-3.

[500] Shi Q, Li T T, Wu Y M, et al. Meroterpenoids with diverse structures and anti-inflammatory activities from *Rhododendron anthopogonoides* [J]. Phytochemistry, 2020, 180:112524. DOI:10.1016/j.phytochem.2020.112524.

[501] Yang K, Zhou Y X, Wang C F, et al. Toxicity of *Rhododendron anthopogonoides* Essential Oil and Its Constituent Compounds towards Sitophilus zeamais [J]. Molecules, 2011, 16(9):7320-7330. DOI:10.3390/molecules16097320.

[502] Bai P H, Bai C Q, Liu Q Z, et al. Nematicidal Activity of the Essential Oil of *Rhododendron anthopogonoides* Aerial Parts and its Constituent Compounds against *Meloidogyne incognita*

[J]. Zeitschrift für Naturforschung C, 2013, 68(7-8):307-312. DOI:10.1515/znc-2013-7-808.

[503] 中国科学院中国植物志编辑委员会 . 中国植物志 • 第五十七卷 • 第二分册 [M]. 北京 : 科学出版社 , 1994.

[504] LI G Q, JIA Z J. Two New Ionone Derivatives from *Rhododendron przewalskii* Maxim. [J]. Chinese Chemical Letters, 2003, 14(1):62-65.

[505] LI G Q, JIA Z J, ZHANG S S. Two New Compounds from *Rhododendron Przewalskii* Maxim [J]. Chemical Research in Chinese Universities, 2003, 19(4):422-424.

[506] Dai L X, He J, Miao X L, et al. Multiple Biological Activities of *Rhododendron przewalskii* Maxim. Extracts and UPLC-ESI-Q-TOF/MS Characterization of Their Phytochemical Composition [J]. Frontiers in Pharmacology, 2021, 12:599778. DOI:10.3389/fphar.2021.599778

[507] 中国科学院中国植物志编辑委员会 . 中国植物志 • 第六十二卷 [M]. 北京 : 科学出版社 , 1988.

[508] Li Y, Li L F, Chen G Q, et al. Development of ten microsatellite loci for *Gentiana crassicaulis* (Gentianaceae) [J]. Conservation Genetics, 2007, 8:1499-1501. DOI:10.1007/s10592-007-9313-3.

[509] Meng Y L, Gao Y P, Jia J F. Plant regeneration from protoplasts isolated from callus of *Gentiana crassicaulis* [J]. Plant Cell Reports, 1996, 16:88-91. DOI:10.1007/BF01275457.

[510] Liang J R, Yoichiro I, Zhang X X, et al. Rapid preparative separation of six bioactive compounds from *Gentiana crassicaulis* Duthie ex Burk. using microwave-assisted extraction coupled with high-speed counter-current chromatography [J]. Journal of Separation Science, 2013, 36(24):3934-3940. DOI:10.1002/jssc.201300897.

[511] Huang R, Wang X, Liu H, et al. Chemical constituents from *gentiana crassicaulis* duthie ex burk [J]. Biochemical Systematics and Ecology, 2020, 92:104115. DOI:10.1016/j.bse.2020.104115.

[512] Zou Y F, Fu Y P, Chen X Fu, et al, Berit Smestad Paulsen. Polysaccharides with immunomodulating activity from roots of *Gentiana crassicaulis* [J]. Carbohydrate Polymers, 2017, 172:306-314. DOI:10.1016/j.carbpol.2017.04.049.

[513] He Y M, Zhu S, Ge Y W, et al. Secoiridoid glycosides from the root of *Gentiana crassicaulis* with inhibitory effects against LPS-induced NO and IL-6 production in RAW264 macrophages [J]. Journal of Natural Medicines, 2015, 69:366-374. DOI:10.1007/s11418-015-0903-y.

[514] Wang Y P, Bashir A, Duan B Z, et al. Chemical and Genetic Comparative Analysis of *Gentiana crassicaulis* and *Gentiana macrophylla* [J]. Chemistry & Biodiversity, 2016, 13(6):776-781. DOI:10.1002/cbdv.201500247.

[515] Song J H, Chen F Z, Liu J, et al. Combinative method using multi-components quantitation and HPLC fingerprint for comprehensive evaluation of *Gentiana crassicaulis* [J]. Pharmacognosy Magazine, 2017, 13(49):180-187. DOI:10.4103/0973-1296.197639.

[516] Yeung M F, Clara B S L, Raphael C Y C, et al. Search for antimycobacterial constituents from a Tibetan medicinal plant, *Gentianopsis paludosa* [J]. Phytotherapy Research, 2009, 23(1):123-125. DOI:10.1002/ptr.2506.

[517] Ding L, Liu B, Qi L L, et al. Anti-proliferation, cell cycle arrest and apoptosis induced by a

natural xanthone from *Gentianopsis paludosa* Ma, in human promyelocytic leukemia cell line HL-60 cells [J]. Toxicology in Vitro, 2009, 23(3):408-417. DOI:10.1016/j.tiv.2009.01.010.

[518] Ding L, Liu B, Zhang S D, et al. Cytotoxicity, apoptosis-inducing effects and structure-activity relationships of four natural xanthones from *Gentianopsis paludosa* Ma in HepG2 and HL-60 cells [J]. Natural Product Research, 2011, 25(7):669-683. DOI:10.1080/14786410802497398.

[519] Lu N H, Zhao H Q, Jing M, et al. The pharmacodynamic active components study of Tibetan medicine *Gentianopsis paludosa* on ulcerative colitis fibrosis [J]. International Immunopharmacology, 2017, 46:163-169. DOI:10.1016/j.intimp.2017.01.001.

[520] Cheng Y Q, Zhang Y X, Qi S D, et al. Simultaneous separation and analysis of two bioactive xanthones in the tibetan medicinal plant *gentianopsis paludosa* (Hook. f.) Ma by micellar electrokinetic capillary chromatography [J]. Acta Chromatographica, 2010, 22(4):637-650. DOI:10.1556/AChrom.22.2010.4.12.

[521] Xue H Q, Ma X M, Wu S X, et al. Xanthones from *gentianopsis paludosa* [J]. Chemistry of Natural Compounds, 2011, 46(6):979-981. DOI:10.1007/s10600-011-9803-x.

[522] Xue C Y, Li D Z. Use of DNA barcode sensu lato to identify traditional Tibetan medicinal plant *Gentianopsis paludosa* (Gentianaceae) [J]. Journal of Systematics and Evolution, 2011, 49(3):267-270. DOI:10.1111/j.1759-6831.2011.00127.x.

[523] Yu Y C, Li Z D, Wang P, et al. Genetic and biochemical characterization of somatic hybrids between Bupleurum scorzonerifolium and *Gentianopsis paludosa* [J]. Protoplasma, 2012, 249:1029-1035. DOI:10.1007/s00709-011-0336-8.

[524] Duan Y W, Amots D, Hou Q Z, et al. Delayed Selfing in an Alpine Biennial *Gentianopsis paludosa* (Gentianaceae) in the Qinghai-Tibetan Plateau [J]. Journal of Integrative Plant Biology, 2010, 52(6):593-599. DOI:10.1111/j.1744-7909.2010.00951.x.

[525] Yang L C, Xiong F, Xiao Y M, et al. The complete chloroplast genome of Tibetan medicine *Gentianopsis paludosa* [J]. Mitochondrial DNA Part B, 2020, 5(1):705-706. DOI:10.1080/23802359.2020.1714494.

[526] Hu Q F, Wang X L, Zeng W L, et al. Two New Xanthones from *Comastoma pulmonarium* and Their Anti-Tobacco Mosaic Virus Activity [J]. Chemistry of Natural Compounds, 2019, 55(6):1039-1042. DOI:10.1007/s10600-019-02888-0.

[527] Wang X L, Li P, Xiang H Y, et al. Two New Naphthaldehyde Derivatives from *Comastoma pulmonarium* [J]. Chemistry of Natural Compounds, 2019, 55(4):648-650. DOI:10.1007/s10600-019-02769-6.

[528] Zhou M, Zhou K, Zhao Y L, et al. New Xanthones from *Comastoma Pulmonarium* and Their Anti-Tobacco Mosaic Virus Activity [J]. HeteroCycles, 2015, 91(3):604-609. DOI:10.3987/COM-14-13165.

[529] Zhang C, Rebecca E I, Wang Y, et al. Selective seed abortion induced by nectar robbing in the selfing plant *Comastoma pulmonarium* [J]. New Phytologist, 2011, 192(1):249-255. DOI:10.1111/j.1469-8137.2011.03785.x.

[530] Sun Y W, Liu G M, Huang H, et al. Chromone derivatives from *Halenia elliptica* and their anti-HBV activities [J]. Phytochemistry, 2012, 75:169-176. DOI:10.1016/j.phytochem.2011.09.015.

[531] Feng R, Zhou X L, Penelope M Y O, et al. Enzyme kinetic and molecular docking studies on the metabolic interactions of 1-hydroxy-2,3,5-trimethoxy-xanthone, isolated from *Halenia elliptica* D. Don, with model probe substrates of human cytochrome P450 enzymes [J]. Phytomedicine, 2012, 19(12):1125-1133. DOI:10.1016/j.phymed.2012.06.009.

[532] Feng R, Zhou X L, Tan X S, et al. In vitro identification of cytochrome P450 isoforms responsible for the metabolism of 1-hydroxyl-2,3,5-trimethoxy-xanthone purified from *Halenia elliptica* D. Don [J]. Chemico-Biological Interactions, 2014, 210:12-19. DOI:10.1016/j.cbi.2013.12.008.

[533] Feng R, Tan X S, Wen B Y, et al. Interaction effects on cytochrome P450 both in vitro and in vivo studies by two major bioactive xanthones from *Halenia elliptica* D. Don [J]. Biomedical Chromatography, 2016, 30(12):1953-1962. DOI:10.1002/bmc.3771.

[534] Feng R, Zhang Y Y, Chen X, et al. In vitro study on metabolite profiles of bioactive xanthones isolated from *Halenia elliptica* D. Don by high performance liquid chromatography coupled to ion trap time-of-flight mass spectrometry [J]. Journal of Pharmaceutical and Biomedical Analysis, 2012, 62:228-234. DOI:10.1016/j.jpba.2012.01.014.

[535] Liu Y L, Wang P, Chen T, et al. One-Step Isolation and Purification of four xanthone Glycosides from Tibetan Medicinal Plant *Halenia elliptica* by High-Speed Counter-Current Chromatography [J]. Separation Science and Technology, 2014, 49(7):1119-1124. DOI:10.1080/01496395.2013.872659.

[536] Liu C L, Li Y, Xu G Y, et al. Isolation, purification and structural characterization of a water-soluble polysaccharide HM41 from *Halenia elliptica* D. Don [J]. Chinese Chemical Letters, 2016, 27(6):979-983. DOI:10.1016/j.cclet.2016.01.061.

[537] Yang M L, Wang L L, Zhang G P, et al. Equipped for Migrations Across High Latitude Regions? Reduced Spur Length and Outcrossing Rate in a Biennial *Halenia elliptica* (Gentianaceae) With Mixed Mating System Along a Latitude Gradient [J]. Frontiers in Genetics, 2018, 9:223. DOI:10.3389/fgene.2018.00223.

[538] Liu L K, Li J P, Wang H Y, et al. The complete chloroplast genome of a medical herb, *Halenia elliptica* D.Don (Gentianaceae), from Qinghai-Tibet Plateau in China [J]. Mitochondrial DNA Part B, 2019, 4(2):3381-3382. DOI:10.1080/23802359.2019.1674202.

[539] Yang M L, Han N Y, Li H, et al. Transcriptome Analysis and Microsatellite Markers Development of a Traditional Chinese Medicinal Herb *Halenia elliptica* D. Don (Gentianaceae) [J]. Evolutionary Bioinformatics, 2018, 14:1-6. DOI:10.1177/1176934318790263.

[540] 中国科学院中国植物志编辑委员会．中国植物志•第六十三卷 [M]. 北京：科学出版社，1977.

[541] Liu Y, Hu Y C, Yu S S, et al. Steroidal glycosides from *cynanchum forrestii* schlechter [J]. Steroids, 2006, 71(1):67-76. DOI:10.1016/j.steroids.2005.08.007.

[542] Liu Y, Qu J, Yu S S, et al. Seven new steroidal glycosides from the roots of *cynanchum forrestii* [J]. Steroids, 2007, 72(4):313-322. DOI:10.1016/j.steroids.2006.11.024.

[543] Liu J C, Yu L L, Tang M X, et al. Two new steroidal saponins from the roots of *Cynanchum limprichtii* [J]. Journal of Asian Natural Products Research, 2018, 20(9):875-882. DOI:10.

1080/10286020.2017.1405939.

[544] Liu J C, Yu L L, Chen S F, et al. Two new 14, 15-secopregnane-type steroidal glycosides from the roots of *Cynanchum limprichtii* [J]. Natural Product Research, 2018, 32(3):261-267. DOI: 10.1080/14786419.2017.1353506.

[545] LIU Y, QU J, YU S S, et al. A New Triterpene from *Cynanchum forrestii* [J]. Chinese Chemical Letters, 2006, 17(12):1569-1572.

[546] Liu Y, Li J B, Yu S S, et al. Rapid structural determination of modified pregnane glycosides from *Cynanchum forrestii* by liquid chromatography–diode-array detection/electrospray ionization multi-stage tandem mass spectrometry [J]. Analytica Chimica Acta, 2008, 611(2):187-196. DOI:10.1016/j.aca.2008.01.076.

[547] Liu J C, Wang H F, Pei Y H, et al. Chemical constituents from the root of Cynanchum limprichtii Schltr [J]. Biochemical Systematics and Ecology, 2021, 97:104301. DOI:10.1016/j.bse.2021.104301.

[548] Zhang J, Zhang D Q. The complete chloroplast genome sequence of *Cynanchum forrestii* Schltr. (Asclepiadaceae) and its phylogenetic analysis [J]. Mitochondrial DNA Part B, 2019, 4(2):3675-3676. DOI:10.1080/23802359.2019.1678437.

[549] 中国科学院中国植物志编辑委员会 . 中国植物志 • 第六十四卷 • 第二分册 [M]. 北京 : 科学出版社 , 1989.

[550] El-Shazly A, Sarg T, Ateya A, et al. Pyrrolizidine alkaloids of *Cynoglossum officinale* and *Cynoglossum amabile* (family boraginaceae) [J]. Biochemical Systematics and Ecology, 1996, 24(5):415-421. DOI:10.1016/0305-1978(96)00035-X.

[551] Xu Q J, ZhangG D Z, Dang L J, et al. Triterpene Acids from *Cynoglossum amabile* [J]. Chemical Research in Chinese Universities, 2009, 25(3):404-406.

[552] 中国科学院中国植物志编辑委员会 . 中国植物志 • 第七十卷 [M]. 北京 : 科学出版社 , 2002.

[553] 卫生部生物制品鉴定所 . 中国民族药志 : 第一卷 [M]. 北京 : 人民卫生出版社 , 1984.

[554] Zhao H, Wang Q H, Sun Y P, et al. Purification, characterization and immunomodulatory effects of *Plantago depressa* polysaccharides [J]. Carbohydrate Polymers, 2014, 112:63-72. DOI:10.1016/j.carbpol.2014.05.069.

[555] Zheng X M, Meng F W, Geng F, et al. Plantadeprate A, a Tricyclic Monoterpene Zwitterionic Guanidium, and Related Derivatives from the Seeds of *Plantago depressa* [J]. Journal of Natural Products, 2015, 78(11):2822-2826. DOI:10.1021/acs.jnatprod.5b00368.

[556] Xia N, Li B A, Liu H J, et al. Anti-hyperuricemic effect of *Plantago depressa* Willd extract in rats [J]. Tropical Journal of Pharmaceutical Research, 2017, 16(6):1365-1368. DOI:10.4314/tjpr.v16i6.21.

[557] Song X Q, Zhu K K, Yu J H, et al. New Octadecanoid Enantiomers from the Whole Plants of *Plantago depressa* [J]. Molecules, 2018, 23(7):1723. DOI:10.3390/molecules23071723.

[558] Song X Q, Bao J, Sun J, et al. Butenolides, triterpenoids and phenylethanoid glycosides from *Plantago depressa* [J]. Phytochemistry Letters, 2019, 30:21-25. DOI:10.1016/j.phytol.2019.01.002.

[559] Han N, Wang L, Song Z H, et al. Optimization and antioxidant activity of polysaccharides from *Plantago depressa* [J]. International Journal of Biological Macromolecules, 2016, 93(A):644-654. DOI:10.1016/j.ijbiomac.2016.09.028.

[560] Li Z, Bai W, Zhang L, et al. Increased water supply promotes photosynthesis, C/N ratio, and plantamajoside accumulation in the medicinal plant *Plantago depressa* Willd [J]. Photosynthetica, 2016, 54(4):551-558. DOI:10.1007/s11099-016-0222-x.

[561] Woochan K, Yongsung K, Chan-Ho P, et al. The complete chloroplast genome sequence of traditional medical herb, *Plantago depressa* Willd. (Plantaginaceae) [J]. Mitochondrial DNA Part B, 2019, 4(1):437-438. DOI:10.1080/23802359.2018.1553530.

[562] Jongsun P, Yongsung K, Woochan K, et al. The complete chloroplast genome sequence of new species candidate of *Plantago depressa* Willd. in Korea (Plantaginaceae) [J]. Mitochondrial DNA Part B, 2021, 6(7):1961-1963. DOI:10.1080/23802359.2021.1935356.

[563] Xu Y, Wang Y J, Bi S N, et al. Simultaneous Determination of Four Ingredients in *Plantago Depressa* by Single Marker [J]. Journal of Chemistry, 2021, 2021:4040239. DOI:10.1155/2021/4040239.

[564] 中国科学院中国植物志编辑委员会 . 中国植物志 • 第六十五卷 • 第二分册 [M]. 北京 : 科学出版社 , 1977.

[565] Hou Z F, Yang L, Tuy Q, et al. A New Isopimarane Diterpene from *Nepeta prattii* [J]. Chinese Chemical Letters, 1999, 10(7):573-574.

[566] Hou Z F, Tu Y Q, Li Y. New isopimarane diterpene and new cineole type glucoside from *Nepeta prattii* [J]. Die Pharmazie, 2002, 57(4):279-281.

[567] Hou Z F, Tu Y Q, Li Y. Three New Phenolic Compounds from *Nepeta Prattii* [J]. Journal of the Chinese Chemical Society, 2002, 49(2):255-258. DOI:10.1002/jccs.200200039.

[568] Chen H, Tan R X, Liu Z L, et al. Antibacterial Neoclerodane Diterpenoids from *Ajuga lupulina* [J]. Journal of Natural Products, 1996, 59(7):668-670. DOI:10.1021/np960385s.

[569] Chen H, Liu D Q, Zhang L X, et al. Two new clerodane diterpenes with antibacterial activity from *Ajuga lupulina* [J]. Indian Journal of Chemistry Section B-organic Chemistry Including Medicinal Chemistry, 1999, 38(6):743-745.

[570] Chen H, Tan R X, Liu Z L, et al. A Clerodane Diterpene with Antibacterial Activity from *Ajuga lupulina* [J]. Acta Crystallographica Section C, 1997, 53:814-816. DOI:10.1107/S0108270196013637.

[571] Wu Q G, Yang H L, Yang Y L, et al. A Novel and Efficient In Vitro Organogenesis Approach for *Ajuga lupulina* Maxim [J]. Plants, 2021, 10(9):1918. DOI:10.3390/plants10091918.

[572] 中国科学院中国植物志编辑委员会 . 中国植物志 • 第六十九卷 [M]. 北京 : 科学出版社 , 1990.

[573] Renata P, Alojzy P. New locality of *Orobanche coerulescens* Stephan ex Willd. (Orobanchaceae) at the NW limit of its geographical range [J]. Acta Societatis Botanicorum Poloniae, 2009, 78(4):291-295. DOI:10.5586/asbp.2009.038.

[574] Giannantonio D, Jan S. Typification of the name Orobanche canescens C. Presl(Orobanchaceae) with taxonomic notes [J]. Candollea, 2009, 64(1):31-37.

[575] 中国科学院中国植物志编辑委员会 . 中国植物志 • 第六十八卷 [M]. 北京 : 科学出版社 , 1963.

[576] Tang Y, Xie J S, Sun H. The pollination ecology of *Pedicularis rex* subsp. lipkyana and P. rex subsp. rex (Orobanchaceae) from Sichuan, southwestern China [J]. Flora - Morphology, Distribution, Functional Ecology of Plants, 2007, 202(3):209-217. DOI:10.1016/j.flora.2006.09.001.

[577] Xia J, Liu H, Qin R. Unexpectedly high outcrossing rate in both dense and sparse patches in self-compatible *Pedicularis rex* (Orobanchaceae) [J]. Plant Systematics and Evolution, 2013, 299:49-56. DOI:10.1007/s00606-012-0701-x.

[578] Xia J, Sun S G, Liu G H. Evidence of a component Allee effect driven by predispersal seed predation in a plant (*Pedicularis rex*, Orobanchaceae) [J]. Biology Letters, 2013, 9(5):20130387. DOI:10.1098/rsbl.2013.0387.

[579] Huang P H, Yu W B, Yang J B, et al. Isolation and Characterization of 13 Microsatellite Loci from *Pedicularis rex* (lousewort) [J]. HortScience, 2010, 45(7):1129-1131. DOI:10.21273/HORTSCI.45.7.1129.

[580] Chu H B, Tan N H, Zhang Y M. Chemical Constituents from *Pedicularis rex* C. B. Clarke [J]. Zeitschrift für Naturforschung B, 2007, 62(11):1465-1470. DOI:10.1515/znb-2007-1117.

[581] Bai L C, Bai L J, Ma K, et al. First Report of Powdery Mildew Caused by *Podosphaera phtheirospermi* on *Pedicularis rex* in China [J]. Plant Disease, 2019, 103(12):3280. DOI:10.1094/PDIS-05-19-1100-PDN.

[582] Li X, Lin C Y, Yang J B, et al. De novo assembling a complete mitochondrial genome of *Pedicularis rex* (Orobanchaceae) using GetOrganelle toolkit [J]. Mitochondrial DNA Part B, 2020, 5(1):1056-1057. DOI:10.1080/23802359.2020.1722038.

[583] 中国科学院中国植物志编辑委员会 . 中国植物志 • 第七十三卷 • 第二分册 [M]. 北京 : 科学出版社 , 1983.

[584] Zhou X L, Fan Q, Huang S, et al. Identification of a new flavone glycoside from *Codonopsis nervosa* [J]. Chemistry of Natural Compounds, 2012, 47(6):888-890. DOI:10.1007/s10600-012-0095-6.

[585] Aga E B, Li H J, Chen J, et al. Chemical constituents from the aerial parts of *Codonopsis nervosa* [J]. Chinese Journal of Natural Medicines, 2012, 10(5):366-369. DOI:10.1016/S1875-5364(12)60073-9.

[586] Dawa Z M, Bai Y, Zhou Y, et al. Chemical constituents of the whole plants of *Saussurea medusa* [J]. Journal of NaturalMedicines, 2009, 63:327-330. DOI:10.1007/s11418-009-0320-1.

[587] Wu N, Liu Y F, Liang X M, et al. Phytochemical and chemotaxonomic study on *Saussurea medusa* Maxim. (Compositae) [J]. Biochemical Systematics and Ecology, 2020, 93:104171. DOI:10.1016/j.bse.2020.104171.

[588] Fan J Y, Chen H B, Zhu L, et al. *Saussurea medusa*, source of the medicinal herb snow lotus: a review of its botany, phytochemistry, pharmacology and toxicology [J]. Phytochemistry Reviews, 2015, 14:353-366. DOI:10.1007/s11101-015-9408-2.

[589] Xu C M, Ou Y, Zhao B, et al. Syringin production by *Saussurea medusa* cell cultures in a novel

bioreactor [J]. Biologia plantarum, 2008, 52(2):377-380. DOI:10.1007/s10535-008-0079-3.

[590] Yang B, Chen Y D, Li M. GW24-e0034 Effects of cell cultures of *saussurea medusa* in regulating blood lipid of hyperlipidemic rats [J]. Heart, 2013, 99(Suppl 3):66. DOI:10.1136/heartjnl-2013-304613.182.

[591] Yu R T, Yu R X, Zhang X W, et al. Dynamic Microwave-Assisted Extraction of Arctigenin from *Saussurea medusa* Maxim. [J]. Chromatographia, 2010, 71(3-4):335-339. DOI:10.1365/s10337-009-1440-1.

[592] Yu R T, Liu Z, Yu R X, et al. A simple method for isolation and structural identification of arctigenin from *Saussurea medusa* Maxim. by preparation chromatography and single crystal X-ray diffraction [J]. Journal of Medicinal Plant Research, 2011, 5(6):979-983. DOI:10.13140/2.1.1550.2086.

[593] Li H H, Qiu J, Chen F D, et al. Molecular characterization and expression analysis of dihydroflavonol 4-reductase (DFR) gene in *Saussurea medusa* [J]. Molecular Biology Reports, 2012, 39:2991-2999. DOI:10.1007/s11033-011-1061-2.

[594] Wayne L, Jan S, Tiffany M K. The effects of pollen limitation on population dynamics of snow lotus (*Saussurea medusa* and S. *laniceps*, Asteraceae): Threatened Tibetan medicinal plants of the eastern Himalayas [J]. Plant Ecology, 2010, 210:343-357. DOI:10.1007/s11258-010-9761-6.

[595] Wei Y S, Zhang Z W, Wang C H, et al. The complete chloroplast genome of *Saussurea medusa* maxim. (Asteraceae), an alpine Tibetan herb [J]. Mitochondrial DNA Part B, 2021, 6(11):3144-3145. DOI:10.1080/23802359.2021.1984328.

[596] 中国科学院中国植物志编辑委员会 . 中国植物志 • 第七十八卷 • 第一分册 [M]. 北京 : 科学出版社 , 1987.

[597] Wei H, He C N, Peng Y, et al. Two New Aryltetralin Lignans from the Roots of *Dolomiaea souliei* [J]. Molecules, 2012, 17(5):5544-5549. DOI:10.3390/molecules17055544.

[598] Fan G X, Dong L L, Li H H, et al. Sesquiterpenoids and Other Chemical Components from the Roots of *Dolomiaea souliei* [J]. Chemistry of Natural Compounds, 2016, 52(4):754-757. DOI:10.1007/s10600-016-1766-5.

[599] Yi M, Meng F C, Qu S Y, et al. A new neolignan glycoside from *Dolomiaea souliei* [J]. Natural Product Research, 2020, 34(8):1124-1130. DOI:10.1080/14786419.2018.1552695.

[600] Wu Z L, Wang Q, Fu L, et al. Vlasoulides A and B, a pair of neuroprotective C32 dimeric sesquiterpenes with a hexacyclic 5/7/5/5/(5)/7 carbon skeleton from the roots of *Vladimiria souliei* [J].RSC Advances, 2021, 11:6159-6162. DOI:10.1039/d1ra00075f.

[601] Yi M, Meng F C, Qu S Y, et al. Dolominol a and B, two new neolignans from *Dolomiaea souliei* (Franch.) C.Shih [J]. Natural Product Research, 2022, 36(15):3909-3916. DOI:10.1080/14786419.2021.1897125.

[602] Wei H, Ma G X, Peng Y, et al. Chemical Constituents of the Roots of *Dolomiaea souliei* [J]. Chemistry of Natural Compounds, 2014, 50(3):455-457. DOI:10.1007/s10600-014-0985-x.

[603] Wu Z L, Wang Q, Dong H Y, et al. Five rare dimeric sesquiterpenes exhibiting potential neuroprotection activity from *Vladimiria souliei* [J]. Fitoterapia, 2018, 128:192-197. DOI:10.1016/j.fitote.2018.05.022.

[604] Wu Z L, Wang Q, Wang J X, et al. Vlasoulamine A, a Neuroprotective [3.2.2]Cyclazine Sesquiterpene Lactone Dimer from the Roots of *Vladimiria souliei* [J]. Organic Letters, 2018, 20(23):7567-7570. DOI:10.1021/acs.orglett.8b03306.

[605] Mao J X, Yi M, Tao Y Y, et al. Costunolide isolated from *Vladimiria souliei* inhibits the proliferation and induces the apoptosis of HepG2 cells [J]. Molecular Medicine Reports, 2019, 19(2):1372-1379. DOI:10.3892/mmr.2018.9736.

[606] Meng F C, Zong W, Wei X D, et al. *Dolomiaea souliei* ethyl acetate extract protected against α-naphthylisothiocyanate-induced acute intrahepatic cholestasis through regulation of farnesoid x receptor-mediated bile acid metabolism [J]. Phytomedicine, 2021, 87:153588. DOI:10.1016/j.phymed.2021.153588.

[607] Wu X N, Zhang N F, Kan J, et al. Polyphenols from *Arctium lappa* L ameliorate doxorubicin-induced heart failure and improve gut microbiota composition in mice [J]. Journal of Food Biochemistry, 2022, 46(3):e13731. DOI:10.1111/jfbc.13731.

[608] Li L Y, Qiu Z C, Dong H J, et al. Structural characterization and antioxidant activities of one neutral polysaccharide and three acid polysaccharides from the roots of *Arctium lappa* L.: a comparison [J]. International Journal of Biological Macromolecules, 2021, 182:187-196. DOI:10.1016/j.ijbiomac.2021.03.177.

[609] Svetlana A E, Vera S N, Boris A K, et al. A Study on the Synbiotic Composition of *Bifidobacterium bifidum* and Fructans from Arctium lappa Roots and Helianthus tuberosus Tubers against Staphylococcus aureus [J]. Microorganisms, 2021, 9(5):930. DOI:10.3390/microorganisms9050930.

[610] Farzaneh E, Mahnaz H, Mohammad R E, et al. Optimization of Aqueous Extraction Conditions of Inulin from the *Arctium lappa* L. Roots Using Ultrasonic Irradiation Frequency [J]. Journal of Food Quality, 2021, 2021:5520996. DOI:10.1155/2021/5520996.

[611] Alateng C, Liu Y L, Saren G, et al. Diminution of Proliferation, Migration, and Invasion of Melanoma Cells by *Arctium Lappa* L. Extracts [J]. Current Topics In Nutraceutical Research, 2021, 19(2):188-193. DOI:10.37290/ctnr2641-452X.19:188-193.

[612] Dong W L, Minji K, Minseok Y, et al. 1,3-Dicaffeoylquinic Acid as an Active Compound of *Arctium lappa* Root Extract Ameliorates Depressive-Like Behavior by Regulating Hippocampal Nitric Oxide Synthesis in Ovariectomized Mice [J]. Antioxidants, 2021, 10(8):1281. DOI:10.3390/antiox10081281.

[613] EFSA Panel on Additives and Products or Substances used in Animal Feed (FEEDAP) , Vasileios B, Giovanna A, et al. Safety and efficacy of a feed additive consisting of a dried extract from the roots of *Arctium lappa* L. (A. lappa dry extract) for use in cats and dogs (C.I.A.M.) [J]. EFSA Journal, 2021, 19(4):e06527. DOI:10.2903/j.efsa.2021.6527.

[614] Agnieszka S, Sławomir K, Ireneusz K. Identification of a Biostimulating Potential of an Organic Biomaterial Based on the Botanical Extract from *Arctium lappa* L. Roots [J]. Materials, 2021, 14(17):4920. DOI:10.3390/ma14174920.

[615] Cui J, Zeng S M, Zhang C Y. Anti-hyperglycaemic effects of Burdock (*Arctium lappa* L.) leaf flavonoids through inhibiting α-amylase and α-glucosidase [J]. International Journal of Food

Science & Technology, 2022, 57(1):541-551. DOI:10.1111/ijfs.15026.

[616] Yang Y Y, Li S N, Xing Y P, et al. The first high-quality chromosomal genome assembly of a medicinal and edible plant *Arctium lappa* [J]. Molecular Ecology Resources, 2022, 22(4):1493-1507. DOI:10.1111/1755-0998.13547.

[617] 中国科学院中国植物志编辑委员会 . 中国植物志 • 第八十卷 • 第二分册 [M]. 北京 : 科学出版社 , 1999.

[618] Yang Y, Wang Y X, Zeng W Q, et al. A strategy based on liquid-liquid-refining extraction and high-speed counter-current chromatography for the bioassay-guided separation of active compound from *Taraxacum mongolicum* [J]. Journal of Chromatography A, 2020, 1614:460727. DOI:10.1016/j.chroma.2019.460727.

[619] Li Y, Lv M, Wang J Q, et al. Dandelion (*Taraxacum mongolicum* Hand.-Mazz.) Supplementation-Enhanced Rumen Fermentation through the Interaction between Ruminal Microbiome and Metabolome [J]. Microorganisms, 2021, 9(1):83. DOI:10.3390/microorganisms9010083.

[620] Yu Z, Zhao L, Zhao J L, et al. Dietary *Taraxacum mongolicum* polysaccharide ameliorates the growth, immune response, and antioxidant status in association with NF-κB, Nrf2 and TOR in Jian carp (*Cyprinus carpio* var. Jian) [J]. Aquaculture, 2022, 547:737522. DOI:10.1016/j.aquaculture.2021.737522.

[621] Ge B J, Zhao P, Li H T, et al. *Taraxacum mongolicum* protects against Staphylococcus aureus-infected mastitis by exerting anti-inflammatory role via TLR2-NF-κB/MAPKs pathways in mice [J]. Journal of Ethnopharmacology, 2021, 268:113595. DOI:10.1016/j.jep.2020.113595.

[622] Deng X X, Jiao Y N, Hao H F, et al. *Taraxacum mongolicum* extract inhibited malignant phenotype of triple-negative breast cancer cells in tumor-associated macrophages microenvironment through suppressing IL-10 / STAT3 / PD-L1 signaling pathways [J]. Journal of Ethnopharmacology, 2021, 274:113978. DOI:10.1016/j.jep.2021.113978.

[623] Kang L, Miao M S, Song Y G, et al. Total flavonoids of *Taraxacum mongolicum* inhibit non-small cell lung cancer by regulating immune function [J]. Journal of Ethnopharmacology, 2021, 281:114514. DOI:10.1016/j.jep.2021.114514.

[624] Waqas A, Sajid M, Avelino N D, et al. Adsorption of arsenic (III) from aqueous solution by a novel phosphorus-modified biochar obtained from *Taraxacum mongolicum* Hand-Mazz: Adsorption behavior and mechanistic analysis [J]. Journal of Environmental Management, 2021, 292:112764. DOI:10.1016/j.jenvman.2021.112764.

[625] Li F, Feng K L, Yang J C, et al. Polysaccharides from dandelion (*Taraxacum mongolicum*) leaves: Insights into innovative drying techniques on their structural characteristics and biological activities [J]. International Journal of Biological Macromolecules, 2021, 167:995-1005. DOI:10.1016/j.ijbiomac.2020.11.054.

[626] Li C Y, Tian Y, Zhao C J, et al. Application of fingerprint combined with quantitative analysis and multivariate chemometric methods in quality evaluation of dandelion (*Taraxacum mongolicum*) [J]. Royal Society Open Science, 2021, 8(10):210614. DOI:10.1098/rsos.210614.

[627] Lin T, Xu X, Du H L, et al. Extensive sequence divergence between the reference genomes of

Taraxacum kok-saghyz and *Taraxacum mongolicum* [J]. Science China Life Sciences, 2022, 65:515-528. DOI:10.1007/s11427-021-2033-2.

[628] 中国科学院中国植物志编辑委员会 . 中国植物志 • 第七十七卷 • 第一分册 [M]. 北京 : 科学出版社 , 1999.

[629] Guo L, Li K, Cui Z W, et al. S-Petasin isolated from *Petasites japonicus* exerts anti-adipogenic activity in the 3T3-L1 cell line by inhibiting PPAR- γ pathway signaling [J]. Food & Function, 2019, 10:4396-4406. DOI:10.1039/c9fo00549h.

[630] Miki H K, Mika N. In vitro and in vivo evaluation of antioxidant activity of *Petasites japonicus* Maxim. flower buds extracts [J]. Bioscience, Biotechnology, and Biochemistry, 2020, 84(3):621-632. DOI:10.1080/09168451.2019.1691913.

[631] Jin S L, Miran J, Sangsu P, et al. Chemical Constituents of the Leaves of Butterbur (*Petasites japonicus*) and Their Anti-Inflammatory Effects [J]. Biomolecules, 2019, 9(12):806. DOI:10.3390/biom9120806.

[632] Shota U, Mayuka H, Yuko K, et al. A yeast-based screening system identified bakkenolide B contained in *Petasites japonicus* as an inhibitor of interleukin-2 production in a human T cell line [J]. Bioscience, Biotechnology, and Biochemistry, 2021, 85(10):2153-2160. DOI:10.1093/bbb/zbab130.

[633] Hyun S W, Kyung-Chul S, Jeong Y K, et al. Bakkenolides and Caffeoylquinic Acids from the Aerial Portion of *Petasites japonicus* and Their Bacterial Neuraminidase Inhibition Ability [J]. Biomolecules, 2020, 10(6):888. DOI:10.3390/biom10060888.

[634] Eun J K, Jae I J, Young E J, et al. Aqueous extract of *Petasites japonicus* leaves promotes osteoblast differentiation via up-regulation of Runx2 and Osterix in MC3T3-E1 cells [J]. Nutrition Research and Practice, 2021, 15(5):579-590. DOI:10.4162/nrp.2021.15.5.579.

[635] Jeong M H, Ha-Yeon S, Seung-Taik L, et al. Immunostimulatory Potential of Extracellular Vesicles Isolated from an Edible Plant, *Petasites japonicus*, via the Induction of Murine Dendritic Cell Maturation [J]. International Journal of Molecular Sciences, 2021, 22(19):10634. DOI:10.3390/ijms221910634.

[636] Miki H K. Antioxidant compounds of *Petasites japonicus* and their preventive effects in chronic diseases: a review [J]. Journal of Clinical Biochemistry and Nutrition, 2020, 67(1):10-18. DOI:10.3164/jcbn.20-58.

[637] Kwak H R, Choi H Y, Go W R, et al. First Report of Tomato Spotted Wilt Virus in *Petasites japonicus* in Korea [J]. Plant Disease, 2021, 105(4):1235. DOI:10.1094/PDIS-09-20-2027-PDN.

[638] Tamaki H, Hiromi T, Masaki S, et al. The complete chloroplast genome of *Petasites japonicus* (Siebold & Zucc.) Maxim. (Asteraceae) [J]. Mitochondrial DNA Part B, 2021, 6(12):3503-3505. DOI:10.1080/23802359.2021.2005476.

[639] 中国科学院中国植物志编辑委员会 . 中国植物志 • 第七十七卷 • 第二分册 [M]. 北京 : 科学出版社 , 1989.

[640] Zhao Y, Peng H R, Jia Z J. Six sinapyl alcohol derivatives from *Ligularia nelumbifolia* [J]. Chinese Chemical Letters, 1995, 6(5):387-390.

[641] Zhao Y, Hao X J, Lu W, et al. Syntheses of Two Cytotoxic Sinapyl Alcohol Derivatives and Isolation of Four New Related Compounds from *Ligularia nelumbifolia* [J]. Journal of Natural Products, 2002, 65(6):902-908. DOI:10.1021/np0200257.

[642] PENG H R, JIA Z J, YANG L, et al. A new sesquiterpene from *Ligularia nelumbifolia* [J]. Chinese Chemical Letters, 1995, 6(7):583-584.

[643] Hiroshi H, Yurie H, Satoru K, et al. The First Isolation of Furanoeremophilane from *Ligularia nelumbifolia* [J]. Natural Product Communications, 2014, 9(3):325-327. DOI:10.1177/1934578X1400900311.

[644] Francesco E, Salvatore G, Squires E J, et al. Nelumal A, the active principle from *Ligularia nelumbifolia*, is a novel farnesoid X receptor agonist [J]. Bioorganic & Medicinal Chemistry Letters, 2012, 22(9):3130-3135. DOI:10.1016/j.bmcl.2012.03.057.

[645] Francesco E, Salvatore Ge, Serena F, et al. Nelumal A, the Active Principle of *Ligularia nelumbifolia*, is a Novel Aromatase Inhibitor [J]. Natural Product Communications, 2014, 9(6):823-824. DOI:10.1177/1934578X1400900624.

[646] Ryo H, Hiroka Y, Yurika S, et al. Chemical Constituents of *Ligularia Nelumbifolia* and L. Subspicata Hybrid Collected in Shangrila County, Yunnan Province of China [J]. Natural Product Communications, 2012, 7(12):1565-1568. DOI:10.1177/1934578X1200701204.

[647] Ning H, Pan Y Z, Gong X. Molecular evidence for natural hybridization between *Ligularia nelumbifolia* and *Cremanthodium stenoglossum* (Asteraceae, Senecioneae) [J]. Botany, 2019, 97(1):53-69. DOI:10.1139/cjb-2018-0022.

[648] Hu L, Yang R, Wang Y H, et al. The natural hybridization between species *Ligularia nelumbifolia* and *Cremanthodium stenoglossum* (Senecioneae, Asteraceae) suggests underdeveloped reproductive isolation and ambiguous intergeneric boundary [J]. AoB Plants, 2021, 13(2):plab012. DOI:10.1093/aobpla/plab012.

[649] Illarionova I, Wang L, Yang Q E. Two new synonyms of *Ligularia nelumbifolia* (Asteraceae, Senecioneae) [J]. Phytotaxa, 2017, 313(2):151-165. DOI:10.11646/phytotaxa.313.2.1.

[650] Jia Z J, Zhao Y. Four New Furans from the Roots of Ligularia przewalskii [J]. Journal of Natural Products, 1994, 57(1):146-150. DOI:10.1021/np50103a022.

[651] Reddy D S, Palani K, Balasubrahmanyam D, et al. The first synthesis of a noreremophilane isolated from the roots of *Ligularia przewalskii* [J]. Tetrahedron Letters, 2005, 46(31):5211-5213. DOI:10.1016/j.tetlet.2005.05.130.

[652] Xie W D, Gao X, Shen T, et al. Two new benzofurans and other constituents from *Ligularia przewalskii* [J]. Pharmazie, 2006, 61(6):556-558.

[653] Xu J Q, Hu L H. Five New Eremophilane Sesquiterpenes from *Ligularia przewalskii* [J]. Helvetica Chimica Acta, 2008, 91(5):951-957. DOI:10.1002/hlca.200890101.

[654] Ma S, Zhou J M, Gao Q S, et al. A New Eremophilane Sesquiterpenoid from *Ligularia przewalskii* [J]. Chemistry of Natural Compounds, 2021, 57(2):309-311. DOI:10.1007/s10600-021-03354-6.

[655] Liu S J, Liao Z X, Liu C, et al. A new triterpenoid and eremophilanolide from *Ligularia przewalskii* [J]. Phytochemistry Letters, 2014, 9:11-16. DOI:10.1016/j.phytol.2014.03.014.

[656] Yoshinori S, Aya K, Yasuko O, et al. Isolation and Structure of Three Bislactones, Eremopetasitenin B_4 and Eremofarfugins F and G, from *Ligularia przewalskii* and Revision of the Structure of an Epoxy-lactone Isolated from *Ligularia intermedia* [J]. Chemistry Letters, 2014, 43(11):1740-1742. DOI:10.1246/cl.140745.

[657] Liu S J, Tang Z S, Liao Z X, et al. The chemistry and pharmacology of *Ligularia przewalskii*: A review [J]. Journal of Ethnopharmacology, 2018, 219:32-49. DOI:10.1016/j.jep.2018.03.002.

[658] Shi Z N, Wang Y D, Gong Y, et al. New triterpenoid saponins with cytotoxic activities from *Ligularia przewalskii* [J]. Phytochemistry Letters, 2019, 30:215-219. DOI:10.1016/j.phytol.2019.02.024.

[659] Anna W, Ernest S. Flowering abundance and pollen productivity of *Ligularia clivorum* Maxim. And *Ligularia przewalskii* Maxim. [J]. Acta Scientiarum Polonorum. Hortorum Cultus, 2012, 11(3):57-67.

[660] 中国科学院中国植物志编辑委员会 . 中国植物志 • 第七十五卷 [M]. 北京 : 科学出版社 , 1979.

[661] 中国科学院中国植物志编辑委员会 . 中国植物志 • 第七十四卷 [M]. 北京 : 科学出版社 , 1985.

[662] Choi Y H, Lee O H, Zheng Y L, et al. *Erigeron annuus* (L.) Pers. Extract Inhibits Reactive Oxygen Species (ROS) Production and Fat Accumulation in 3T3-L1 Cells by Activating an AMP-Dependent Kinase Signaling Pathway [J]. Antioxidants, 2019, 8(5):139. DOI:10.3390/antiox8050139.

[663] Zheng Y L, Lee J, Shin K O, et al. Synergistic action of *Erigeron annuus* L. Pers and *Borago officinalis* L. enhances anti-obesity activity in a mouse model of diet-induced obesity [J]. Nutrition Research, 2019, 69:58-66. DOI:10.1016/j.nutres.2019.07.002.

[664] Lee J Y, Park J Y, Kim D H, et al. *Erigeron annuus* Protects PC12 Neuronal Cells from Oxidative Stress Induced by ROS-Mediated Apoptosis [J]. Evidence-Based Complementary and Alternative Medicine, 2020, 2020:3945194. DOI:10.1155/2020/3945194.

[665] Lee T K, Park J H, Kim B, et al. YES-10, A Combination of Extracts from *Clematis mandshurica* RUPR. and *Erigeron annuus* (L.) PERS., Prevents Ischemic Brain Injury in A Gerbil Model of Transient Forebrain Ischemia [J]. Plants, 2020, 9(2):154. DOI:10.3390/plants9020154.

[666] Zheng Y L, Choi Y H, Lee J H, et al. Anti-Obesity Effect of *Erigeron annuus* (L.) Pers. Extract Containing Phenolic Acids [J]. Foods, 2021, 10(6):1266. DOI:10.3390/foods10061266.

[667] Zhang L Y, Xu Q, Li L, et al. Antioxidant and enzyme-inhibitory activity of extracts from *Erigeron annuus* flower [J]. Industrial Crops and Products, 2020, 148:112283. DOI:10.1016/j.indcrop.2020.112283.

[668] Zuo R Z, Liu H G, Xi Y, et al. Nano-SiO2 combined with a surfactant enhanced phenanthrene phytoremediation by *Erigeron annuus* (L.) Pers [J]. Environmental Science and Pollution Research, 2020, 27:20538-20544. DOI:10.1007/s11356-020-08552-3.

[669] Artur P, Beata K, Kinga K G. Effect of Shoot Cutting on Trace Metal Concentration in Leaves and Capitula of Potential Phytoaccumulator, Invasive *Erigeron annuus* (Asteraceae) [J].

Bulletin of Environmental Contamination and Toxicology, 2020, 104:668-672. DOI:10.1007/s00128-020-02844-7.

[670] Zhang H, Heal K, Zhu X D, et al. Tolerance and detoxification mechanisms to cadmium stress by hyperaccumulator *Erigeron annuus* include molecule synthesis in root exudate [J]. Ecotoxicology and Environmental Safety, 2021, 219:112359. DOI:10.1016/j.ecoenv.2021.112359.

[671] Wang C Y, Wei M, Wang S, et al. *Erigeron annuus* (L.) Pers. and Solidago canadensis L. antagonistically affect community stability and community invasibility under the co-invasion condition [J]. Science of The Total Environment, 2020, 716:137128. DOI:10.1016/j.scitotenv.2020.137128.

[672] 中国科学院中国植物志编辑委员会 • 中国植物志 • 第七十二卷 [M]. 北京 : 科学出版社 , 1988.

[673] 云南省食品药品监督管理局 . 云南省中药材标准（2005 年版）第一册 [M]. 昆明 : 云南美术出版社 , 2005.

[674] Gu Q, Zheng W, Huang Y. *Glycomyces sambucus* sp. nov., an endophytic actinomycete isolated from the stem of *Sambucus adnata* Wall [J]. International Journal of Systematic and Evolutionary Microbiology, 2007, 57(9):1995-1998. DOI:10.1099/ijs.0.65064-0.

[675] Li Q Y, Wang W, Li L H, et al. Chemical components from *sambucus adnata* wall [J]. Biochemical Systematics and Ecology, 2021, 96:104266. DOI:10.1016/j.bse.2021.104266.

[676] Tatsunori S, Li W, Haruna M, et al. Chemical Constituents from *Sambucus adnata* and Their Protein-Tyrosine Phosphatase 1B Inhibitory Activities [J]. Chemical and Pharmaceutical Bulletin, 2011, 59(11):1396-1399. DOI:10.1248/cpb.59.1396.

[677] Yuan L, Zhong Z C, Liu Y. Structural characterisation and immunomodulatory activity of a neutral polysaccharide from *Sambucus adnata* Wall [J]. International Journal of Biological Macromolecules, 2020, 154:1400-1407. DOI:10.1016/j.ijbiomac.2019.11.021.

[678] Li Z M, Chen J J, Li Y, et al. Two novel iridoids with an unusual δ-lactone-containing skeleton from *Triosteum himalayanum* [J]. Tetrahedron Letters, 2009, 50(28):4132-4134. DOI:10.1016/j.tetlet.2009.04.111.

[679] Chen Y J, Li Z M, Gao K. Iridoids, flavonoids, and monoterpene diglycoside from the roots of *Triosteum himalayanum* Wall. [J]. Biochemical Systematics and Ecology, 2015, 59:26-30. DOI:10.1016/j.bse.2014.12.022.

[680] Liu H R, Gao Q B, Zhang F Q, et al. Westwards and northwards dispersal of *Triosteum himalayanum* (Caprifoliaceae) from the Hengduan Mountains region based on chloroplast DNA phylogeography [J]. PeerJ, 2018, 6:e4748. DOI:10.7717/peerj.4748.

[681] Liu H R, Fang J, Xia M Z, et al. The complete chloroplast genome of *Triosteum himalayanum* (Caprifoliaceae), a perennial alpine herb [J]. Mitochondrial DNA Part B, 2019, 4(2):4194-4195. DOI:10.1080/23802359.2019.1693289.

[682] Qu Z X, Ma L, Zhang Q, et al. Characterization, crystal structure and cytotoxic activity of a rare iridoid glycoside from *Lonicera saccata* [J]. Acta Crystallographica Section C, 2020, 76(3):269-275. DOI:10.1107/S2053229620001977.

[683] 中国科学院中国植物志编辑委员会 . 中国植物志 • 第七十三卷 • 第一分册 [M]. 北京 : 科学出版社 , 1986.

[684] Teng R W, Xie H Y, Liu X K, et al. A novel acylated flavonol glycoside from *Morina nepalensis* var. alba [J]. Fitoterapia, 2002, 73(1):95-96. DOI:10.1016/S0367-326X(01)00324-0.

[685] Teng R W, Xie H Y, Li H Z, et al. Two new acylated flavonoid glycosides from *Morina nepalensis* var. *alba* Hand.-Mazz. [J]. Magnetic Resonance in Chemistry, 2002, 40(6):415-420. DOI:10.1002/mrc.1034.

[686] Teng R W, Wang D Z, Yang C R. Monepaloside K, a New Triterpenoid Saponin from *Morina nepalensis* var. *alba* Hand. - Mazz. [J]. Chinese Chemical Letters, 2002, 13(3):251-252.

[687] Teng R W, Xie H Y, Wang D Z, et al. Four new ursane-type saponins from *Morina nepalensis* var. *alba* [J]. Magnetic Resonance in Chemistry, 2002, 40(9):603-608. DOI:10.1002/mrc.1060

[688] Teng R W, Xie H Y, Liu X K, et al. Four new oleanane type Saponins from *Morina nepalensis* var. *alba* [J]. Journal of Asian Natural Products Research, 2003, 5(2):75-82. DOI:10.1080/10286020290028965.

[689] Zhang Z F, Lu L Y, Luo P, et al. Two new ursolic acid saponins from *Morina nepalensis* var. *alba* Hand-Mazz [J]. Natural Product Research, 2013, 27(24):2256-2262. DOI:10.1080/14786419.2013.824441.

[690] Su B N, Takaishi Y, Duan H Q, et al. Phenylpropanol Derivatives from *Morina chinensis* [J]. Journal of Natural Products, 1999, 62(10):1363-1366. DOI:10.1021/np990091h.

[691] Su B N, Takaishi Y. Morinols A and B, Two Novel Tetrahydropyran Sesquineolignans with a New Carbon Skeleton from *Morina chinensis* [J]. Chemistry Letters, 1999, 28(12):1315-1316. DOI:10.1246/cl.1999.1315.

[692] Su B N, Takaishi Y. Morinins H-K, Four Novel Phenylpropanol Ester Lipid Metabolites from *Morinachinensis* [J]. Journal of Natural Products, 1999, 62(9):1325-1327. DOI:10.1021/np990145n.

[693] Su B N, Takaishi Y. Morinins L-P, Five New Phenylpropanol Derivatives from *Morina chinensis* [J]. Chemical and Pharmaceutical Bulletin, 1999, 47(11):1569-1572. DOI:10.1248/cpb.47.1569.

[694] Su B N, Takaishi Y, Kusumi T. Morinols A-L, twelve novel sesquineolignans and neolignans with a new carbon skeleton from *morina chinensis* [J]. Tetrahedron, 1999, 55(51):14571-14586. DOI:10.1016/S0040-4020(99)00933-3.

[695] 卫生部生物制品鉴定所 . 中国民族药志：第二卷 [M]. 北京 : 人民卫生出版社 , 1990.

[696] Uzel K, Turkler C, Mammadov R, et al. *Valeriana officinalis* is Effective on Stress-Induced Infertility, Delayed Maternity, and Intrauterine Growth Restriction of the Fetus in Female Rats [J]. Latin American Journal of Pharmacy, 2021, 40(11):2821-2828.

[697] Anima M S , Pierrine M G, Clara S, et al. Constituents of *Passiflora incarnata*, but Not of *Valeriana officinalis*, Interact with the Organic Anion Transporting Polypeptides (OATP)2B1 and OATP1A2 [J]. Planta Medica, 2022, 88(2):152-162. DOI:10.1055/a-1305-3936.

[698] Liu X X, Duan X Y, Fan H, et al. 8-hydroxypinoresinol-4-O- β -D-glucoside from *Valeriana officinalis* L. Is a Novel Kv1.5 Channel Blocker [J]. Journal of Ethnopharmacology, 2021,

276:114168. DOI:10.1016/j.jep.2021.114168.

[699] Wu G Q, Zhang Z L, Fan H, et al. A New Iridoid Glycoside Isolated from *Valeriana officinalis* L. [J]. Records of Natural Products, 2022, 16(4):393-397. DOI:10.25135/rnp.283.2107-2145.

[700] Ulrich-Merzenich G, Shcherbakova A, Kolb C. Modulation of the Neurothrophic Activity by *Ballota nigra* L. *Crataegus oxycantha* L., *Passiflora incarnata* L. and *Valeriana officinalis* L. and their Combination in vitro [J]. Planta Medica, 2021, 87(15):1315. DOI:10.1055/s-0041-1736988.

[701] Kamil J, Maria F, Barbara T, et al. The Toxicological Risk Assessment of Lead and Cadmium in *Valeriana officinalis* L., radix (Valerian root) as Herbal Medicinal Product for the Relief of Mild Nervous Tension and Sleep Disorders Available in Polish Pharmacies [J]. Biological Trace Element Research, 2022, 200:904-909. DOI:10.1007/s12011-021-02691-5.

[702] Kamil J, Maria F, Barbara T, et al. Ni and Cr impurities profile in *Valeriana officinalis* L., radix-based herbal medicinal product available in polish pharmacies due to ICH Q3D guideline [J]. Regulatory Toxicology and Pharmacology, 2021, 123:104945. DOI:10.1016/j.yrtph.2021.104945.

[703] Kamil J, Maria F, Barbara T, et al. The Toxicological Risk Assessment of Cu, Mn, and Zn as Essential Elemental Impurities in Herbal Medicinal Products with Valerian Root (*Valeriana officinalis* L., radix) Available in Polish Pharmacies [J]. Biological Trace Element Research, 2022, 200:1949-1955. DOI:10.1007/s12011-021-02779-y.

[704] Mohammad B, Ali N, Ahmad T, et al. Identification of key genes associated with secondary metabolites biosynthesis by system network analysis in *Valeriana officinalis* [J]. Journal of Plant Research, 2021, 134:625-639. DOI:10.1007/s10265-021-01277-5.

[705] Seyyedeh A M, Neda D, Rasoul R, et al. Phosphate concentrations and methionine application affect quantitative and qualitative traits of valerian (*Valeriana officinalis* L.) under hydroponic conditions [J]. Industrial Crops and Products, 2021, 171:113821. DOI:10.1016/j.indcrop.2021.113821.

[706] 云南省食品药品监督管理局 . 云南省中药材标准（2005 年版）第二册 • 彝族药 [M]. 昆明 : 云南科技出版社 , 2007.

[707] 中国科学院中国植物志编辑委员会 . 中国植物志 • 第五十四卷 [M]. 北京 : 科学出版社 , 1978.

[708] Li Z, Li B B, Xiu M X, et al. DGAT inhibitory three new lignans from the stem of *Eleutherococcus senticosus* [J]. Phytochemistry Letters, 2020, 40:67-71. DOI:10.1016/j.phytol.2020.09.002.

[709] Li X J, Chen C, Leng A J, et al. Advances in the Extraction, Purification, Structural Characteristics and Biological Activities of *Eleutherococcus senticosus* Polysaccharides: A Promising Medicinal and Edible Resource With Development Value [J]. Frontiers in Pharmacology, 2021, 12:753007. DOI:10.3389/fphar.2021.753007.

[710] Eun S Y, Cheon Y H, Park G D, et al. Anti-Osteoporosis Effects of the *Eleutherococcus senticosus*, *Achyranthes japonica*, and *Atractylodes japonica* Mixed Extract Fermented with Nuruk [J]. Nutrients, 2021, 13(11):3904. DOI:10.3390/nu13113904.

[711] Filip G, Beata O, Dominika F, et al. The intractum from the Eleutherococcus senticosus fruits affects the innate immunity in human leukocytes: From the ethnomedicinal use to contemporary evidence-based research [J]. Journal of Ethnopharmacology, 2021, 268:113636. DOI:10.1016/j.jep.2020.113636.

[712] Zhao Y, Wang X, Chen C, et al. Protective Effects of 3,4-Seco-Lupane Triterpenes from Food Raw Materials of the Leaves of *Eleutherococcus Senticosus* and *Eleutherococcus Sessiliflorus* on Arrhythmia Induced by Barium Chloride [J]. Chemistry & Biodiversity, 2021, 18(4):e2001021. DOI:10.1002/cbdv.202001021.

[713] Wang R J, Liu S, Liu T S, et al. Mass spectrometry-based serum lipidomics strategy to explore the mechanism of *Eleutherococcus senticosus* (Rupr. & Maxim.) Maxim. leaves in the treatment of ischemic stroke [J]. Food & Function, 2021, 12(10):4519-4534. DOI:10.1039/d0fo02845b.

[714] Filip G, Maciej S, Maciej B, et al. Pharmacognostic Evaluation and HPLC-PDA and HS-SPME/GC-MS Metabolomic Profiling of *Eleutherococcus senticosus* Fruits [J]. Molecules, 2021, 26(7):1969. DOI:10.3390/molecules26071969.

[715] Sophia G, Amy T, Alena Y A, et al. Findings of Russian literature on the clinical application of *Eleutherococcus senticosus* (Rupr. & Maxim.): A narrative review [J]. Journal of Ethnopharmacology, 2021, 278:114274. DOI:10.1016/j.jep.2021.114274.

[716] Ganesh D, Lisa B, Dale K, et al. Topical formulation with an ingredient blend composed of Rhodiola rosea and *Eleutherococcus senticosus* (Siberian ginseng) induces stress protective response on human skin against intrinsic and extrinsic stressors [J]. Journal of The American Academy of Dermatology, 2021, 85(3):AB63. DOI:10.1016/j.jaad.2021.06.278.

[717] Yang Z J, Chen S S, Wang S F, et al. Chromosomal-scale genome assembly of *Eleutherococcus senticosus* provides insights into chromosome evolution in Araliaceae [J]. Molecular Ecology Resources, 2021, 21(7):2204-2220. DOI:10.1111/1755-0998.13403.

后记

邂逅

远离城市的喧嚣，

我们美丽地邂逅，

理想照进了现实。

2019 年，受四川农业大学药用植物学侯凯副教授邀请，我有幸参加了四川省中医药科学技术研究专项“全国第四次中药资源普查 2018 年度第一批外业调查研究（道孚县、小金县）”（2018PC002）在小金县的中药资源普查，并结合单位工作内容重点关注四姑娘山国家级自然保护区内药用植物种质资源情况。

2019 年 4 月 25 日，我们在四姑娘山镇与前来指导普查工作的四川省药品检验研究院黎跃成主任药师汇合，对四姑娘山镇长坪村部分区域进行了调查。在调查过程中，我向黎跃成老师介绍了我单位在四姑娘山国家级自然保护区现有的科技（科普）成果。黎跃成主任药师表示应该充分利用好四姑娘山自然保护区这一块生态宝地，摸清其家底，可以在其范围内进行多次联合考察，为川西高山地区乡村振兴提供新思路。

回到单位后，川西北高山植物项目组进行了多次讨论，并与四川农业大学药用植物学侯凯副教授、四姑娘山国家级自然保护区管理局科研处杨晗处长不断沟通，想法日渐成熟。

2019 年 8 月，四川省科学技术厅发布了申报 2020 年度四川省科技计划项目的通知，作为思路提出者的我多次前往四川农业大学与侯凯副教授进行讨论和相关资料的撰写，并反复修改，同

中药普查汇合

时邀请四川农业大学药用植物学侯凯副教授、四姑娘山国家级自然保护区管理局科研处杨晗处长作为项目的主要参与人，邀请四川省药品检验研究院黎跃成主任药师作为物种鉴定的指导老师，最终提交了四川省科普作品创作项目“《四姑娘山野生药用植物》编研”（申报编号：20KPZP0078）的申报材料。

2020 年 2 月 24 日，四川省科学技术厅对 2020 年第一批省级科技计划项目进行了公示。“《四姑娘山野生药用植物》编研”立项了，项目编号：2020JDKP0065。

得与失

文章千古事，
得失寸心知。

独叶草

2020年5月21日，四川省植物工程研究院、四川农业大学、四姑娘山国家级自然保护区管理局相关科研团队在四姑娘山国家级自然保护区双桥沟海拔3700余米的红杉-云杉混交林中意外发现一处面积近200平方米，种群数量达数千株的国家一级濒危珍稀保护植物独叶草（*Kingdonia uniflora*）种群分布。

独叶草

6月3日，在四川农业大学侯凯副教授的鼓动下，我写下了关于“四姑娘山发现独叶草种群分布”的新闻稿，并由侯凯副教授联系相关媒体发布这一发现。

四川省植物工程研究院旗

四川农业大学旗

6月9日，“四姑娘山发现数千株独叶草”登上微博热搜。

10:38

四姑娘山国家级自然保护区内

四姑娘山国家级自然保护区内发现数千株独叶草种群分布

新华社 06-05 19:21

新华社客户端四川频道6月5日电（记者吴光于、张海磊）记者从四川省植物工程研究院了解到，近日该院和四川农业大学、四姑娘山国家级自然保护区管理局联合进行“第四次全国中药资源普查”及“《四姑娘山野生药用植物》编研”野外调查时，在四姑娘山国家级自然保护区发现成片分布的国家一级重点保护植物独叶草。

本次发现独叶草的区域位于四姑娘山国家级自然保护区双桥沟的红杉和云杉混交林中，海拔3700余米，其种群分布面积近200平方米，种群

新闻报道

微博热搜

玉龙蕨

2021年5月31日，四川省植物工程研究院、四姑娘山国家级自然保护区管理局联合调查队为了寻找2019年发表的新种——巴朗山雪莲（*Saussurea balangshanensis*），依据文章中2017年8月23日张亚洲所拍摄的照片*，特意前往巴朗山垭口开展相关物种种质资源调查。

巴朗山雪莲生境（张亚洲 摄）*

巴朗山雪莲

* Zhang Y Z, Tang R, Huang X H, et al. *Saussurea balangshanensis* sp. nov. (Asteraceae), from the Hengduan Mountains region, SW China [J]. Nordic Journal of Botany, 2019, 37(4):e02078. DOI:10.1111/njb.02078.

项目组成员不断地向上攀爬，却一无所获，作为当地人的杨晗在最前面开路，最后带回来一组植物照片。回到驻地，经过讨论，大家一致认为该植物为国家一级濒危珍稀保护植物玉龙蕨的可能性较大，本着“大胆猜想，小心求证”的想法，即刻联系了国家植物园北园首席科学家马金双研究员请求帮助。翌日（6 月 1 日）早上，马老师传回消息称，经中国科学院植物研究所张宪春老师鉴定，其确为玉龙蕨。项目组即刻动身再次前往巴朗山垭口，在海拔 4600 米的高山岩缝中找到杨晗发现的那株玉龙蕨，接着我们找到了更多的玉龙蕨，并拍摄了其生长环境、植物细节等照片。

玉龙蕨

玉龙蕨的生境

玉龙蕨的特征

6月2日至4日，按照之前的工作安排，我们前往石梯沟、双桥沟、长坪沟进行了相关种质资源的调查。有了“独叶草”新闻的经验，我们利用调查的间隙和路餐休息的时间进行讨论，并于4日下午撰写了“小金发现玉龙蕨”的公众号文章，并转发给新华社和《四川日报》的记者。调查工作相当顺利，相关新闻也已见报道，我们准备翌日（6月5日）返回成都。晚上在和新华社记者在线讨论新闻稿的细节时，杨晗来电说希望我们多待一天再上巴朗山接受采访。

接受采访

6月5日，我们三上巴朗，接受了小金县电视台的采访。采访结束后，我们还带着尔尼斯特•亨利•威尔逊拍摄于1908年6月24日的“积雪的巴朗山垭口”照片，为中国科学院成都生物研究所印开蒲研究员的新书《百年变迁——两位东西方植物学家的影像重逢》* 拍摄了相同地点的照片供其选择。

---

* 印开蒲，王海燕，朱丹．百年变迁——两位东西方植物学家的影像重逢 [M]. 成都：四川科学技术出版社，2022.

积雪的巴朗山垭口（欧内斯特·亨利·威尔逊（Ernest Henry Wilson）摄）*

巴朗山垭口

* 印开蒲，王海燕，朱丹．百年变迁——两位东西方植物学家的影像重逢 [M]. 成都：四川科学技术出版社，2022.

巴朗山垭口与玉龙蕨

6月6日，我们返程回到成都时，CCTV-13新闻频道已经报道了我们的这一发现。

新闻视频截图

中华珊瑚兰

2020年5月22日，四川省植物工程研究院科研人员在四姑娘山国家级自然保护区新磨子沟发现一处无法辨识的兰科植物种群分布。

2021年1月23日，中国科学院武汉植物园科研人员在线发表了一个兰科新种，与文章作者之一、四姑娘山国家级自然保护区管理局科研处杨晗处长交流后得知，该新种与我们之前发现的无法辨识的兰科植物应该为同一个种：中华珊瑚兰（*Corallorhiza sinensis*）*。

中华珊瑚兰

中华珊瑚兰的根

项目组成员多次交流总结这个与新物种失之交臂的经验教训，一致认为，作为非植物分类学科班出身的植物调查人员，我们确实与真正的植物分类调查人员还有一定差距，不只是理论基础，还包括对植物特征的敏锐度。

* Yang J X, Peng S, Wang J J, et al. Morphological and genomic evidence for a new species of *Corallorhiza* (Orchidaceae: Epidendroideae) from SW China [J]. Plant Diversity, 2021, 43(5):409-419. DOI:10.1016/j.pld.2021.01.002.

新征程

推动青藏高原生物多样性保护，
坚定不移走生态优先、绿色发展之路，
努力建设人与自然和谐共生的现代化，
切实保护好地球第三极生态。

践行习近平总书记“绿水青山就是金山银山、冰天雪地也是金山银山”理论、“山水林田湖草沙冰”一体化保护与系统治理思想，积极探索“亲子 + 公民科学”的“旅游 +”新模式，倡导公众关注绿色发展方式和生活方式，更好地满足社会各界人士的求知解惑的需求，深入打好蓝天、碧水、净土保卫战，守好“中华水塔”，绘就“绿色答卷”，推动新时代治蜀兴川再上新台阶，奋力谱写中国式现代化四川新篇章。

人不负青山，青山定不负人。希望大家跟我们一起认识种类多样的野生植物，聆听着有趣的植物故事，做“绿水青山就是金山银山”理念的积极传播者和模范践行者，身体力行、久久为功，

四姑娘山

为筑牢长江黄河上游生态屏障尽一份绵薄之力，更希望我们下一本科普书籍早日与大家见面，为讲好美丽中国绿色新故事贡献力量。

感谢四川省农业科学院、四川省科学技术厅、四川省中医药管理局、阿坝藏族羌族自治州提供相关科研经费，感谢四川省农业特色植物研究院、四姑娘山国家级自然保护区管理局的相关领导对我们工作的支持，感谢中国科学院成都生物研究所印开蒲研究员、中国科学院西双版纳热带植物园博士后张亚洲博士无偿授权使用相关照片，再次感谢中国科学院成都生物研究所印开蒲研究员、四川省药品检验研究院黎跃成主任药师 2 位专家的细心指导。

由于本书涉及的内容丰富、学科繁多，编者业务水平有限，书中难免有不足之处，敬请广大读者批评指正。

编 者